# 건강 기능성 식품학

제4판

# 건강 기능성식품학

제4판

고종호 · 김종국 · 박영현 · 박현정 · 송 은 · 송재철 공저

보문각

저 자

고 종 호(한국폴리텍특성화대학교)
김 종 국(경북대학교)
박 영 현(순천향대학교)
박 현 정(다손푸드팜 대표)
송 　 은(순천대학교)
송 재 철(울산대학교)

# 건강 제4판 기능성식품학

제4판발행 2021년 02월 15일
초판발행 2009년 3월 10일

**지은이** 고종호 · 김종국 · 박영현 · 박현정 · 송 은 · 송재철
**펴낸이** 이호동
**발행처** 보문각
**블로그** http://bomungak.blog.me/
**e-mail** bomungak@naver.com
**주소** 서울시 서초구 바우뫼로7길 8 세신상가 707호
**등록번호** 302-2003-00085
**전화** 02)468-0457
**팩스** 02)468-0458

값 15,000원

ISBN 978-89-6220-405-6 93570

# 책을 펴내면서...

과학기술의 발달과 더불어 인간의 생활도 급변하고 있다. 특히 식생활과 관련된 건강분야는 새로운 기술과 소재의 개발로 새로운 학문적 가치를 가지게 되었으며 특히 식생활의 변화와 함께 발달하고 있는 건강기능성 식품에 대해서는 체계적인 학문적 이론을 요구하게 되었다. 오늘날 식품은 단순히 영양적인 면(面) 뿐만 아니라 질병의 예방, 치료, 회복 등의 면에서도 중요하다는 것이 최근 연구결과에 의해서 밝혀지면서 식품 및 식품성분의 건강과의 관련성에 대한 효과가 자연적으로 관심의 대상이 되었다.

현재 유통되고 있는 기능성식품의 종류는 매우 다양하며 웰빙 열풍을 통해서 더욱 많은 종류의 건강기능성 식품들이 쏟아져 나오고 있다. 이러한 건강기능성 식품은 일상의 식사에서 공급하기 어려운 영양성분을 보충하여 영양소의 균형된 섭취를 유지할 수 있도록 하며, 인체의 생리활성을 촉진하는 생리활성 영양식품을 말하는데 주로 인체에 유용한 기능성을 가진 원료나 성분을 사용하여 정제、캡슐、분말、과립、액상、환 등의 형태로 제조、가공, 유통되고 있다. 따라서 이들은 일부 소비자의 혼란을 유발하는 원인이 되기도 하는데 이러한 관점에서 건강기능성 식품에 관한 체계적인 접근이 필요하다.

이 책은 관련분야에 활동하고 있는 전문가들로 하여금 일정 부분씩 저술을 분담, 책임 저술을 하도록 기획하였으며 각 내용은 저자들이 상세하고 알기 쉽게 기술하도록 하였다. 따라서 본서는 현재 유통되고 있는 건강기능적 가치가 있는 소재와 가공식품에 대해서 이들의 생성, 개발, 가공 기술, 건강적 효능과 기능에 관한 이론적, 실용적 배경을 알기 쉽게 전개, 기술하였다. 향후 건강기능 식품 산업 발달의 기초가 될 수 있도록 모든 내용을 망라하고 특히 건강기능식품의 품질향상과 건전한 유통을 도모할 수 있도록 이들 분야를 유의하여 기술하였다.

이 책은 대학 학부, 대학원 교재로 뿐만 아니라 실무에 종사하는 전문가들을 비롯하여 건강기능식품에 관심이 있는 일반인들에게도 좋은 지침서로 사용되기를 바라는 마음이다.

이 책이 각 분야 전문가들에 의해서 잘 기술되었다지만, 아직도 부족하고 어색한 부분이 있을 것으로 생각되며 이 부분은 차후 더 보완해야 할 것으로 생각하고 있다. 끝으로 이 책을 출판하기까지 기획, 편집 등 대부분의 실무를 총괄하신 출판사 사장님께 깊은 감사를 드리는 바이다.

저자 일동

# Contents

# Contents

## 제6장 기능성 재료 및 신소재



## 제7장 건강기능식품

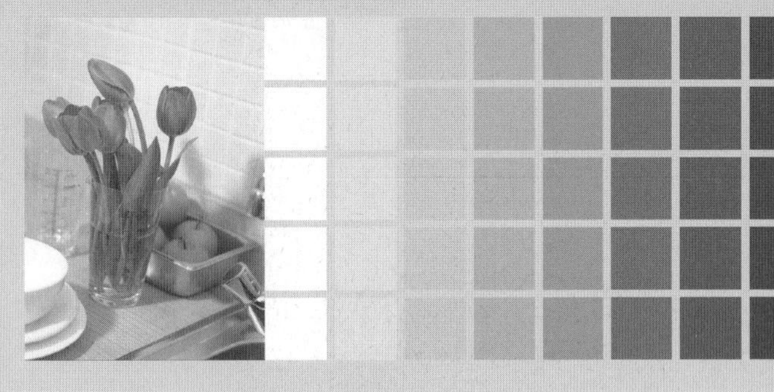

# Contents

# 제1장 기능성 식품의 정의 및 역사

현대 사회에서 식품과 관련된 질병인 고혈압, 당뇨병, 심장질환, 비만, 암 등 각종 만성 퇴행성 질환이 급증하고 있다. 이러한 질병은 식습관 및 생활습관을 개선시키거나 기능성 물질을 식품에 넣어 섭취함으로써 개선될 수 있다는 것이 관찰되고 있다.

지금까지 식품의 1차적 기능은 인체의 생명 유지 및 성장에 필요한 영양성분을 공급하는 영양적 기능과 2차적 기능으로 식품을 섭취하는 사람의 관능적인 면을 충족시키는 기호적 기능에 큰 의의를 두어왔다. 그러나 제 3의 기능인 식품의 생리 활성기능에 대해 많이 알려지면서 기능성 식품에 대한 관심이 폭발적으로 증가하게 되었다. 특히 기능성 식품에 관한 관심이 증대된 이유 중의 하나는 평균 수명이 길어지면서 노인 인구의 증가와 함께 대중의 웰빙에 관한 관심이 증대되었기 때문이다. 기능성 식품을 섭취함으로써 얻을 수 있는 생리활성은 항암, 혈압강하, 혈전예방, 면역력 증진, 당뇨예방, 노화지연 등 생체 조절 효능 등이다. 이런 건강을 증진시키거나 질병의 예방 또는 질병 치료를 할 수 있는 물질을 함유하는 식품을 장기적으로 섭취하거나 또는 생리활성 물질을 추출하여 그 추출물을 식품에 첨가함으로써 생리 기능성 물질을 함유한 기능성 식품을 개발할 수 있다.

## 1. 기능성 식품의 정의

기능성 식품을 일컫는 용어로는 functional food, nutraceuticals, designer food 등이 사용되고 있다. 그밖에도 pharmaceutical food, vitafood, phytochemical 등 여러 이름으로 불리고 있다. 구미 지역에서는 보통 기능성 식품과 뉴트라수트칼 식품을 같은 의미로 혼용하여 사용하기도 한다. 그러나 아직 국제적으로 통일된 정의는 없고 각 나라마다 약간씩 다르게 정의를 내리고 있다. 모든 나라의 기능성 식품에 대한 정의를 종합해 보면 기능성 식품(func tional food)은 일반적인 식품의 외관을 유지하고, 식품의 형태로 제조된 것에 기능성을 위하여 특정성분이 부가 또는 제거된 식품을 의미한다. 뉴트라수트칼(nutraceuticals)은 nutrient와 pharmaceutical의 합성어로 식품을 원료로 하여 농축된 분말, 과립, 고형, 편상, 페이스트상, 액상, 정제 등 제약 형태의 제품을 말하며 약효식품으로 불리기도 한다. 디자이너 식품(desi gner food)은 인체의 요구에 맞게 맞춤 제작된 식품을 말한다. 예를 들면 스포츠

음료와 같이 운동으로 땀을 흘린 후 인체에 필요한 전해질을 보완한 보충음료나 빠른 에너지 회복을 위한 스포츠 바와 같은 것이 이에 속한다. 미국의 경우, 기능성 식품과 같은 의미를 가지고 법적으로 인정된 용어는 영양보조제(dietary supplement)이다. 우리나라의 건강 기능 식품법에 있는 정의는 미국의 영양보조제와 유사하다. 일본의 기능성 식품은 특정 보건용식품 또는 일본 건강영양 식품협회에서 자율적으로 정하고 있는 영양기능식품을 모두 포함한다.

## 1) 기능성 및 뉴트라슈트칼의 정의

### ◇ 기능성 식품의 정의

♣ 기능성 식품 (Functional food)
천연 식품 또는 가공 식품 중 인체의 생리활동을 강화시키고 질병을 예방하거나 치료할 수 있는 식품을 말한다. 기본적인 영양소외에 건강에 이로움을 줄 수 있는 식품이나 또는 식품원료를 일컫는다.
A food, either natural or formulated, which will enhance physiological performance or prevent or treat diseases and disorders. Functional foods include those items developed for health purposes as well as for physical performance. The Institute of Medicine's Food and Nutrition Board defined functional foods as 'any food or food ingredient that may provide a health benefit beyond the traditional nutrients it contains.

### ◇ 뉴트라슈트칼(Nutraceuticals)의 정의

♣ 뉴트라수트칼(Nutraceuticals)
식품을 구성하는 천연 화합물이거나 또는 질병의 예방이나 질병 치료 또는 신체의 생리 활동을 강화시킴으로써 인체에 이로움을 주는 섭취 가능한 형태의 화합물을 일컫는다. 필수영양소이더라도 성장이나 인체 유지에 필요한 기능외에 생리 활동을 강화시키거나 질병의 예방이나 치료에 도움이 되는 물질, 예를 들어 항산화성이 있는 비타민 C나 비타민 E는 뉴트라수트칼 (Nutraceuticals)에 속한다.
Chemicals found as a natural component of foods or other ingestible forms that have been determined to be beneficial to the human body in preventing or treating one or more diseases or improving physiological performance. Essential nutrients can be considered nutraceuticals if they provide benefit beyond their essential role in normal growth or maintenance of the human body. An example is the antioxidant properties of vitamins C and E

## 2) 나라별 기능성 식품의 정의

### (1) 한국

♣ 우리나라 건강기능식품에 관한 법률(제정, 2002.8.26 법률 제6727호) 제3조 1에 의한 정의
'건강기능식품'이란 인체에 유용한 기능성을 가진 원료나 성분을 사용하여 제조(가공을 포함한다.)한 식품을 말한다.
건강 기능 식품법 제3조 2에 의한 정의
'기능성'이란 인체의 구조 및 기능에 대하여 영양소를 조절하거나 생리학적 작용 등과 같은 보건 용도에 유용한 효과를 얻는 것을 말한다.

### (2) 일본

♣ 일본 보건후생성 정의
· 특정 보건용식품(Foods for specified health use, FOSHU) : 특정한 목적으로 섭취하는 자에게 해당 보건 목적을 기대할 수 있다는 뜻을 표시한 식품(개별허가품목)
· 영양기능식품 : 신체의 건강한 성장 및 발달과 건강의 유지에 필요한 영양성분의 보급을 목적으로 한 식품(규격기준 준수)

### (3) 미국

미국의 경우, 법적으로 인정된 용어는 영양보조제(dietary supplement)이다. 영양 보조제의 정의는 국가별로 다양하나 대부분의 국가에서 영양보조제를 '일반 식이로 발생할 수 있는 영양 결핍증을 예방할 수 있을 정도의 충분한 양의 비타민이나 미네랄을 제공하기 위한 순수 영양성분 제제'로 정의하고 있다. 그러나 최근 일부 국가에서는 그 의미가 비타민이나 미네랄을 포함한 것보다 더 넓어지고 있다.

♣ 미국의 Dietary Supplement Health and Education Acts(DSHEA)에 따른 정의
영양보조제로 비타민과 무기질, 식물 또는 허브, 아미노산과 같은 물질의 농축물질, 대사산물, 성분추출물 또는 이러한 용도로 위의 물질들을 혼합한 것
'Intended to supplement the diet–vitamins and minerals, herbs or botanicals, amino acids, a concentrate, metabolite, constituent extract, or combination of any of the above'
분말 , 과립, 정제 캡슐의 형태를 하고 있고 식품 또는 식사의 형태로 간주되지 않는 것

### (4) 영국

♣ 영국의 농수산 식품성 (Ministry of Agriculture, Fisheries and Food)
기능성 식품(functional food)은 고유의 영양학적 유익성외에 의학적 또는 생리학적 혜택을 주는 특정한 성분이 혼입된 식품

### (5) 중국

중국에서는 1996년부터 보건기능식품관리법이 시행되었다. 기능성 식품을 '특별한 기능을 가진 식품'으로 정의 하여 식품위생법에서 '특별한 기능을 가진 식품에 대해 제품과 설명서는 지방 보건 행정부에 의해 평가 및 인정이 되어야 한다'고 규정하고 있다.

### (6) 대만

대만에서는 1999년부터 건강식품관리법이 시행되었다. 건강식품을 '특수한 영양소나 특수한 보건 기능을 구비하고 있는 것'으로 정의하며 건강식품관리법의 대상으로 보고 있다.

### 3) 기능성 식품의 조건

기능성 식품이 의약품과 가장 다른 점은 기능성 물질을 함유하고 있는 같은 급원으로부터 기능성 물질을 얻는다 하더라도 생리활성물질의 함량이나 순도에 있어서는 차이가 있다고 말할 수 있다. 즉, 식품에서는 기능성 물질이 다른 물질과 함께 혼재한다. 따라서 약품에 존재하는 기능성 물질은 고단위로 존재하는데 비해 식품에는 중단위 정도로 존재한다. 따라서 식품으로 섭취하는 경우에는 훨씬 많은 양의 물질을 지속적으로 섭취해야만 효과를 볼 수 있다.

일본의 보건 복지부에서는 기능성 식품의 조건을 다음과 같이 제시하고 있다.

첫째, 일상의 식품으로 소비될 수 있는 것이어야 하고, 천연 물질에서 얻은 성분으로 분말, 정제, 캡슐의 형태가 아니어야 한다.

둘째, 섭취했을 때 인체의 생리 활성을 높이거나 질병의 예방, 노화지연 등의 효과를 갖고 있어야 한다.

기능성 식품은 식품 원재료 자체에 기능성 물질을 갖고 있거나, 가공 식품에 기능성 물질이 있는 경우, 강화시키고자 하는 물질을 첨가한 경우, 영양 보충제의 형태로 공급하는 경우를 모두 포함한다. 예를 들면 기능성 물질인 라이코펜을 얻기 위해 기능성 식품을 섭취하는 경우, 토마토를 먹음으로서 라이코펜을 얻을 수 있거나 토마토 페이스트나 토마토케첩 등 토마토 가공 식품을 통해 얻을 수 있다. 또는 추출한 라이코펜을 식품에 강화시켜주거나 영양 보조제의 형태로 라이코펜을 먹을 수 있다.

## 2. 기능성 식품의 역사

### 1) 기능성 식품 개념의 발전과정

기능성 식품의 개념은 최근에 발전되어온 개념이지만 식품이 질병을 예방할 수도 있다는 생각은 수 천 년 전부터 있어 왔다. 기능성 식품의 기원을 살펴보면, 옛날 우리 인류의 조상들이 동물이 정상적일 때는 보통 먹지 않으나 아플 때만 섭취하는 특정 식물을 유심히 관찰하던 때로 거슬러 올라간다. 식물이 의약품으로 쓰일 수 있다는 생각은 미처 하지 못하였지만 그 식물에 있는 어떤 물질이 작용하여 병을 낫게 한다는 것은 짐작하였다.

원시시대부터 동물과 인간은 허브 또는 식물을 이용하거나 식품을 이용하여 질병을 치료하여 왔다. 이미 6만 년 전 네안데르탈인의 무덤에서 약으로 사용되었던 허브가 발견되었고 BC 4000년경 중동 지방에 살던 수메리아인들이 타임이나 겨자, 사프론, 코리안더, 계피, 감포 등을 의약품으로 사용하여 왔다는 것이 밝혀졌다. 옛날 이집트, 그리스, 로마의 문헌이나 예술품에도 식물을 의약품이나 영적인 의식에 사용했다는 증거를 보여주는 자료들이 있다. 2500년 전 히포크라테스는 '식품이 약이 되고 약이 식품이 된다'고 말한 바 있다. 이는 우리나라나 중국의 경우 '약식동원(藥食同原)'의 개념에 따라 일상 식품에 의한 질병 예방과 건강 유지가 이루어질 수 있다는 생각이 보편화 된 것과 같은 맥락으로 동서양이 같은 생각을 갖고 있었다고 볼 수 있다. 그러나 기능성 식품 또는 '뉴트라수트칼'이라는 기능성 식품 용어와 기능성 물질에 대한 연구는 20세기에 들어와서야 가능하게 되었다. 경험적으로 건강유지나 질병 예방 및 치료에 효과가 있다고 알려진 식품 구성 성분을 과학적으로 정밀하게 분리해내고 그 물질의 효과에 관한 사실이 맞는지 세포 실험이나 동물 실험을 통해서 약효를 검증할 수 있게 되었기 때문이다.

구미 각국에서도 대체 의학의 범위 내에서 과거에 허브나 식물에 의한 치료 경험을 계기로 기능성 식품에 관한 관심이 커지게 되었다. 근대 의학의 아버지라 일컬어지는 히포크라테스는 치료에 도움을 주는 300-400개 정도의 식물을 사용하였다고 한다. 최근 상업적으로 약품에 사용되는 성분은 식물에서 추출하거나 비슷한 물질을 합성한 것이다.

기능성 식품이라 해도 모든 질병을 치료할 수 있는 성분 한 가지를 사용하는 것 보다는 식품으로서 소비되는 것이 훨씬 효과가 좋다. 따라서 기능성 식품의 소비는 어느 성분 하나에 치우쳐 섭취하는 것 보다는 균형된 섭취를 하는 것이 좋다. 예를 들어 $\omega$-3 지방산은 심장병을 예방하지만 지나치게 많이 먹으면 인체에 치명적인 영향을 준다. 기능성 식품 잠재적인 독성이나 과잉섭취에 따른 위해에 대해서도 연구가 필요하다.

### 2) 일본의 기능성 식품 발전과정

기능성 식품에 관한 관심을 체계화시킨 것은 일본이다. 1969년도부터 국가사업 프로젝트를 진행하면서 건강 식품산업에 관심을 가져왔으며 1986년부터 '기능성 식품'이라는 용어를 쓰기 시작하였다. 또한 그 연구 결과를 토대로 식품위생법이 개정되어 1991년부터 특정보건용 식품 제도가 시행되었으며 식품의 생체 조절 기능을 표시하게 되었다. 2001년 보건기능식품제도가 시행되면서 특정보건용 식품과 함께 영양기능식품도 포함하게 되었다. 일본의 기능성 식품 중 보건기능식품은 개별적으로 허가를 받아야하는 특정 보건용 식품과 일정한 규격 기준에만 맞으면 생산 판매할 수 있는 영양기능식품을 포함하고 있다. 특정 보건용 식품은 '특정 보건 목적으로 섭취하는 자에게 해당 보건 목적을 기대할 수 있다는 뜻을 표시한 식품'으로 정의 한다. 영양성분표시 특정 보건용도, 섭취권장량, 섭취방법, 일일 영양권장량에 대한 충족비율 등을 표시하게 되어있다.

특정보건식품의 용도 표시는 대강 다음과 같은 내용을 포함한다.

① 장의 상태를 개선해 주는 식품

② 콜레스테롤 수치가 높은 사람을 위한 식품

③ 혈압이 높은 사람을 위한 식품

④ 미네랄의 흡수를 도와주는 식품

⑤ 충치의 원인이 되지 않는 식품

⑥ 이를 튼튼하게 하는 식품

⑦ 혈당치를 적절하게 조절하는데 도움을 주는 식품

⑧ 식후 혈중 중성 지방의 상승억제에 도움을 주는 식품

영양기능식품은 '신체의 건강한 성장 및 발달과 건강의 유지에 필요한 영양성분의 보급을 목적으로 한 식품'으로 정의된다. 영양성분, 영양기능, 섭취권장량, 섭취방법, 일일영양권장량에 대한 비율 등을 표시하게 되어있다. 영양기능식품은 미네랄류, 비타민류, 단백질, 지방산, 식이섬유, 허브류, 기타 영양성분의 7개 식품군을 포함하고 있다. 건강식품은 약사법에 의해 규제를 받고 있으며 건강식품의 효능 표시는 인정하지 않고 있다. 건강식품은 일본 건강영양식품협회의 자격기준에 의해 관리되며 안전 위생성 및 표시 내용에 대한 엄격한 심사가 이루어진다. 건강식품은 당류, 단백질, 지방질, 비타민, 미네랄, 발효미생물, 식물성분류, 버섯류, 기타 등 10개 식품군에 50개의 품목들이 포함되어 있다.

### 3) 미국의 기능성 식품 발전과정

미국에서는 1938년에 식품, 화장품 및 약품법(FCD, Food Cosmetics and Drug Act)이 제정된 이래 여러 차례에 걸쳐 식품 관련 법안이 발전되어 왔다. 1990년 국민에게 올바른 식품영양정보를 제공하기 위한 목적으로 영양표시 및 교육법(NLEA, Nutrition Labeling and Education Act)이 발효되면서 모든 가공 식품에 영양표시를 의무화 하였으며 식품에서 과학적 근거가 있는 제품에 대해 특정영양소와 질병과의 상관관계를 표현하는 건강 관련 주장(health claim)을 표시할 수 있는 근거를 마련하였다. 식품 또는 식품 성분이 나타내는 건강 강조 주장은 과학적인 근거가 축적됨에 따라 그 항목이 증가해 왔는데 현재 허용되고 있는 12개의 건강주장의 예는 다음과 같다.

① 칼슘과 골다공증

② 나트륨과 고혈압

③ 식이지방과 암

④ 포화지방 및 콜레스테롤과 관상동맥 심질환

⑤ 섬유소 함유 곡류 및 과채류와 암

⑥ 섬유소 함유 곡류 및 과채류와 관상동맥 심질환

⑦ 과채류와 암

⑧ 엽산과 신경관계질환

⑨ 당알콜과 충치

⑩ 수용성 섬유소와 관상동맥 심질환

⑪ 대두 단백과 관상동맥 심질환

⑫ 식물성 스테롤/스타놀에스테르와 관상동맥 심질환

1994년 식이보충제 건강 및 교육법(DSHEA, Dietary Supplement Health and Education Act)이 발효되어 영양보조제의 정의와 건강주장 허용 범위를 담고 있다. 이 기준에 따라 식이 보충제에 포함된 특정성분이 인간의 신체에 미치는 건강기능을 표시 할 수 있게 하였다.

다음은 DSHEA에 의한 식이 보충제의 품목은 다음과 같다.

① 비타민 : 비타민 A, D, E, B1, B2, B6, B12, niacin, folate, biotin, panthotenic acid

② 미네랄 : Ca, Fe, Zn, Mg, Mn, Se, Cu, Cr, I

③ Herb/botanical : garlic, ginko, chamomile, dandelion, milk, thistle, capsicum, valerian,

④ 아미노산 : Lys, Trp, Cys, Ile, Met, Val

⑤ 영양보조 보충제 : fish oil, algae, bee pollen, bone meal, melatonin

⑥ concentrate, metabolite, constituents : allicin, ginko ginsenosides, bilberry extract, chamomile tea

### 4) 중국의 기능성 식품 발전과정

중국의 보건부는 1996년도에 건강식품관리법을 공포하였다. 이 법은 식품위생법 22조와 23조에 근거하여 제정되었다. 식품위생법 22조는 '특별한 기능을 가진 식품에 대해서 제품과 설명서는 지방보건행정부에 의해 평가 및 인정이 되어야 하며 위생기준과 이러한 제품의 제조 판매와 관리는 지방보건 행정부에 의해서 공식화 된다' 식품위생법 23조는 '인간의 보건에 위험하지 않아야 하고 제품의 사용설명은 신뢰할 수 있어야 하며, 제품의 기능이나 성분, 사용설명은 반드시 서로 일치하며 허위내용이 없어야 한다'고 명시하였다.

중국은 건강식품의 정의를 신체기능을 통제할 수는 있지만 치료를 위해서 사용해서는 안된다고 규정하고 있다. 건강식품의 조건은 다음과 같다.

① 필요한 동물, 사람에 대한 임상실험을 통해 제품의 명확한 기능을 증명해야 한다.

② 모든 원료와 최종식품은 식품의 건강효과에 관한 조건을 충족시켜야 한다.

③ 성분배합표시나 사용된 성분의 효능을 입승할 만한 과학적 승거가 있어야 한다.

④ 표시 및 과오, 사용 설명에 나타난 정보에는 의료상의 효과가 있다는 내용을 표현할 수 없다.

### 5) 한국의 기능성 식품 발전과정

우리나라의 기능성식품제도는 1977년 식품위생법에 '영양식품'제도로 시작되었으며 1987년에 '영양 등' 식품군에 유아, 병자, 임산부 등의 건강증진 용도가 나타났고, 1989년에 21개 품목의 건강보조식품제도가 생기면서 특수 영양식품과 구분되게 되었다. 또한 국제적인 추세에 맞추어 우리나라에서도 2002년 8월에 건강기능식품에 관한 법률이 법률 제6727호로 국회에서 통과 되어 공포되었고 2004년 1월 시행령이 발효되었다.

현재 우리나라의 건강기능을 표방하는 식품은 건강보조식품, 특수영양식품, 인삼제품류 등이 있다. 건강기능식품공전 상에 '건강 보조의 목적으로 특정성분을 원료로 하거나 식품원료에 들어있는 특정성분을 추출, 농축, 정제, 혼합 등의 방법으로 제조 · 가공한 식품을 말한다'로 건강 기능 식품을 정의 하고 있다.

일반적으로 건강기능식품은 다음과 같은 특징을 갖고 있다.

① 의약품으로만 사용된 식품이 아닌 것

② 영양성분을 함유하는 식품

③ 과거부터 식품으로 사용되어온 것

④ 과학적으로 생리활성이 있다고 입증된 것

⑤ 경구로 섭취하는 것

⑥ 천연물로부터 유래하는 것

⑦ 일반적인 식품의 형태가 아닌 것

특수영양식품은 식품공전상에 '영 · 유아, 병약자, 노약자, 비만자 또는 임신부등을 위한 용도에 제공할 목적으로 식품원료에 영양소를 가감시키거나 식품과 영양소를 배합하는 등의 방법으로 제조 · 가공된 조제유류, 이유식류, 영양보충용식품, 특정용도식품, 식이섬유가공식품 등의 식품을 말한다'로 정의 되어 있다. 2004년부터 시행된 건강기능식품법은 주요 내용으로 건강기능 식품의 정의, 기준 및 규격, 제조업 허가 및 판매, 수입 신고, 표시 및 광고, 품질 인증제도 및 영양기능 검사기관 등을 포함하고 있다.

건강기능식품의 정의는 '인체의 건강증진 또는 보건 용도에 유용한 영양소 또는 기능 성분을 사용하여 정제, 캅셀, 분말, 과립, 액상, 환 등의 형태로 제조 가공하는 것으로 식품의약품 안전처장이 정한 것'으로 되어 있다. 또한 건강기능식품의 기준 및 규격은 식품의약품안전처장이 고시하게 되어 있으며 고시되지 않은 품목 및 원료는 영업자가 과학적 평가 방법에 의해 검사한 자료를 제출한 후 식품의약품안전처장이 인정하도록 되어 있다. 건강 기능 식품의 기능성 표시 및 광고는 영양소 또는 기능성분의 인체 구조 및 기능에 대한 식품영양학적, 생리학적 기능 및 작용 등을 표시 할 수 있도록 되어 있다. 표시 광고의 심의는 식품의약품안전처장이 정한 건강기능식품 표시 · 광고 심의기준, 방법, 절차에 따른 심의 요구에 의해 이루어지며, 지정 단체에서 기능성 표시 및 광고에 대해 사전 심의를 하도록 되어 있다.

다음과 같은 표현이 있을 경우는 부적합한 광고로 심의하고 있다.

① 질병치료에 효능, 효과가 있다는 표현

② 의약품으로 오인 혼동할 우려가 있는 표현

③ 제품 중 함유된 성분과 다른 내용의 표현

④ 체험기 등을 이용한 표현

표 1-1은 건강보조식품 및 특수영양식품 광고심의 결과의 예이다.

〈표 1-1〉 건강보조식품 광고 심의 결과의 예

| 품목군 | 적합판정 | 부적합 판정 | | |
|---|---|---|---|---|
| | | 의약품 오인표현 | 과학적 근거 부족 | 소비자 오도표현 |
| 스쿠알렌 | 산소공급 원활<br>피부건강 도움<br>신진대사 기능 | 혈행 개선<br>피부, 세포 재생<br>간의 유해물질 억제 | 에너지 발생<br>자연치유력 강화<br>체액의 알칼리성 조절능력 | 먹는 산소<br>미세조직에 산소공급<br>신체 독성물질 제거<br>신비한 생명력 |
| 로얄젤리 | 영양공급<br>건강증진 및 유지<br>고단백식품 | 항암물질 장정,<br>강장, 혈압조절,<br>만성퇴행성 질환예방 | 항균작용<br>각종조직대사 관여<br>미확인된 활성물질 함유 | 정력 증진<br>천연항생물질<br>스테미너<br>왕성한 신체발육 |

| | | | | |
|---|---|---|---|---|
| 클로렐라 | 단백질공급원<br>핵산, 단백질,<br>엽록소, 섬유소<br>등 성분함유 | 혈압 조절<br>순환기 질환예방<br>간장 보호<br>빈혈예방 | 신체를 약알카리성으로<br>세포부활 방지<br>비만 방지<br>산소호흡촉진작용 | 다이어트 효과<br>알카리성 체질강화<br>기능성식품 |
| 포도씨유 | 항산화작용<br>필수지방산<br>공급원 | 동맥경화 억제<br>간기능 개선식품<br>항암작용 | 생리활성 촉진물질<br>콜레스테롤 저하작용 | 다이어트 효과<br>비만 방지<br>식이요법 |

# 제2장 기능성 식품의 분류

식품에 존재하는 생리 활성물질의 종류는 매우 다양하기 때문에 기능성 물질에 대한 분류는 여러 관점에서 이루어질 수 있다. 따라서 이러한 기능성 물질을 포함하는 기능성 식품을 분류하기 위해서는 기능성 물질에 대한 분류가 선행되어야한다.

## 1. 식품 급원에 의한 분류

여러 종류의 다양한 기능성 물질이 식물, 동물, 미생물에 다양하게 존재한다. 식품 급원에 따른 분류와 종류는 표 2-1과 같다. 식물에서 많은 기능성물질 성분들이 발견되고 있으며 이러한 생리 활성 물질을 phytochemical이라고 한다. phytochemical은 식물체로부터 생성되는 2차 대사산물로 과일 , 야채, 향신료, 전통 약용식물 등에 주로 존재하는 비영양성분이다. 암, 심혈관질환 등 성인병 예방과 관련된 phytochemical의 기능은 혈중 콜레스테롤 저하, 혈소판 응집억제, 혈전 용해증가 등에 의한 심혈관질환 예방효과가 있다. 동물성 식품 중 육류나 생선에서 발견되는 지방산 또는 지방 구성물질, 무기질, 효소 등에 생리활성 물질이 있다. 미생물의 경우는 장내 정장작용 등에 도움을 주는 세균이나 효모들이 기능성 물질로 존재한다. 생리 활성 물질을 갖는 특정 함유식품은 표 2-2에 나타나 있다.

〈표 2-1〉 식품 급원에 따른 기능성 물질의 분류

| 급원 | 기능성 물질 |
|---|---|
| 식물성 | allicin, ascorbic acid, β-carotene, capsaicin, cellulose<br>daidzein, gallic acid, geraniol, genestein, β-glucan, glutathione<br>hemicellulose, indole-3-carbonol, β-ionone, quercetin, σ-limonene, lignin, lutein, luteolin, lycopene, pectin<br>perillyl alcohol, Potassium, α-Tocopherol, γ-Tocotrienol<br>nordihydrocapsaicin, selenium, zeaxanthin |
| 동물성 | conjugated linoleic acid(CLA), eicosapentaenoic acid(EPA)<br>docosahesaenoic acid(DHA), sphingolipids, choline, lecithin<br>calcium, ubiquinone(CoQ10), selenium, zinc |
| 미생물 | Bifidobacterium bifidum, Lactobacillus acidophilus,<br>Saccharomyces boulardii, Streptococcus salvarius |

〈표 2-2〉 생리 활성 물질을 갖는 함유식품

| 기능성 물질 | 기능성 물질 함유 식품 |
|---|---|
| allyl sulfur compound | 양파, 마늘 |
| anthocyanins | 붉은 색 · 청색 과일, 채소류 |
| β-carotene | 감귤류, 당근, 호박, |
| capsicinoids | 파프리카 |
| CLA | 쇠고기, 유제품 |
| catechins | 차, 베리 |
| carnosol | 로즈메리 |
| isoflavones | 대두 및 두류 |
| EPA and DHA | 생선기름 |
| lycopene | 토마토 및 토마토 가공품 |
| isothiocyanates | 십자화과채소(양배추, 코리플라워, 브로콜리) |
| β-glucan | 귀리외피 |
| quercetin | 양파, 붉은색 포도, 감귤류, 브로콜리, 노란호박 |
| resevratrol | 포도껍질, 붉은 포도주 |
| adenosine | 마늘, 양파 |
| indoles | 양배추, 브로콜리, 케일, 브루셀 스프라우트 |
| curcumin | 심황(tumeric) |
| ellagic acid | 포도, 딸기, 라스베리, 호두 |
| 3-n-butyl phthalide | 셀러리 |
| cellulose | 식물류 |

## 2. 생리 활성 기능에 따른 분류

기능성 물질의 생리 활성 기능은 매우 다양하지만 크게 항암성, 항산화성, 항염성, 혈중 지질 저하, 뼈 보호, 소화기능 활성물질 등으로 나누어 볼 수 있다. 기능성 물질의 생리 기능에 따른 분류는 표 2-3과 같다.

생리 활성과 관련된 물질들을 살펴보면 항암성(anticancer)과 항산화성(antioxidant)에 관련된 기능성 물질이 가장 많고 그외 순환기 질병 개선 물질, 항염증(anti-inflammatory), 뼈 보호 및 골다공증 예방 물질과 관련된 성분이 제시되고 있다. 이들 성분들은 대부분 만성질환과 관계가 있으며 장기적으로 섭취했을 때 식품에 포함된 기능성 물질의 효과를 볼 수 있다.

〈표 2-3〉 생리활성 기능에 따른 분류

| 생리활성 | 기능성 물질 |
|---|---|
| 항암성 | γ-tocotrienol, α-tocopherol, CLA<br>genestein, sphingolipids, limonene, curcumin,<br>diallyl sulfide, enterolactone, glycyrrhizin, ellagic acid<br>capsaicin, lutein, carnosol,<br>Lactobacillus bulgaricus, Lactobacillus acidophilus |

| | |
|---|---|
| 항염성 | Linolenic acid, EPA, DHA, capsaicin, quercetin, curcumin<br>β-glucan, ɣ-tocotrienol, α-Tocotrienol, MUFA, quercetin<br>ω-3 PUFAs, resveratol, tannins, β-sitosterol, saponins |
| 항산화성 | conjugated linoleic acid(CLA), ascorbic acid, β-carotene, lycopene, lutein, luteolin, oleuropein<br>α-Tocopherol, ɣ-Tocotrienols<br>polyphenolics, ellagic acid, cathechins, gingerol<br>chlorogenic acid, tannins<br>indole-3-carbinol, glutathione, |
| 순화기 질병 개선 물질 | β-glucan, quercetin, resveratol, β-sitosterol<br>ɣ-tocotrienol, α-tocotrienol, MUFA, ω-3 PUFAs, tannins,<br>saponins |
| 골다공증 및 골 보호 | conjugated linoleic acid(CLA),<br>soy protein, genestein, daidzein<br>calcium |

## 3. 화학적 특성에 따른 분류

다양한 기능성 물질을 화학적 특성에 따라 분류하면 표 2-4와 같다. 기능성 식품의 화학적 특성을 관찰해 보면 비슷한 구조를 가지고 있는 물질들이 비슷한 생리활성을 보인다. 식물에서는 이소프레노이드(isoprenoid)와 페놀 화합물(phenolic compound)가 가장 많다.

〈표 2-4〉 화학적 성질에 따른 분류

| 화학 성분 | 기능성물질 |
|---|---|
| 이소프레노이드 | carotenoids, capsaicinoids<br>tocotrienols, α-tocopherols<br>simple terpenes |
| 페놀성 화합물 | anthocyanins<br>isoflavones, flavonones, flavonols<br>coumarins, tannins<br>lignin |
| 단백질 / 아미노산 | Alanine, Alginine, Aspartic acid |
| 탄수화물 및 그 유도체 | ascorbic acid<br>oligosaccharides<br>non-strach PS |
| 지방산 및 구조지질 | ω-3 PUFAs, CLA, MUFA<br>sphingolipids, lecithin |
| 무기질 | Ca, Se, K, Cu, Zn |
| 미생물 | probiotics<br>prebiotics |

### 1) 이소프레노이드 화합물

이소프렌이 한 단위가 되어 여러 개 모여 화합물을 이루는 이소프렌 유도체를 말하며 테르펜은 이소프렌 단위가 2개 모여서 이루어진 화합물이다. 그러므로 테르페노이드(terpenoid)도 넓은 의미에서는 이소프레노이드에 속한다. 이소프레노이드 유도체에는 카로티노이드, 토코페롤, 토코트리에놀이 있으며 여러 가지 정유(essential oil)성분을 이루는 테르펜 화합물이 이에 속한다. $\beta$-carotene, lycopene, limonene등이 대표적인 화합물이다.

### 2) 플라보노이드(flavonoids)

플라보노이드는 식물에 존재하는 phytochemical의 대부분을 차지하는 화합물로서 페놀성 또는 폴리페놀 화합물들이 여기에 속한다. 플라보노이드의 종류로는 안토시아닌(anthocyanin), 플라보놀(flavonol), 아이소플라본(isoflavones), 플라바놀(flavanol), 플라본(flavone), proanthocyanidins, 축합형 탄닌 등이 있다.

### 3) 단백질 및 아미노산

단백질, 펩타이드 그리고 및 아미노산은 신체를 구성하는 성분일 뿐 아니라 신체 조직의 보수나 유지에 필수적인 성분이다.

### 4) 탄수화물 및 그 유도체

포도당의 유도체인 아스코르빈 산이나 소당류인 여러 종류의 올리고당이 여기에 속한다. 프럭토 올리고당이나 이소말토 올리고당, 갈락토 올리고당이 있으며 이들은 장내 유익 세균의 증식을 도와준다. 이밖에 저항 전분(resistant starch), 섬유소, 반섬유소, 펙틴, 리그닌 등은 장내에서 변비예방과 대장암, 직장암의 예방을 도와주고 혈중 콜레스테롤을 감소시킨다.

### 5) 지방산 및 구조 지질

지방산중 리놀레산, 리놀렌산 등은 필수지방산이며 불포화 지방산으로 혈중 콜레스테롤을 감소시킨다. $\omega$-3 지방산 중 다가 불포화 지방산인 eicosapentaenoic acid(EPA)와 docosahe xaenoic acid (DHA)은 고혈압 동맥 효과 외에 여러 질병에 예방 및 치료 효과가 있다고 한다.

### 6) 무기질

무기질은 다량원소와 미량원소로 나눈다. 다량원소인 칼슘(Ca)은 경조직을 구성하거나 인체의 체액구성 성분으로 수분 및 산 염기의 평형 유지, 조효소로서의 작용, 신경전달 물질에 관여하거나 면역성 향상에 관여한다. 다량원소에는 인(P), 마그네슘(Mg), 황(S), 나트륨(Na), 칼륨(K), 염소(Cl) 등이 있다. 미량원소로 철분(Fe), 아연(Zn), 구리(Cu), 요오드, 불소, 셀레늄, 망간, 크롬, 몰리브덴 코발트 등이 있다.

### 7) 미생물

미생물 중에는 사람이 섭취하였을 때 인체에 유용한 작용을 하는 살아있는 미생물이 있으며 이를 프로바이오틱스(probiotics)라고 한다. 프로바이오틱스의 대부분은 유산균들이며 효모도 있다. 프로바이오틱스의 조건은 소화기관을 통과할 때 산에 저항성을 가져야 하며 효소에 의해서도 분해되지 않고 군집을 인체 장내에서 이룰 수 있어야 한다.

프리바이오틱스(probiotics)는 직장에서 세균 활동을 촉진시키는 비소화성 물질로 주로 당질이나 아미노산이다. 주로 장내에서 유익한 작용을 하는 세균이 이러한 물질들의 분해에 관여하여 유해 생성 물질을 방해함으로써 암예방에 관여하는 것으로 알려졌다.

# 제3장 기능성 식품의 시장 현황 및 전망

## 1. 기능성 식품 시장 현황

기능성 식품은 높은 부가가치로 인해 식품산업계가 주목하는 품목으로 성장하였고 소비자 또한 건강증진 및 생리활성 기능을 가진 기능성 식품에 많은 관심을 기울이고 있어 앞으로도 크게 성장할 산업분야로 세계 각국에서 각광받고 있다. 따라서 식품업체 뿐만 아니라 제약업체, 다국적 유통업체들도 이 분야에 높은 관심을 갖고 진출하고 있다. 식품산업은 규모면에서 제약회사 보다 크며 선진국의 경우에는 더욱 규모가 크다. 따라서 기능성 식품에 관한 두 업계의 관심은 많은 제약회사들의 참여를 유도 하였고 식품과 의약품의 산업간, 학문간에 부분적 통합 움직임이 활발해지고 있다.

### 1) 세계 시장

기능성 식품의 세계 시장은 2013년에 약 1,750억불의 규모에 이르렀다. 세계에서 미국, 유럽, 일본 등이 큰 시장을 형성하고 있는데 이 중 미국은 560억불로 세계시장의 32%를 점하고 있다. 미국의 경우 99년 기능성 식품소재 품목이 900개로 150억불 규모에서 최근 급신장하였다. 유럽은 세계시장의 29%를 차지하며 약 507억불, 일본이 세계시장의 24%를 차지하며 약 420억불, 우리 나라는 세계시장의 약 1%를 넘어 약 20억불 규모이며, 식품의약품안전처와 aT에 따르면 지난 2018년을 기준으로 10년간 건강기능식품의 국내 시장은 연평균 11%로 성장 추세이나, 수출액 비중은 국내 생산 규모의 5%에 불과하다.

#### (1) 미국

2013년 미국의 시장 규모는 560억불 정도로 증가하였으며, 향후 매년 약 10%의 성장을 지속할 것으로 NJB(Nutrition Business journal)는 예상하고 있다. 미국에서 실시된 소비자 조사에 따르면 소비자들은 건강 지향적이면서도 좋아하는 기호식품을 포기하는 일은 쉽지 않아 일반적 식품의 형태를 가진 기능성 식품을 요구하고 있다. 또한 식품회사 연구소장을 대상으로 한 조사에서도 '건강식품개발'을 가장 중요시 하였다.

미국 영양보조식품 시장은 비타민이 약 40%를 차지하고 있으며, 허브가 30%, 스포츠 강화음료가 10%, 미네랄이 8%, 식사대용 제품이 5%를 차지하고 있다.

미국의 기능성 식품시장은 크게 베이커리, 시리얼바, 캔디, 스낵, 유제품, 마가린, 기타의 네 부문으로 나눌 수 있다. 베이커리 및 시리얼은 미국 기능성 시장에서 가장 구성비가 높고, 2010년도 규모는 연간 30억 달러였다. 특수한 사람을 대상으로 특수하게 조성된 기능성 시리얼은 FDA로부터 건강 표시 허가를 받음으로써 그 건강 효과를 소비자들에게 알릴 수 있게 되었다. 캔디, 스낵류는 최근 많은 신제품이 발매되고 있는데 이는 편리성이 가미된 기능성 식품이기 때문이다. 마가린은 혈중 콜레스테롤을 낮추는데 도움이 되는 물질을 넣은 마가린이나 스프레이 제품이 판매되고 있다.

미국 소비자의 50% 정도가 식품이 의약품을 대체할 수 있다고 믿고 있으며, 비처방 약품의 대체효과를 가지고 올 것으로 생각된다. 표 3-1은 미국의 질환 관련 건강기능식품에 관한 것이다.

〈표 3-1〉 미국의 질환 관련 건강기능식품

| 관련질환 | 환자수(백만명) | 시장규모(억불) | 기능관련성분 |
|---|---|---|---|
| 관절질환 | 80 | 8 | Glucosamine, chondroitine |
| 소화기질환 | 70 | 100 | 발효유, 올리고당, 유산균, 향초 |
| 고지혈증 | 60 | 130 | Oat bran, Soy, ω-3, inulin |
| 골다공증 | 33 | – | 칼슘, 아연, 망간, 구리 |
| 갱년기 장애 | 35 | – | 콩 isoflavone, flaxseed |
| 과체중 | 37 | 300 | Fat burners |
| 시력이상 | 83 | 10 | Anthocyanins |
| 스트레스 | 100 | 48 | Valerian, Tryptophan |
| 유방암 전립선암 | – | – | Isoflavone, lycopene |

자료 : 보건산업기술동향 5호, 한국보건산업진흥원.

여러 종류의 허브는 특히 시장에서의 비중이 점점 커지는 것으로 나타나는데 최근에는 Echinacea, 은행잎, St.John's wort가 높은 순위로 나타났다.

〈표 3-2〉 허브류의 기능성과 시장점유 순위

| 순위 | 허브류 | 기능 |
|---|---|---|
| 1 | Echinacea | 면역 |
| 2 | Garlic(마늘) | 혈행 |
| 3 | Ginko biloba(은행잎) | 기억, 혈행 |
| 4 | Saw Palmetto(톱야자) | 전립선 |
| 5 | Ginseng | 인삼 |
| 6 | Grapeseed extract | 포도씨추출물 |
| 7 | Green tea | 녹차 |
| 8 | St.John's wort(고추나물) | 항우울 |

| | | |
|---|---|---|
| 9 | Bilberry(빌베리) | 시력 |
| 10 | Aloe vera(알로에) | 완화 |

### (2) 일본

일본의 기능성 식품시장은 1996년 6500억 엔 정도에서 매년 5%씩 성장하고 있으며 2013년에는 약 420억 불 정도의 규모를 보였다. 유통 경로는 제약, 전문점, 직접 판매를 통해 이루어지며 직접 판매는 전체시장의 65%를 차지하고 있다. 판매 품목은 현재 50개 품목으로 비타민, 미네랄이 시장을 주도하며 이러한 경향은 미국과 유사하다. 그 밖에 영지버섯, 클로레라. 인삼 등 지역적 특성이 강한 천연제품이 시장의 상당 부분을 차지한다. 특히 클로레라와 로얄제리가 큰 부분을 차지하고 있으며 키틴 키토산과 프로폴리스가 크게 성장하고 있다. 특별용도식품은 고혈압이나 신장질환자를 위한 저단백질 식품, 유아용, 임신부용, 고령자용 등 특별한 용도로 적절하다는 표시를 후생성이 허가한 식품이다.

특정보건용식품은 식생활에서 특정의 보건목적으로 섭취하는 자에 대해서 그 섭취를 통해 해당보건의 목적을 기대할 수 있으며 구체적인 효능을 표시할 수 있는 제품이다. 특정 보건용 식품은 7개 식품군으로 나누며 표와 같다. 300여 품목 4천 백 엔 정도의 규모를 갖고 있다.

〈표 3-3〉 특정보건용 식품

| 식품의 기능성 | 기능 관련 성분 |
|---|---|
| 장의 상태를 조절 | fiber, oligosaccharide, Lactobacillus, Bifidobacterium |
| 콜레스테롤 저하 | 펩타이드, 섬유소, 단백질 |
| 혈압 저하 | 펩타이드, 글라이코사이드 |
| 미네랄 흡수 | CPP, CCM, Heme Fe, 펩타이드, 올리고당 |
| 충치방지 식품 | 폴리페놀, 당알코홀 |
| 중성지방 관련식품 | 난소화성 덱스트린 |
| 혈당치 조절식품 | 콩단백, 수용성 식이섬유, 펩타이드 |

새로운 동향으로는 그 동안 방문 판매를 통해 고가 식품을 취급해왔으나 젊은 층을 위한 저가의 비타민이나 다이어트 식품을 출시하고 있다. 이와 함께 유기농산물 및 그 가공품을 이용한 외식시장도 급증하고 있다.

### (3) 유럽

EU는 기능성 식품에 대한 법적제도에 아직 합의를 보지 않았으나 '영양학적인 효과 이상으로 다른 신체기능에 효과를 가진 식품'으로 인식하고 있으며 정제나 캡슐 형태의 영양보조제는 기능성 식품에 포함시키지 않는다. 주로 특정 질환을 예방하는 차원의 식품을 개발하고 있다.

### (4) Codex

Codex 국제 식품규격위원회는 건강강조 표시의 경우 각 나라마다 차이가 있어 실행을 보류하였고 영양성분표시, 비교강조 표시 및 영양소 기능 표시에 대해서만 합의 하였다. 건강강조 표시는 '식품 또는 그 식품성분이 건강과의 관련을 나타내는 모든 표현'이고 식품 또는 그 식품 성분이 건강에 효과가 있음을 의미한다. 건강강조표시는 다음 두 종류의 분류로 정의 하고 있다.

① 고도기능 강조 표시(enhanced function claim)

식품 또는 그 식품 성분의 섭취가 생리적 기능 또는 생물학적 활성에 미치는 특정의 유용한 효과에 관계되는 표시로 영양소기능강조표시는 포함되지 않는다. 건강이나 건강기능의 개선, 건강유지에 대한 효능에 관계되는 표시이다.

② 질병위험요인 감소 강조표시(reduction of disease risk claim)

질병위험요인 감소 강조표시는 일상의 식생활에서 식품 또는 식품성분의 섭취가 특정한 질병상태를 유발하는 위험요인의 저하에 관여함을 생각할 수 있게 하는 표시이다.

〈표 3-4〉 건강기능성 식품 품목 분류

| 품목군명 | 유형별 건강기능성 식품 출시 현황 |
|---|---|
| 건강보조식품 | 1. 제어유 가공 식품 2. 로얄젤리가공식품 3. 효모식품 4. 화분가공 식품<br>5. 스쿠알렌식품 6. 효소식품 7. 유산균 식품 8. 조류식품 9. 감마리놀렌산식품<br>10. 배아가공식품 11. 레시틴가공식품 12. 옥타코사놀식품 13. 알콕시글리세롤식품<br>14. 포도씨유식품 15. 식물추출물발효식품 16. 단백식품류 17. 엽록소함유식품<br>18. 버섯 19. 알로에식품 20. 매실추출물 식품 21. 칼슘함유 식품<br>22. 자라 23. 베타카로틴 식품 24. 키토산 25. 프로 폴리스 |
| 특수영양식품 | 1. 영양보충용식품 2. 식사대용 식품 |
| 인삼제품류 | 1. 농축 인삼류 2. 인삼 분말류 3. 인삼 음료 4. 인삼차류 5. 인삼 통 · 병조림<br>6. 인삼 과자류 7. 당침인삼 8. 인삼 캅셀(정)류 9. 기타 인삼식품<br>10. 농축 홍삼류 11. 홍삼 분말류 12. 홍삼차류 13. 홍삼 음료<br>14. 홍삼 캅셀(정)류 15. 기타 홍삼제품 |

## 2) 국내 시장

우리나라의 경우 유용성 표시는 미국 또는 일본과 달리 일반식품에서는 인정하지 않고 있으며 식품위생법과 건강기능성 식품공전의 분류상 일반적으로 기능성 식품으로 분류될 수 있는 식품군은 건강보조식품, 특수 영양식품, 인삼제품류로 인정되었다. 그러나 최근 기능성식품 시장이 급속히 확대되고 있으나, 기능성소재를 제품화하기 어려워 유사 품목군으로 제조허가를 받아 건강식품으로 판매하는 경우가 많다. 그 결과 일부 기능성을 표방하는 식품군이 시장진입이 비교적 쉬운 다류와 기타 식품류, 일반가공식품의 형태로 출시되고 있다. 이러한 현상은 과대, 허위광고로 인해 소비자 불만을 가중시키기도 한다. 또한 일반식품에 기능성 성분을 첨가하여 기능성을 표방하는 자일리톨 껌류, 주스, 우유, 라면, 과자식품의 DHA 첨가가 급증하고 있다. 국내 건상 보조 식품시상은 2013년에 3조원 대로 10% 이상의 지속적인 상승세를 보이고 있다.

국내 건강보조식품시장은 키토산, 알로에, 효소, 스쿠알렌 등의 제품류가 높은 실적을 나타내고 있다.

### 3) 건강보조식품 시장 향후 전망

전 세계적으로 고령화 사회가 완연하고 건강에 대한 지향 욕구가 증대되고 질 높은 삶을 목표로 하기 때문에 허브 함유식품 및 식용생물 자원 등을 이용하여 질병예방을 위한 기능성식품의 개발이 성행하고 있다. 식품 및 천연물에 관한 지식의 축적은 기능성 식품의 종류와 공급을 증대 시킬 것이다. 또한 21세기 생명과학 지식과 기술을 이용한 건강식품 산업은 비약적인 발전을 할 것으로 생각된다. 세계 각국은 건강식품의 발전을 위해 관련 법규를 보완해가고 있는 추세이다.

지난 15년간 건강보조식품시장은 10% 정도의 지속적인 성장을 해왔으며 2013년에 이미 3조원 대의 매출을 이루었다. 또한 식품대기업과 제약 회사의 참여는 적극적인 마케팅을 활용하여 기능성 식품시장 확대와 유통구조의 혁신, 매출증대를 꾀할 것으로 보인다. 건강기능식품법의 발효로 기능성 물질의 유효성 표시는 소비자들에게 좋은 정보를 제공한다. 소비자의 알 권리와 허위 과대광고를 사전에 예방하여 소비자 보호와 소비자들의 건강보조 식품에 대한 인식을 긍정적으로 바꾸어 놓는데 도움을 줄 것이다.

건강보조식품시장은 국내 생명공학 벤처 회사들의 식품분야진출, 대기업들의 기능성 건강식품분야 진출, 일반가공식품에 기능성소재를 첨가한 다양한 제품의 출시, 제약사들의 건강식품분야 진출 동향을 보여주고 있다. 바이오 벤처 회사들은 노화억제, 생리활성 증진, 면역기능 향상 등 건강기능성 식품소재 개발 및 지역특산물을 가공하여 고부가가치 상품의 개발에 역점을 두고 있는 것으로 나타났다. 제품 컨셉은 여성과 장년층을 관절 건강, 면역강화가 주된 포인트이며 알로에, 칼슘, 키토산, 이소플라본 등이 주요한 판매 품목이 될 것으로 예측된다. 앞으로 기능성식품의 안전성 확보 및 기능성과 품질 향상을 통하여 품질이 우수한 기능성 식품을 개발하고 건전한 유통. 판매를 도모하며 국민건강 증진에 크게 이바지할 것으로 생각된다.

앞으로 기능성식품의 발전을 위해서는 활성 성분의 분석 및 작용기전이 밝혀져야 한다. 또한 기능성 식품의 공정개발 표준화 및 품질 관리가 이루어져야 한다. 앞으로 다양한 제품개발을 할 때 기획단계에서부터 경제성이나 마케팅 분석도 철저히 이루어져야 할 것이다.

# 제4장 기능성 식품의 효능과 건강

사람이 살아가는데 필요한 기본요소는 의 · 식 · 주 이며, 그리고 건강을 아주 중요하게 생각하면서 살고 있다. 예로부터 동서고금(東西古今)을 막론하고 무병장수(無病長壽)를 인간 행복의 제일조건으로 여겨 왔다. 그러면서도 건강과 가장 관계가 깊은 식품에 관하여는 그다지 관심을 두지 않고 식사란 행위를 무의식적으로 행하고 막연하게 그저 먹어야 한다는 단순한 생각과 당연히 하루에 세끼를 먹어야 한다는 습관적인 행위로 밖에는 여기지 않았다. 그러나 최근 생활수준이 향상되고 먹거리가 풍부해짐에 따라 영양과잉 섭취로 인체가 원하는 양적인 균형을 벗어나 체내의 여러 대사에 무리를 일으키게 되고 비정상적인 체내 반응과 더불어 이상적인 반응물 생성을 일으키게 되어 오늘날 현대인들은 성인병이라는 만성적인 병에 시달리게 되고 급기야는 사람이 원하지 않는 행복한 장수에 대한 염원을 빼앗기는 상태에 까지 이르게 되었다.

건강에 대한 비교적 체계적인 정의는 세계보건기구헌장의 전문에서 내린 정의로부터 시작된다. 1948년 세계보건기구(World Health Organization)의 건강에 대한 정의는 다음과 같다. 건강이란 단순히 질병이 없거나 허약하지 않는 상태를 말하는 것이 아니라 신체적 · 정신적 및 사회적으로 완전히 안녕한 상태 라고 정의하고 있다. 즉 인간의 건강은 완전한 육체적, 정신적 및 사회적 안정한 상태를 뜻하며 오늘날에는 영적 안녕상태까지도 포함하고 있다. 특히 사람은 다른 동물과 달리 섭식을 육체적 안정 뿐만 아니라 정신적, 사회적으로 충족을 얻는 수단으로 사용하고 있다. 여기에서 식품은 건강을 과학적으로 취급하는 의학과 같은 연관성을 갖게 되는 것이다. 동양의학에서는 의식동원(醫食同源)이라 하며 서양에서는 식사요법(食事療法)으로 의학에서 식품을 예로부터 치료의 수단으로 취급하여 왔다. 사람의 건강상태에 적합한 균형된 식사야말로 질병의 예방과 치료에 가장 중요한 과제인 것이다.

오늘날은 건강을 유지하고 증진하며 질병을 예방하기 위하여 어떻게 해야 하는가의 문제가 새롭게 요구되고 있다. 결국 치료의학에서 예방의학으로 새롭게 바뀌어가고 있으며 이것은 의학에서의 논의 대상으로 치료가 필요한 환자들 뿐만 아니라 그 이외의 건강해 보이는 사람들도 포함시켜야 한다는 의미인 것이다. 건강과 질병과의 관계에서 살펴보면 건강인, 반건강인, 반질병인 및 질병인으로 나누어진다. 이 4단계는 끊어지지 않고 상호연관을 가지고 있는 연속적인 흐름을 이루고 있다. 즉 인간은 건강과 질병의 양극단 사이를 좌우로 이동해 나가면서 일생을 보내고 있다고 하겠다. 오늘날 현대인들은 반건강인 반질병인의 범주에 속해있는 수가 급증하고 있으며 이러한 요인으로는 여러 가지가 있지만 정신적인 긴장의 확대, 운동부족, 식품에 대한 영양지식부족에 의한 영양과잉 섭취 또는 영양불량 섭취 등을 들 수 있겠다. 따라서 반건강 상태에서 벗어나 완전한 건강상태가 되려면 생활환경을 개선하고 식생활을 개선하는 등 예방의학 측면에서 많은 노력과 관심을 가져야 하며 식품의 3차 기능인 생체조절기능을 가진 건강·기능성식품의 필요성이 절실하다고 하겠다.

## 1. 탄수화물식품의 건강기능

식품으로서 탄수화물이 인체에 미치는 기능은 탄수화물의 장관내 소화성과 비소화성 부분으로 구분할 수 있으며 소화성 탄수화물로는 완전 분해물인 단당(Monosaccharide)과 부분 분해물인 기능성 올리고당(Oligosaccharide)이며 비소화성 탄수화물은 식이섬유(Dietary fiber) 등이다.

### 1) 기능성 올리고당(Oligo saccharide)

올리고당은 글루코오스(Glucose), 갈락토오스(Galactose), 프럭토오스(Fructose)와 같은 단당류가 2~10개 정도 결합된 당질이다. 그러나 최근에는 기능성식품이 갖고 있는 올리고당이란 대부분 당질이 신체 내 소화효소에 의하여 구성단당으로 분해되어 흡수되는데 반하여 소화효소에 의하여 분해되지 않고 대장에 도달되어 장내 유용세균인 비피더스(Bifidus)균에게 선택적으로 이용되는 당질을 말한다. 올리고당은 설탕 대체 감미료로 충치 예방, 당분 섭취 열량을 줄이기 위해 건강음료나 건강보조식품에 거의 빠지지 않고 첨가되고 있다. 올리고당의 생산과 이용면에서 주목되고 있는 것으로는 양파, 우엉, 아스파라거스, 벌꿀 중에 함유되어 있는 팔라티노오스(Palatinose), 프럭토 올리고당(Fructo Oligosaccharide), 대두 올리고당(Soybean Oligosaccharide), 크실로 올리고당(Xylo Oligosacchride), 갈락토만난 올리고당(Galactomannane Oligosaccharide), 폴리덱스트로오스(Polydextrose) 등이 있다.

올리고당의 기능성은 장관내 유용균인 비피더스균의 먹이가 되기 때문에 비피더스균을 증식시키고, 유해균인 박테리아균은 먹이로서 적합하지 않을 뿐만 아니라 비피더스균이 올리고당을 이용한 다음 이균의 배설성분에 치사현상이 일어나기 때문에 유해균들이 감소되는 생리적 활성을 가진 감미료이다. 이와 같이 올리고당은 비피더스균만이 영양이 되고 비피더스균의 증식을 도모하게 되므로 건강의 유지와 증진에 기여하는 것이며 ① 장내 세균의 개선 효과, ② 배변의 성질 개선 효과, ③ 장내 부패물질의 감소 효과, ④ 면역력의 강화 및 질병과 노화 방지 효과, ⑤ 간경변 환자의 증상 개선 효과, ⑥ 방사선의 과조사성 장염의 개선 효과 및 ⑦ 비타민-B군의 생산 효과 등을 가지고 있다.

팔라티노오스(Palatinose)는 감도가 40～45(설탕의 감미도를 100으로 하였을 때)이며 설탕에 글루코시드 전이효소(Glucoside Transferase)를 작용하여 포도당과 과당의 결합 위치를 전이시켜 -1,2결합을 -1,6결합으로 전환시킨 것이고 이를 접촉 환원반응으로 환원하면 환원 팔라티노오스(Reduced Palatinose)가 된다. 환원 팔라티노오스(Reduced Palatinose)는 장관 내에서 소화되기 어려울 뿐만 아니라 체내지방의 축척을 어렵게 하고 장내 균총 중 비피더스균의 선택적 증가에 도움을 주고 인체 내에서 아주 천천히 소화 흡수되기 때문에 설탕에 비하여 혈당치나 혈청 중의 인슐린 농도 변화가 적으며 유리지방산의 결합 동반자인 글리세린의 생성이 완만하기 때문에 체내 저장지방의 생성율이 낮게 되는 등 생리조절 기능 특성을 나타낸다.

프럭토 올리고당(Fructo Oligosaccharide)은 설탕의 감미도를 100으로 하였을 때를 비교하여 30-60% 정도로 설탕에 가깝거나 약간 감미를 가지며 물엿과 소르비톨과 같은 흡습성과 보습성을 가지고 있다. 프럭토 올리고당은 감미, 물성, 생리적 기능에 특징을 가지고 있어 식생활의 서구화나 스트레스의 증가에 따른 정장작용(整腸作用)과 성인병 예방에 유효한 물질로 인정되고 있으며 프럭토 올리고당의 섭취에 의한 비피더스균의 대장 내 증식은 건강의 증진은 물론 노화억제에도 크게 도움을 준다.

대두 올리고당(Soybean Oligosaccharide)은 대두 중에 함유된 가용성 당류의 총칭인데 주성분은 스타키오스, 라피노오스 및 슈크로오스이다. 대두 올리고당 중 비피더스균의 증식 촉진 효과를 가진 스타키오스와 라피노오스는 인체 내의 소화효소에 의하여 분해되지 않으며 소장에서 흡수되지 않고 대장으로 들어가 Bifidobacterium bifidum 이외의 비피더스균에 이용되어 최고의 증식활성을 나타내는 올리고당이다. 또한 유해균인 Clostridium Perfringens, E.Coli 등에는 거의 이용되지 않기 때문에 기아현상을 유발하며 비피더스균의 이용으로 생성되는 아세트산과 피루브산, 부티르산 및 젖산 등 산성물질에 의하여 사멸되는 현상을 일으킨다. 따라서 대두 올리고당의 주성분인 스타키오스와 라피노오스는 비피더스균에 이용되기 쉬운 반면에 장관 내 유해균에는 이용되지 않는 선택성 올리고당이며 대두 올리고당의 비피더스균 이용으로 생산된 아세트산과 젖산은 장관의 운동을 촉진하며 통변을 개선하고 대장 내 암모니아 생성으로 인한 발암물질의 생성 억제와 장관내의 유해물질 생성에 관계되는

β -Glucuronitase 활성(해독물질의 활성화물질)이나 Azoreactase 활성(발암물질 생성효소)의 능력도 저하시키는 효과를 가지고 있다. 인유(人乳) 중에는 우유의 100배에 달하는 올리고당이 함유되어 있으며 그 종류도 다양하다. 모유(母乳) 영양아의 발병율이 인공영양아에 비하여 적은데 이는 장관 내 균총의 차이에 기인하는 것으로 밝혀졌다. 즉 모유 영양아의 장관 내에는 비피더스균을 압도적으로 우세하게 보유하고 있으나 인공영양아에게는 비피더스균이 적은 것으로 밝혀졌다.

크실로 올리고당(Xylo Oligosacchride)은 대체로 인체 내에서 난소화성이고 대장 내 비피더스균의 선택적 증식에 활성을 나타내며 보습성과 항 부식성을 가지고 있다. 천연에 널리 존재하고 있는 식물의 헤미셀룰로오스의 구성성분인 크실란(Xylane)으로부터 산분해, 고온증저분해, 효소분해 등에 의하여 크실로오스(Xylose)와 크실리톨(Xylitol)이 주성분으로 생산되고 있으며 생산된 크실로 올리고당은 크실로오스가 β -1,4 결합한 것으로 크실란의 가수분해에 의하여 얻어진다. 이 크실로비오스는 비피더스균의 증식에 이용되며 클로스크리디움(Clostridium)균과 대장균에는 먹이로서 거의 이용되지 않는 비피더스균의 선택적 이용성을 나타낸다. 크실로비오스의 감미도는 설탕의 감미도를 100으로 하였을 때를 비교하여 30% 정도이다.

갈락토만난 올리고당(Galactomannan Oligosaccharide)은 구아검(Guar Gum), 로커스트검(Locust Bean Gum), 타라검(Tara Gum) 등을 만노오스(Mannose)의 곧은 사슬에 갈락토오스(Galactose)가 곁사슬로 결합된 갈락토만난(20-30만 정도 분자량)을 특정한 효소로 분해하여 2,000-3,000 정도로 단축시키고 10% 수용액의 점도를 10cps 정도로 조정한 것을 말한다. 비소화성 갈락토만난 올리고당은 인체 내 소화효소로는 분해되지 않으며 대장 내 비피더스균속만이 분해 이용하여 비피더스균을 증식하도록 한다.

폴리덱스트로오스(Polydextrose)는 천연에 존재하는 소재로부터 가단한 가열작용으로 제조할 수 있다. 주원료로는 포도당, 소르비톨, 시트르산을 89:10:1 의 배합으로 고온 및 진공에서 반응시키면 다당류의 폴리덱스트로오스를 제조할 수 있다. 폴리덱스트로오스의 기본 구조는 다음과 같고 포도당이 무작위(Random) 결합형식으로 이루어져 있으며 분자량은 5,000 이하의 것이 약 90%를 차지하고 있다. 폴리덱스트로오스는 포도당을 주원료로 하는 난소화성 다당류이기 때문에 사람의 소화 효소계와 유사한 효소로 처리한 결과 소화성당(포도당)은 10%이하이고 동물이나 사람이 섭취한 후 대변량과 수분함량의 증가, 소화관 통과시간의 단축, 쓸개즙산의 배설촉진, 콜레스테롤치의 감소 및 혈당치와 혈압의 저하작용 등의 생리적 기능을 나타낸다.

### 2) 당알코올(Sugar alcohol)

당알코올은 당을 환원시켜 모든 산소분자를 수산기로 전환시킨 Polyol이다. 단당류 당알코올은 에리스리톨(erythritol), 소르비톨(sorbitol), 만니톨(mannitol) 및 소보오스(sorbose)이 있으며 2당류 알코올로는 말티톨(maltitol), 락티톨(lactitol) 등이 있다. 당알코올은 자연계에 상당히 존재하며 식품으로 섭취되고 있으며 소량을 섭취해도 인체 내에서 효과적으로 작용하기 때문에 기능성 식품으로 알려지고 있다. 특히 소르비톨과 만니톨은 식물체에 상당량 존재하며 해소류에는 소르비톨 13%, 딸기류에는 10% 정도가 함유되어 있다. 만니톨도 식물체에 널리 존재하는데 그 함량도 많아 식물체로부터 추출하여 생산하고 있으며 적조류에 다량 함유되어 있다. 또한 곰팡이 및 효모에 많이 함유되어 있어 생물공학적인 방법으로 생산이 가능하다. 현재 개발된 당알코올에는 소르비톨, 만니톨, 에리스리톨, 말티톨, 환원 파라티노오스, 환원 전분당화물 등이 있고 산이나 열에 대해 높은 안정성과 메일라드 반응에 의한 갈변이 일어나지 않는 등 가공상의 장점이 있어 식품제조 시 그 이용이 확대되고 있다. 이러한 당알코올의 효능은 거의 에너지화 되지 않는 천연감미료로 감미식품, 다이어트식품 등에 널리 이용되며 소화관내에서 소화 흡수되기 어렵고 충치세균에 의해 거의 발효되지 않으며 내열성, 내산성이 우수하고 메일라드 반응에 의한 갈변이 없어 잼, 과자류 등에 널리 이용되고 있다.

### 3) 사이클로덱스트린(Cyclodextrin, CD)

사이클로덱스트린(Cyclodextrin, CD)은 6-12개의 포도당 분자가 고리형으로 결합한 것으로 고리의 바깥쪽은 수산기가 배열되어 친수성(hydrophilic)이고 안쪽은 수소가 배열되어 소수성(hydrophobic)을 갖는 독특한 성질을 이용하여 그 공동 내측에 각종 유기화합물을 취하여 우수한 물성의 포접성을 형성하는 특성을 갖고 있다. 이러한 성질을 이용하여 식품, 의약품, 화장품 등의 분야에 널리 응용되고 있다. 사이클로덱스트린을 식품에 첨가하면 나쁜 냄새를 없애고 식품의 색이나 향을 안정시킨다. 묵은 쌀에 가하면 묵은쌀의 퀴퀴한 냄새를 제거하고 단맛을 내고 광택을 내므로 햅쌀로 착각할 정도이다. 식품에의 사용 용도 및 기능은 다음과 같다.

① 안정화 : 산화되기 쉬운 물질, 자외선에 분해되는 물질, 물에 불안정한 물질 등을 안정화 시켜서 지용성 비타민, 불포화 지방산, 천연색소 등을 안정화 시킨다.

② 불휘발성화 : 향료, 정유, 향신료 등 휘발성 식품이 날아가는 것을 방지한다.

③ 물성개선 : 용해성, 경화성, 흡습성 등을 개선하여 풍미와 조직감을 향상시키고 색조를 높

인다. 유화, 기포성이 향상되며, 마가린이나 쇼트닝의 유동성 유지, 드레싱, 마요네즈 등의 유화성을 증가시킨다.

④ 분말화 기초재 : 분말화 기초재로 사용하면 재료가 적어도 되고 풍미 유지, 흡습성 방지, 향기성분 방지 등의 효과를 낸다.

### 4) 식이섬유(Dietary fiber)

1970년대를 시작으로 식품영양에서 도외시 되었던 섬유질이 식생활의 포식시대로 접어들면서 성인병이라는 커다란 문제점이 야기되자 새로운 영양소로서 식이섬유에 대한 인식이 확대되고 있다. 구미 선진국에서 대장암, 게실증, 변비 등의 장질환이나, 허혈성 심장질환, 동맥경화증, 당뇨병, 담석증 등의 질환이 많은데 반하여 아프리카 등 미개발지역에서는 이들의 질환이 전혀 발견되지 않은 것에 유의한 결과 이들의 질환이 일상생활에서 섭취하는 식품 중 식이섬유질의 섭취량 과소에 기인한다는 것이 밝혀짐으로서 섬유질의 중요성을 인식하게 되었다.

식이섬유는 "사람의 소화효소로 분해되지 않는 난소화성 다당류로 셀룰로오스, 헤미셀룰로오스, 리그닌을 의미하였으나 지금은 소화효소로 분해되지 않는 동물성 고분자까지 포함한다. 즉 식물의 세포벽을 구성하고 있는 성분인 셀룰로오스, 헤미셀룰로오스, 리그닌(Lignin) 뿐만 아니라 비구조 물질로 이루어진 펙틴(Pectin)이나 검질 및 화학적 합성품인 CMC, 동물성인 키틴(Chitin)과 콜라겐(Collagen) 등도 식이섬유에 포함시키고 있다. 식이섬유는 침의 분비를 증가시키고, 만복감을 개선, 소화되지 않고 소장, 대장으로 이동하면서 보존성, 양이온 교환성, 겔 형성력, 흡착성 등의 성질로 다른 영양소의 소화 흡수에 영향을 주고 대장의 미생물 효소의 작용으로 일부 분해되어 지방산이나 가스가 되고 생성된 지방산은 흡수되어 에너지가 된다. 식이섬유는 수용성 식이섬유와 비수용성 식이섬유로 구분하고 있으며, 수용성 식이섬유로는 펙틴, 구아검, 한천, 알긴산, 카라기난, 카르복시메틸셀룰로오스 및 폴리덱스트로오스가 있으며 비수용성 식이섬유는 셀룰로오스, 헤미셀룰로오스, 리그닌 및 키틴이 있다. 특히 키틴은 게, 새우 곤충의 껍질, 오징어, 조개 등의 연체골격 성분으로 자연계에서 연간 1천억톤이나 생산되고 있다. 키틴은 아세틸화된 글루코사민이 5천개 이상 결합한 고분자화합물로 소화 흡수되지 않는 동물성 섬유질이다.

식이섬유는 변비를 예방하며 식이섬유가 많이 함유된 식품을 섭취하게 되면 배변량이 증가하고 비피더스균이 증가하는데 비피더스균은 통변을 조정하고 면역력을 높이고 대장암, 비만, 장질환, 동맥경화, 당뇨증, 담석 등에 효과가 있다. 식이섬유가 많이 들어 있는 음료는 육식 중

가로 섬유질 섭취가 부족한 사람에게 장과 위의 기능을 활성화시켜서 동맥경화와 변비 예방과 다이어트에 효과가 있는 것으로 알려져 있다.

〈표 4-1〉 식이섬유의 종류

| 대분류 | 기 원 | | 소분류 | 성 분 |
|---|---|---|---|---|
| 불용성 | 세포벽<br>구조물질 | 식물 | 셀룰로오스 | 글루코오스, 셀로비오스 |
| | | | 헤미셀룰로오스 | 자일로오스, 클루쿠론산, 아라비노오스 |
| | | | 불용성펙틴 | 갈락투론산, 갈락토오스 |
| | | | 리그닌 | 방향족 탄화수소 중합체 |
| | | 동물 | 키틴(갑각류 껍질) | 글루코사민, 키토비오스 |
| | 비구조물질 | 동물 | 콘드로이틴황산 | 뮤코다당류 |
| 수용성 | 비구조<br>물질 | 식물 | 식물점질물(과실), 펙틴 | 갈락투론산, 아라비노오스 |
| | | | 종자점질물<br>로커스트빈껌, 구아검 | 갈락토만난 |
| | | | 해조추출물<br>한천, 카라기난, 알긴산 | 아가로오스, 아가로펙틴, 갈락투론산 |
| | | | 수지상 점질물<br>아리비아검 | 갈락토오스, 람노오스, 아라비노오스 |
| | | 미생물 | 크산틴검<br>플루란 | 글루쿠론산, 만노오스 |
| | 천연고분자<br>유도체 | 알긴산<br>셀룰로오스 | 알긴산, PG에스테르<br>카르복시메틸셀룰로오스 | |

〈표 4-2〉 식이섬유의 영양생리적 기능

| 물리화학적 성질 | 식이섬유의 형태 | 영양생리적 기능 |
|---|---|---|
| 미생물학적 감성 | 다당류 | • 식이섬유에 의한 장내 미생물의 정장작용 증가<br>• 배변량 증가<br>• 저급 지방산 생성에 의한 장내 에너지 저장 |
| 수분 보유력 증가 | 펙틴<br>검<br>베타클루칸<br>반섬유소 | • 음식물의 소화, 흡수 및 장 이전 속도의 조절<br>• 장내 상호 생리작용의 조절<br>• 장내 미생물에 의한 영양소의 수용성 증대 |
| 유기성분의 합성 및 흡수 | 펙틴<br>검<br>리그닌<br>조섬유 | • 담즙산에 의한 배변량 증가<br>• 소장에서의 소화작용 |

## 2. 지방질식품의 건강기능

지방질을 분류하면 크게 고체지방과 액체지방으로 구분하며 고체지방은 포화지방산이 지방의 지주 분자라 할 수 있고 글리세린 한 분자에 지방산 셋이 결합된 것을 말하며 액체지방은 불포화지방산이 글리세린과 에스테르 결합된 것들이 실온에서 25℃에서 나타내는 형태를 말한다. 자연에 존재하는 포화 지방산은 탄소 수가 12개에서 18개가 대부분이며 불포화 지방산은 불포화기가 한 개인 올레산(Oleic acid)만이 아닌 불포화도가 2개 또는 3개, 그 이상인 5개(EPA)와 6개(DHA)를 가지고 있는 것도 있다. 지방은 인체 내에서 중요한 에너지원으로 취급하여 왔으며 탄수화물과 단백질이 4Kcal/g의 열량을 나타내는 반면 지방은 탄수화물과 단백질의 2.25배인 9Kcal/g의 높은 열량을 나타내며 동물의 활동과 보온에 3대 영양소 중 가장 중요한 역할을 하는 것으로 알려져 있으나 현대에 와서는 대사 에너지나 활동에너지는 탄수화물 성분이 존재하고 있는 이상 에너지원으로 지방을 이용하지 않으며 단지 탄수화물의 고갈 상태에서 지방을 대체 에너지로 이용하게 되는 것이 밝혀졌다. 지방의 과다섭취는 당뇨병, 신장기능 장해, 간 기능의 비정상화, 소화장애 등 많은 성인병의 원인이 될 수 있다. 따라서 지방질의 에너지 대체는 체내 대사의 비정상적인 상태, 즉 비상 상태에 이용되는 고에너지 영양원이라고 할 수 있다. 지방질은 육류에 함유된 것만을 생각하게 되는데 실제는 곡류나 종실류에도 인체가 필요로 하는 지방질이 충분하게 들어 있다.

### 1) 레시틴(Lecithin)

지방질의 기능성은 세포막을 구성하고 있는 인지질(Phospholipid; Lecithin)의 역할에 있다. 인지질인 레시틴은 1850년 Golbley가 난황으로부터 분리하였고 1930년대부터는 대두로부터 기름 착유 시 부산물로 얻었다. 레시틴은 포스파티딜 콜린(Phosphatidyl Choline ; PC)이라고도 하며 글리세롤이 지방산, 인산, 콜린과 결합되어 있다. 레시틴을 구성하는 지방산은 불포화지방산인 리놀레산이며 포유동물에서는 뇌와 신경조직에 들어 있으며 인지질의 반을 차지한다. 세포막을 만들어 세포를 활성화시키고 콜린을 공급하고 계면활성제 작용을 한다. 식품에는 달걀, 콩 등에 많이 함유되어 있으며 그 효능은 ① 세포막의 구성물질로 영양의 흡수, 노폐물의 배설 등 생명의 기초가 되는 대사에 깊이 관여하고, ② 레시틴으로부터 떨어져 나온 콜린으로부터 신경전달 물질이 되는 아세틸콜린(Acetyl Choline)이 만들어져 노망(기억 상실증)을 예방하며 수험생 등을 위한 두뇌활성을 돕고, ③ 레시틴은 계면활성을 저하시키고 생체 내에서 콜레스테롤의 가용화에 관여하여 혈중콜레스테롤의 양을 감소시키므로 심근경색의 예방에 효과가 있고, ④ 비타민 A, E와 같은 지용성 물질의 흡수를 촉진하며, ⑤ 체내에서 레시틴아제(Lecithinase)의 작용으로 레시틴으로부터 콜린이 유리되고 이 콜린은 지방 분해 대사를 촉진하게 되어 간 기능을 향상시켜 지방간도예방할 수 있고, ⑥ 당뇨병의 예방, 신장의 기능 유지, 간 기능의 정상화 및 소화성 향상에 효과가 있다. 제품은 콩 레시틴, 난황 레시틴이 있으며 모두 각 레시틴이 60% 이상 함유되어 있어야 한다.

### 2) EPA(Eicosa pentaenoic acid)와 DHA(Docosa hexaenoic acid)

식생활의 서구화 경향으로 고지방, 고단백, 저섬유질 형태의 식품 섭취로 성인병의 발병 요인이 증가하고 있다. 최근에는 사인으로 악성신생물(암), 심장질환, 뇌혈관 질환의 순위로 높게 나타나고 있다. 근래 동맥경화를 방지하고, 협심증, 심근경색 등 심장 질환의 예방에 효과가 있는 식품성분으로 EPA와 DHA 등 고도 불포화 지방산(Per Unsaturated Fatty Acid : PUFA)이 주목되고 있는데 이는 어유나 식물성 지방에 많이 함유되어 있음이 밝혀졌다. EPA나 DHA를 섭취함으로써 혈액 중의 포화지방이 감소하고 고밀도 지방단백(HDL)이 증가되어 항 혈전 작용이 생성되는 것이 확인되었으며 이러한 작용을 이용하여 EPA와 DHA를 주성분으로 한 성인병 예방식품, 건강식품 및 의약품이 제조되고 있다. EPA는 -3계열의 불포화지방산으로 이중결합을 5개 가지고 있으며 DHA는 -3계열의 불포화지방산으로 이중결합을 6개 가지고 있고 탄소수가 22개이다.

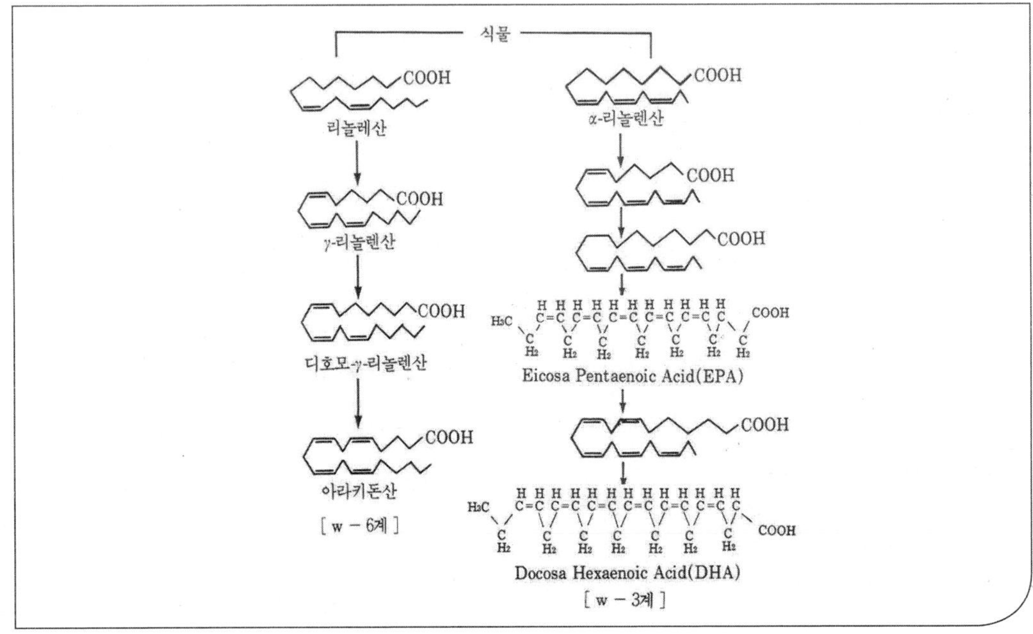


〈그림 4-1〉 불포화 지방산의 생합성

EPA와 DHA는 정어리, 고등어 등의 등푸른 생선에 많이 함유되어 있으며 PUFA 중에서도 가장 주목받고 있는 지방산은 리놀레산(Linoleic acid : C18:2), 리놀렌산(Linolenic acid : C18:3) 및 아라키돈산(Arachidonic acid : C20:4) 등의 필수지방산이다. PUFA 중에서 장내에서 이용성이 높은 지방산은 감마-리놀렌산( -Linoleic acid : GLA)이며 이는 식물성 지방 성분에 일반적으로 많이 함유되어 있는 알파 리놀렌산( -Linolenic acid)의 위치 이성질체로 달맞이 꽃(月見草 : Evening Primerose) 기름으로 제조 유통되고 있다. 생선의 EPA와 DHA는 혈액의 유동성을 높이는 작용을 하며 지질 저하 작용, 혈전 억제 작용, 혈압 강하 작용, 항염작용 등과 심장질환, 뇌졸중(중풍), 동맥경화, 고지혈증, 학습능력 향상, 말초순환기장애 등에 효과가 있다.

## 3. 단백질식품의 건강기능

단백질의 분자가 만능성분임은 의심할 여지가 없으며 생리활성 성분 또한 많은 것으로 알려졌다. 단백질은 3대 영양소 중에서 가장 불안정한 성질을 가지고 있어 환경에 따라 민감한 반응을 나타내며 조건에 따라 구조마저 변화되는 특수한 물질이다. 단백질(Protein)은 생물체에 함유되어 있는 복잡한 고분자 질소화합물로서 세포의 가장 기본적인 구성요소이며 효소, 호르몬, 면역물질의 중요한 성분으로 된다. 영어의 Protein은 "생명의 第一義的인 것"이란 뜻을 가지는 희랍어인 Proteios에서 유래되었다. 식물체에서는 질소동화작용에 의해 물, 이산화탄소, 암모니아, 질산염 등으로 단백질을 합성할 수 있지만 동물체에서는 식물체와 같이 간단히 합성할 수 없으므로 식물체에 함유된 단백질이나 다른 동물체에 함유된 단백질을 섭취하여 소화기관에서 그 단백질의 구성성분인 아미노산으로 분해하여 흡수함으로써 필요로 하는 단백질을 합성하고 있다. 인체를 구성하는 단백질은 매우 다양하고 종류가 많으며 20종의 아미노산으로 구성되어 있다. 단백질은 소화 과정에서 폴리펩타이드(Polypeptide)로 분해되고 다시 펩타이드(Peptide)로 분해된 후 최종적으로 아미노산(Amino acid)으로 분해되면서 흡수된다. 식물성단백질 70%에 동물성단백질 30% 비율로 섭취하는 것이 바람직하며 식물성단백질의 가장 이상적인 공급원은 대두, 소맥배아, 참깨, 김, 다시마 등이다.

### 1) 단백질 식품

아미노산은 보통 단백질합성에 필요한 20가지의 아미노산을 의미한다. 단백질은 생명현상에 중요한 역할, 즉 생명체를 구성하는 물질이며 생명체를 유지하는데 필요한 화학반응을 촉매하는 고분자 물질이다. 단백질합성에 관여하는 20가지 아미노산으로는 알라닌, 알기닌, 아스파라긴, 아스파르트산, 시스테인, 글루타민, 글리신, 히스티딘, 이소루이신, 루이신, 라이신, 메티오닌, 페닐알라닌, 프롤린, 세린, 트레오닌, 트립토판, 티로신, 발린이다. 아미노산은 단백질합성은 물론 신경전달물질 형성과 중요한 생물학적 과정에도 관여한다. 또한 어떤 아미노산은 면역계를 강화시키며 항암작용에도 중요한 역할을 한다고 보고되고 있다. 단백질합성에 관여하는 20가지 아미노산은 필수와 불필수아미노산으로 크게 나누어지며 성인의 건강을 유지하기 위하여 필수아미노산인 8가지 즉, 페닐알라닌, 발린, 트레오닌, 트립토판, 이소로이신, 메티오닌, 라이신, 루이신은 인간이 반드시 음식물을 통하여 섭취하여야 하며 나머지 12가지 불필수아미노산은 다른 영양소로부터 체내에서 합성될 수 있다.

단백질 식품 중 콩단백질식품에 중요성이 인식되면서 콩단백질 분리방법, 분획제품의 개발 및 품질향상을 통한 콩단백질의 이용도가 증가하고 있다. 콩단백질의 분리는 콩기름을 추출한 후 얻어지는 탈지대두박으로부터 콩단백질 원료제품의 분리 정도에 따라 탈지콩가루(Defatted Soy Flour), 농축콩단백(Soy Protein Concentrate), 분리콩단백(Soy Protein Isolate)으로 나누어진다. 탈지콩가루는 콩껍질과 콩기름을 제외한 나머지 고형분들 즉 단백질과 수용성 및 불용성 탄수화물을 말하고, 농축콩단백질은 탈지콩가루에서 수용성 탄수화물을 제거한 것으로 분말형태와 익스트루더(Extruder)로 가압 및 가열처리하여 조직화한 조직콩단백(Textured Soy Protein)이다. 분리콩단백은 농축콩단백에서 불용성 탄수화물을 제거하여 단백질만 남게 한 것으로 단백질 함량이 100% 가까이 되는 것도 있다. 우유단백질의 80% 정도가 카제인이라는 인단백이다. 우유단백에는 8종류의 필수아미노산이 골고루 함유되어 있으며 우유 중에는 가장 많이 함유된 필수아미노산이 라이신이다. 이는 곡류를 주식으로 하는 식생활에서 아미노산의 균형이 완전할 뿐만 아니라 식이전체의 아미노산 조성이 한번 바뀌게 되어 곡물 중의 단백질이 개선되고 우유의 단백질은 소화흡수율이 96%로 체내 이용율이 높아 단백공급자원으로 우수한 식품이다.

### 2) 뮤코다당

콘드로이틴황산 카르복실기, 황산기, 아세트아미노기를 지닌 다당으로 뼈, 각막, 혈관계 등의 결합조직에 많으며 단백질과 결합하여 존재한다. 콘드로이틴황산은 소위 끈적끈적한 성분으로 이루어진 점성물질 안에 존재하며 그 주된 작용은 ① 체내의 수분조절, ② 화골(化骨) 형성, ③ 창상치료, ④ 감염방지, ⑤ 윤활작용, ⑥ 혈액응고방지, ⑦ 지혈정화, ⑧ 각막투명도 유지 등이 있다.

### 3) 콜라겐

콜라겐은 동물의 몸속에 가장 많이 들어 있는 섬유상 단백질로 피부의 진피층과 결합조직의 주성분이며 뼈를 구성하는 단백질 중 90%는 콜라겐이다. 의료용이나 화장품용으로 사용되고 있는 콜라겐은 동물의 피부와 뼈에서 추출한 것으로 폴리펩티드 사슬이 나선구조로 이루어진 고분자단백질이다. 콜라겐을 물과 함께 장시간 끓이면 분자구조가 풀려서 가용성 용액으로 추출되는데 이것을 농축하여 젤라틴 제품으로 하며 식품용, 의료용 및 사진용으로 사용한다. 콜라겐 펩티드는 효소를 이용하여 분자량 3천~2만 정도로 저분자화 시켜서 소화흡수율을 높인 것으로 겔화능력이 사라진다. 식품업계에서 말하는 콜라겐은 대부분 콜라겐펩티드이다. 콜라겐의 주요기능은 세포의 접착제, 세포기능의 활성화, 세포의 증식작용, 몸과 장기의 구조재, 지혈작용 및 면역강화작용 등이다.

## 4. 그 외 기능성 식품의 건강기능

### 1) 저염화 식품

위에 식품이 들어가면 위산과 함께 단백질을 소화하는 효소가 분비되어 음식물을 소화한다. 그러나 단백질로 되어 있는 위벽은 점액으로 보호되어 있어 안전하나 자기소화 효소로 위벽이 잘못 소화되면 위궤양이 된다. 소금 농도가 높은 식품은 위벽을 보호하고 있는 점액의 막을 파괴하기 쉽기 때문에 위벽이 소화액의 영향을 받아 위암 발생율을 높이는 것으로 알려지고 있다. 식염의 섭취를 감소시키고 고혈압 환자나 신장병 환자를 위하여 식염 함유량이 낮은 각종 가공식품이 제조되고 있다. 보통의 생간장(발효 간장)을 이온교환수지, 투석막, 감압농축 등에 의해 저염화 한 것이 제조 시판되고 있다.

### 2) 저알러겐 식품

달걀 우유, 대두 등은 식이성 알레르기를 일으키는 것으로 잘 알려져 있으며 최근에는 쌀과 밀 등 우리의 주식인 곡류도 알레르기를 일으키고 있어 문제가 되고 있다. 쌀알레르기는 아토피성 피부염 증상을 일으키는데 소년층에 환자가 많으며 식품 알레르기 환자 수는 최근 급증하고 있다. 최근에는 알레르기가 모친으로부터 태아로 또는 모유로부터 유아(乳兒)로 이행되어 그것이 알레르기의 발증의 원인이 되기도 하여 모친의 식생활에도 제한이 필요하다. 알러겐 예방 식품으로는 대두나 쌀과 같은 곡물의 경우 종자 개량에 의해 항원 단백질(쌀의 경우 분자량

16,000의 가용성 단백질)이 적게 함유된 품종을 개발하고 우유 등은 효소를 이용하여 저알러겐화 식품소재 펩타이드를 개발하는 방향으로 연구가 진행되고 있다.

### 3) 비만예방 식품

다이어트 식품이 범람하고 있는데 그 대부분은 저칼로리 소재로서 위를 채워서 공복을 못느끼게 하는 항비만 식품들이다. 이것에 비해 보다 적극적인 항비만 식품인 신체의 에너지 소비를 왕성하게 하는 식품, 식욕을 억제하는 식품, 소화효소 저해제 함유식품, 소화되지 않은 하이브리드(hybrid) 유지 등에 대한 연구가 이루어지고 있다.

#### (1) 고추 중의 에너지 소비촉진 물질

고추와 후추 등의 매운 맛이 혀와 위를 자극하여 식욕을 증진시키는 것은 대부분 경험한 바 있다. 최근 고추의 매운맛 성분의 작용이 주목되고 있다. 京都大學 岩井 和夫 교수의 연구에 의하면 고추의 매운맛 성분인 캡사이신을 넣은 사료를 먹은 쥐는 보통 쥐와 비교하여 지방의 축적과 체중의 증가가 적었다고 보고하였다. 이것은 흡수된 캡사이신이 혈액을 통하여 중추신경을 자극하고 교감신경을 통해 부신피질로부터 아드레날린과 노르아드레날린의 분비를 촉진하여 지방이 왕성하게 연소되었기 때문이다. 캡사이신은 운동을 했을 때와 거의 같은 정도로 에너지 대사를 촉진하게 되며 고추를 먹으면 몸이 뜨거워져서 땀이 나고 겨울에도 추위를 느끼지 않게 될 정도이다. 이러한 에너지 소비 촉진 물질을 사용하면 비만을 예방할 수 있다. 최근 이 원리를 응용하여 고추를 원료로 한 다이어트 식품 "레드프로테인(Red protein)"을 제약관련 회사에서 발매하기도 했다.

#### (2) 갈색 지방세포의 자극

비만은 생체 내에 지방의 이상 축적이 인정되는 병태이며 지방은 지방세포 내에 축적된다. 비만의 경로는 2가지가 있는데 즉, 지방세포의 수는 변하지 않고 이미 존재하는 지방세포의 용량이 커짐으로써 증가하는 지방을 수용하는 형(지방세포 용량 확대형 비만)과 지방세포의 수를 증가시킴으로써 증가하는 지방을 수용하는 형(지방세포수 증가형 비만)이 있다. 지방세포에는 백색 지방세포와 갈색 지방세포가 존재한다. 비만의 원인에는 과식과 운동부족 등이 있는데 제 3의 요인으로 최근 주목되는 것이 갈색지방세포의 기능저하이다. 갈색 지방세포는 과식을 하였을 때 에너지를 소비하여 살이 찌지 않도록 조정한다. 영국에서 항비만제가 개발되어 실험단계에 있는데 이것은 교감신경자극제로서 갈색 지방세포의 역할을 강화하여 신체 발열반응을 증가시키며 신체에 만들어지는 여분의 지방만을 연소하므로 다이어트를 필요로 하는 사람들에게 관심을 집중시키고 있다.

### (3) 식욕을 감퇴시키는 오보뮤코이드

京都大學과 에자이의 연구그룹은 쥐를 사용한 동물실험에서 달걀 흰자에 들어있는 오보뮤코이드(Ovomucoid)라는 단백질이 식욕을 억제한다는 것을 확인하였다. 동물이 식사를 하면 췌장으로부터 단백질을 분해하는 트립신이라는 소화효소가 분비된다. 이것이 만복감을 느끼게 하여 과식을 방지하게 된다. 빨리 식사를 하면 소화효소가 충분히 분비되지 않기 때문에 만복감이 늦어져 과식을 하기 쉽고 비만의 원인이 된다. 실험결과 오보뮤코이드를 주면 대조구보다 트립신의 분비를 유발하는 콜레시스토키닌(Cholecystokinin)이라고 하는 호르몬의 혈중 농도가 4배 이상 높아진다. 이 때문에 만복감을 빨리 느껴 먹는 량이 감소된다고 한다. 오보뮤코이드는 달걀의 성분이므로 안전하기 때문에 사람에게도 식욕을 억제하는 것이 가능하다면 공복감을 느끼지 않게 하는 기능성 다이어트 식품으로 유망하다.

### (4) 소화효소 저해물질

콩의 트립신 저해제, 밀의 아밀레이스 저해제 등 많은 효소 저해물질이 식품에 존재한다. 최근에는 식사량을 줄이지 않고 비만을 방지할 목적으로 이러한 소화효소 저해물질을 적극적으로 이용하는 연구가 시작되고 있다.

### (5) 지방 대체품

지방은 1g 당 9kcal의 열량을 낸다. 1g 당 4kcal인 단백질과 탄수화물의 배 이상의 고열량원이다. 섭취하는 칼로리를 줄이기 위해서는 지방을 대체하는 것이 바람직하다. 최근 칼로리 억제를 내세운 마요네즈와 아이스크림이 판매되고 있다. 옥수수 전분이나 타피오카 전분으로부터 만든 덱스트린(상품명:Dextrin, simplesse)에는 유지와 매우 비슷한 성질이 있다. 물에 녹여도 끈적거리지 않고 지방과 비슷한 크림 맛이 난다. 이것을 이용하여 덱스트린 1에 대하여 물 3을 가한 것(1kcal/g)으로 지방의 반 정도를 대체하여 저칼로리 드레싱과 아이스크림을 만들었다. 미국 뉴저지주의 리치사는 3 종류의 지방 대체품 Nutri Fat를 시판하고 있는데 Nutri Fat C 의 경우 밀, 옥수수, 타피오카 등을 산 또는 효소로 부분 가수분해한 것으로 식품성분 중의 유지의 5%를 이것으로 대체할 수 있었고 맛도 좋다. 지방의 사용량을 줄이기 위하여 검물질 등이 이용되기도 하며 식용유지의 특성을 가지고 있으며 소화 흡수되지 않는 하이브리드(hybrid) 유지를 인공적으로 만들려는 연구가 시도되고 있다.

## 4) 항암 식품

우리 몸은 고도로 조절된 기능을 가지고 있는데, 그 중의 하나가 생체의 면역시스템이 정상으로 가동될 때의 발암억제이다. 우리 몸으로 들어온 발암물질은 스스로 해독할 수 있는데 발암물질이 유전자를 변화시킨 경우도 그 발암물질이나 변화된 유전자를 다른 유전자로부터 분리시켜 세포밖으로 배제하거나 상처난 세포를 수복하는 능력이 있다. 이를 매개하는 역할은 우리가 일상 섭취하는 영양성분일 가능성이 높다. 흔히 녹황색 채소에는 vitamin A, carotene, vitamin C, vitamin E 등이 다량 함유되어 있다. 자연식품 중 일종의 약리작용 또는 생리작용을 나타내는 식물들이 많이 있는데 그 중 마늘이나 생강은 채소로 뿐만 아니라 향신료, 생약으로도 널리 이용되고 있다. 식물기원 저분자 유기화합물질로 각종 생리활성을 나타내는 기능성물질들은 표 4-3과 같다.

〈표 4-3〉 기능성 식품 중 생리기능을 나타내는 저분자화합물

| 생리작용 | 기능성물질 |
|---|---|
| 항암성 | ellagic acid, caffeic acid, gingerol, coumarin, benzaldehyde, polygodial,vanillin, naringin, rutin, isovitexin, kaempferol, tocopherol, carotene |
| 항변이원성 | nordihydroguaric acid, ascorbic acid, tocopherol, cysteine, caffeic acid, cinamic acid |
| 항산화성 | quercetin, eugenol, gallic acid, nordihydroguaric acid, caffeic acid, catechin, sesaminol, thymol, tocopherol |

### (1) 버섯류

지구상에는 수천 종의 버섯이 자생하고 있는데 기능성식품으로 개발하려면 몇 가지 특성을 지니고 있어야 한다. 단백질, 당, 지질, 미네랄, 비타민 등 영양학적인 특성이 있어야 하며 식용과 기호에 관여하는 색, 맛, 향과 조직감 이외에도 면역기능의 활성화에 관여하는 생리기능이 있어야 한다. 버섯류가 나타내는 생리활성 물질은 lipopolysaccharide, 스테롤류, 세포벽 성분인 베타글루칸, 키틴질 및 이의 유도체들이다. 이들 물질에 의해 마이크로파지, cytotoxic T 세포, NK 세포 등이 활성화 되어 암세포의 성장을 억제한다. 버섯에는 건조물 당 10-60%의 식이섬유(Dietary fiber)가 함유되어 있는데 이것이 발암물질을 흡착하여 배설시키며 장관을 자극하여 배변을 용이하게 하여 주기 때문에 대장암의 예방에 효과적이다. 또한 버섯에는 인삼과 같이 게르마늄(Ge)의 함량이 높은데 이 게르마늄은 암 억제효과와 진통작용이 있다.

### (2) 녹즙과 야채주스

평소 섭취하는 식사는 비타민이나 미네랄이 부족하기 쉬운데 이것이 체질을 악화시켜 암에 걸리기 쉬워진다. 채소나 과일을 많이 섭취하는 사람은 암의 이환율(罹患率)이나 사망률이 낮다는 것이 역학조사 결과 나타났다. 그 이유로는 이들 식품중의 비타민류가 발암억제물질, 항산화물질 및 생체방어증진물질로서 작용했다고 볼 수 있다. 우리의 신체는 외부로부터의 여러 가지 유해물질이나 세균, 암세포, 노폐물 등을 제거하여 항상성(Homeostasis)을 유지하는 생체방어기구의 작용이 일정한 수준을 유지하게 되는데 있어서 식생활의 영향을 가장 많이 받는다. 생체방어기구의 중심이 되는 마크로파지(Macrophage, 식세포, 食細胞)는 여러 가지의 식품성분의 자극에 의해 cytokine을 분비하고 이들 cytokine은 다른 면역계의 세포를 활성화시켜서 신체내의 암세포를 공격하는 기능을 한다. 많은 식물성 식품(채소 추출물이나 녹즙)이 마크로파지의 활성화를 유도하는 것으로 밝혀졌다.

### (3) 효모(Yeast)

효모는 단세포 개체인데 여러 가지의 비타민, 아미노산, 미네랄이 풍부하다. 건조효모의 세포벽 성분인 mannan과 glucan이라는 다당체는 마크로파지를 활성화시켜 이로 인해 면역력이 증강된다. 동물실험에서도 발암여부를 관찰한 결과 그 효과가 입증되었다.

### (4) 상기생(Viscom album)

흔히 뽕나무 겨우살이라고도 하는데 한방에서는 간질, 고혈압, 당뇨의 치료제로 광범위하게 이용되어져 왔다. 상기생의 성분 중 lectin이라는 성분은 면역계에서 T임파구와 natural killer cell(NK cell)을 활성화시킨다고 알려져 있어서 폐암, 유방암, 결장암에 효과가 있을 것으로 기대하고 있다.

### (5) 쇠비름(Portulaca oleracea L.)

예로부터 쇠비름은 위궤양, 위암, 자궁질병의 치료에 사용되었으며 쇠비름의 암세포저해능이 실험으로 입증되었다. 쇠비름의 추출물에는 dopamin, noradrenalin, dopa, tannic acid, ascorbic acid 등이 유효한 것으로 밝혀졌다.

### (6) 컴프리(Symphytum officinale)

쌍떡잎식물 통화식물목 지치과의 여러 해살이 풀로서 유럽이 원산지이고 약용 또는 사료용으로 재배한다. 한방에서는 잎과 뿌리를 감부리(甘富利)라는 약재로 쓰이는데 건위효과가 있고 소화기능을 향상시키며 위산과다, 위궤양, 피부염에 사용한다. 특히 컴프리 잎의 추출물이 간암세포의 성장을 억제시킨다는 연구 보고가 있다.

#### (7) 가시오갈피(Eleutherococcus senticoccus maxim)

쌍떡잎식물 산형화목 드릅나무과의 낙엽관목으로 깊은 산지 계곡에서 자란다. 한방에서는 오갈피, 섬오갈피와 더불어 오가피(伍加皮)라 해서 양위(陽萎), 관절류마티즘, 요통, 퇴행성관절증후군 등에 처방한다. 특히 방사선에 대한 방어효과가 있고 종양세포의 전이를 방지하는 것으로 알려져 있다.

#### (8) 율무(Coxi lacchryma-jobi L.)

외떡잎식물 벼목 화본과의 한해살이풀로서 중국원산의 귀화식물이며 약료작물로 재배된다. 종자를 의이인(薏苡仁)이라고 하는데 차 등으로 먹거나 이뇨, 진통, 진경, 강장작용이 있으므로 부종, 류머티즘, 방광결석 등에 약재로 쓴다. 특히 율무의 코익세노라이드는 암세포에 태하여 생장저지 및 억제작용이 있다.

#### (9) 매실(Prunus mume Sieb et Zucc)

매화나무 열매 중 과육이 약 80%인데, 그 중에서 약 85%가 수분이며 당질이 약 10%이다. 무기질, 비타민, 유기산이 풍부하고 칼슘, 인, 칼륨 등의 무기질과 카로틴도 들어있다. 알카리성식품으로 피로회복에 좋고 체질개선 효과가 있다. 특히 해독작용이 뛰어나 배탈이나 식중독을 치료하는 데 도움이 되며 신맛은 위액을 분비하고 소화기관을 정상화하여 소화불량과 위장장애를 없애준다. 변비와 피부미용에도 좋고 산도가 높아 강력한 살균작용을 한다. 최근에는 항암식품으로 알려져 있으며 육종암이나 백혈병 등에 증식억제 효과가 있다.

#### (10) 마늘(Allium sativum L.)

마늘은 항균, 항암, 소염작용이 뛰어나고 비위를 따뜻하게 해주는 식품이다. 소화를 돕고 남성에게는 정력을 보강해 주기도 하여 대체의학 식품으로 많이 이용된다. 특히 최근에는 마늘의 휘발성물질이 종양세포의 발육을 억제한다는 연구보고가 있으며 근육, 피하 또는 종양내 직접 주사 시 피부종양을 소멸시킨다.

# 제5장 기능성 식품의 유형

우리나라에서도 건강 · 기능성식품의 안전성 확보 및 품질향상과 건전한 유통 판매를 도모함으로써 국민의 건강증진과 소비자 보호에 이바지함을 목적으로 2002년 8월 26일 건강 · 기능성식품법을 공포하고 2003년 8월 26일부터 시행하고 있다. 건강 · 기능성식품이란 인체 내에서 유용한 기능성을 가진 원료나 성분을 사용하여 정제, 캅셀, 분말, 과립, 액상, 환 등의 형태로 제조, 가공한 식품으로서 식품의약품안전처장이 가능성이 있다고 인정하는 식품 을 말한다. 건강 · 기능성식품의 주원료는 주장하고자 하는 기능성을 나타내는 원료(함량이 소량일수도 있음)이며, 건강 · 기능성식품의 부원료는 건강 · 기능성식품의 주원료, 첨가물을 제외한 나머지 원료로 정의하고 있으며, 현재 고시형 건강 · 기능성식품은 32가지 품목이 있다. 건강 · 기능성식품제조업의 허가를 받아 건강 · 기능성식품을 제조하고자 할 때에는 그 품목의 제조방법설명서 등 보건복지부령이 정하는 사항을 식품의약품안전처장에게 신고하여야 하며 영업하고자 하는 자는 보건복지부령이 정하는 바에 따라 품질관리인을 두어 제품 제조 및 시설을 위생적으로 관리하도록 하고 있다. 건강 · 기능성식품은 일반식품보다 의약품에 가까운 형태를 가지고 있으며 7가지 유형으로 제조되고 있다. 그 유형에 따라 정제, 캅셀, 분말, 과립, 환, 액상, 페이스트 등으로 제조 유통되고 있다.

## 1. 정제(Tablets)

고형제 중 정제는 가장 생산량이 많은 제형중의 하나이다. 정제가 많이 사용되는 이유는 이 제형이 1개의 계량단위로서 취급하기 쉽고 복용하기 용이하며 그 제조방법이 비교적 간단하기 때문이다. 그리고 코팅하여 보통의 속용성(速溶性) 이외에 장용성(腸溶性), 지속성(持續性) 등 기능을 부여할 수 있고 고미, 냄새, 자극에 대한 masking 및 제품의 안정화 등이 타제형에 비해 용이하기 때문이다. 정제는 거의 대부분이 분립제를 정제기로 가압 성형하여 만들어진다.

### 1) 정제의 특징

① 복용하기 쉽다.

② 투여량이 정확하다.

③ 기술적으로 작용 양상을 조절하는 것이 가능하다.

④ 제피를 함으로써 오미, 냄새, 자극성 등의 교정이 가능하다.

⑤ 적절한 포장으로 변질이나 오염을 방지하고 장기간 품질유지가 가능하다.

## 2) 정제의 제조시 첨가제

정제의 첨가제는 무해하고 효과에 영향을 미치지 않으며 규정된 여러 가지 시험에 지장을 주어서는 안된다. 첨가물질은 정제 제조시 그 기능에 따라서 부형제, 결합제, 붕해제, 활택제 등이 사용된다.

### (1) 부형제

원료량이 적을 때에 희석 또는 중량의 목적으로 가하여 정제를 적당한 크기로 만든다. 부형제 중 약효가 있는 것은 정제에 함유되는 1일 분량이 1일 상용량의 하한의 1/5 이내이어야 한다.

① 유당 : 정제의 부피를 증가시키는데 많이 쓰이며 물에 녹기 쉽고 방출이 빠르다.

② 전분 : 밀, 옥수수, 감자 등에서 주로 얻으며 정제의 부피를 증가시키는 목적 이외에 결합제, 붕해제로서도 이용되고 유당과의 혼합물이 많이 쓰인다.

③ 정백당 : 감미를 부여할 목적으로 첨가한다. 강한 점착성이 있고 물에 녹기 쉽고 산, 알칼리에서 착색하므로 소량을 첨가한다.

④ 당알코올 : 만니톨과 소르비톨이 주로 이용되며 물에 민감한 원료의 첨가제로서 유용 하다.

⑤ 무기염 : calcium phosphate, aluminum silicate, calcium sulfate 등이 있다.

### (2) 결합제

정제의 분말 원료에 결합력을 주어 성형을 용이하게 하는 물질이다. 결합제에는 원료과립의 특성에 따라 물을 용매로 하는 것과 유기용매에 용해하는 것을 달리하여 사용 한다.

① 물을 용매로 하는 것 : 정백당(2~20%), 포도당(25~50%), 전분(1~4%), 젤라틴 (1~4%), 카르복시메칠셀룰로오스 나트륨(1~4%), 메칠셀룰로오스(1~4%), 아리비아고무(2~5%)

② 유기용매에 용해하는 것 : 에칠셀룰로오스(0.5~2%), 히드록시프로필메칠셀룰로오스 (1~4%), 폴리비닐피롤리돈(2~5%) 등으로 주로 에탄올 용액이 사용된다.

### (3) 붕해제

정제, 과립제에 첨가하여 그 붕해성을 촉진하는 물질을 말한다. 붕해제의 작용은 팽윤에 의한 것으로 전분, 카르복시메칠셀룰로오스의 칼슘염(CMC-Ca)이 일반적으로 쓰이고 메칠셀룰로오스(MC), 결정셀룰로오스 등이 사용된다.

### (4) 활택제(lubricants)

과립제의 압축조작을 원활하게 진행시키기 위하여 첨가하는 것으로서 활택제는 다음과 같은 기능이 있다. 세가지 기능을 전부 구비하고 있는 것은 없으므로 혼합하여 적절히 사용한다.

① 분립체의 유통성을 좋게 하여 다이(die)에의 충전성 향상 : 옥수수전분, 탈크

② 분립체 상호간의 마찰, 다이(die)와 펀치(punch) 사이의 마찰을 감소시키고 정제의 압축, 정제의 다이(die)에서의 배출 용이 : 스테아린산마그네슘, 스테아린산칼슘, 고융점 의 왁스

③ 압축 성형할 때 다이(die)와 펀치(punch)에의 과립체의 점착 방지 : 탈크, 옥수수전분, 스테아린산마그네슘, 스테아린산칼슘

### (5) 흡착제(absorbents)

액체의 원료의 수분을 흡수하여 정제로 만들 수 있게 한다. 유동엑스제, 지용성비타민 , 식물정유 등을 제조할 때 쓰인다.

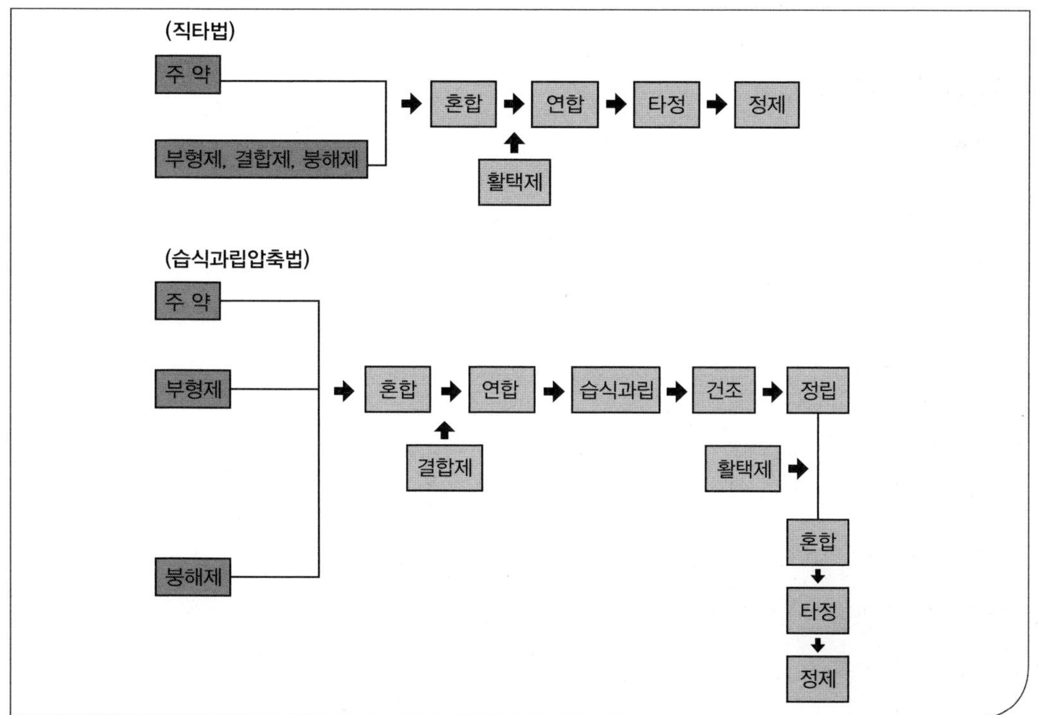

〈그림 5-1〉 정제의 제조공정

#### (6) 보습제(humerctants)

발수성 원료를 함유하는 분립체, 과건조에 의한 수분의 부족을 방지하기 위하여 흡착성 제품에 첨가한다. 주로 글리세린, 프로필렌글리콜, 소르비톨 등이 사용된다.

### 3) 정제의 제조방법

현재 시판정제의 대부분은 압축성형에서 만든 압축정(compressed tablets)으로 그 제정은 압축성형방법에 따라 직접분말압축법과 과립압축법이 있다. 직접분말압축법은 제품의 결정 또는 분말에 부형제, 결합제, 붕해제 등을 가하고 균일한 건성 혼합물로 하여 직접 타정하는 방법 직타법이라고 부른다. 과립압축법은 조립법에 따라 건식법과 습식법으로 나누어진다. 많은 약제에 적용되는 일반적인 방법은 습식 과립압축법으로 주약을 가해서 습식과립을 압축하는 방법이다. 정제의 제조공정은 그림 5-1과 같다.

## 2. 캅셀(Capsules)

캅셀 형태는 1984년 프랑스인 Mothus와 Dublane은 젤라틴캅셀을 발명하여 널리 알려지게 되었다. 그들의 특허는 1934년 3월과 12월에 승인되었고 그 제조 방법은 한 부분으로만 올리브 모양의 젤라틴캅셀을 만들어 농축된 따뜻한 젤라틴용액을 충전한 후 봉합하였다. 1984년 런던의 James Murdock에 의해 두 부분으로 분리되는 캅셀이 발명되어 1965년 영국에서 특허를 받았고 연질캅셀의 경우 1933년 독일의 Robert P. Scherer가 로터리법을 발명하여 비로소 대량생산을 하게 되었다.

캅셀는 그 형태에 따라 경질캅셀(hard gelatin capsules)와 연질캅셀(soft gelatin capsules)로 나누어진다. 경질캅셀(hard gelatin capsules)는 보통 캅셀에 식품의 원료 또는 식품의 원료에 적당한 부형제 등의 첨가제를 잘 섞은 것 또는 적당한 방법으로 입상(粒狀)으로 한 것 또는 입상으로 한 것에 적당한 제피제로 제피한 것을 그대로 또는 가볍게 성형하여 충전하여 만들어 진다. 연질캅셀(soft gelatin capsules)는 보통 식품의 원료 또는 식품의 원료에 적당한 부형제 등을 넣은 것을 젤라틴에 글리세린, 소르비톨 등을 넣어 소성(塑性)을 높인 캅셀기제로 피포하여 일정한 형상으로 성형하여 만들어 진다. 캅셀에는 다음과 같은 여러 가지 장점이 있다.

① 고미 불쾌취 또는 자극성을 방지할 수 있어 먹기에 좋다.

② 소량이나 대량 생산이 가능하다.

③ 제조공정이 간단하고 제품개발이 쉽다.

④ 색상을 다양하게 할 수 있고 제품 차별화가 용이하여 판매에 유리하다.

⑤ 첨가제의 종류와 양이 적어도 가능하며 처방개발이 용이하다.

⑥ 충전 시 압력이 필요하지 않으며 제조 공정 중 열 또는 물을 사용하지 않는다.

한편, 단점으로는 캅셀은 습도의 영향을 받기 쉬워서 고습도에서는 젤라틴 기제가 수분을 흡수해서 연화되며 저습도에서는 수분을 방출하여 수축된다. 따라서 「식품공전」에서 캅셀의 충전작업과 보존은 공캅셀의 함유수분에 변화를 일으키지 않는 적절한 온도(20~25℃), 습도(RH 30~50%)를 유지하도록 규정하고 있다.

## 1) 경질캅셀(Hard gelatin capsules)

경질캅셀은 젤라틴으로 만든 몸체(body)와 캡(cap)으로 구성된 원통상의 작은 캅셀에 분말상 또는 과립상의 원료를 충전한다.

캅셀제의 제조는 기술적으로 복잡하여 기계적으로 양산된다. 주원료는 젤라틴과 백당(시럽)이며 탄성을 부여하기 위하여 글리세린, 아라비아고무, 한천 등이 사용되며 그 이외 필요에 따라서 착색제, 차광제(산화티탄), 보존제 등이 사용된다.

경질캅셀의 특징은 다음과 같다.

① 흡입제의 소량충전에 좋으며

② 가로, 세로 어느 방향으로도 인쇄할 수 있고 인쇄 면적이 크며

③ 분말, 과립, pellet, 정제 또는 그 조합물을 충전할 수 있다.

### (1) 경질캅셀의 원료 및 제조방법

보통 캅셀의 크기는 0 - 5호의 것이 사용되지만 수의용에는 000호보다 큰 것도 사용된다. 충전 내용량은 제품의 밀도, 입경, 형상 등의 물성, 충전방법, 충전기의 종류 등에 따라 다르다. 경질캅셀는 캅셀의 몸체(body)에 고형제품(분말, 과립)을 충전하여 캡(cap)을 씌워 봉합하여 제조한다. 경질캅셀의 제조공정(그림 5-2) 및 경질캅셀의 크기와 충전량(표 5-1)은 아래와 같다.

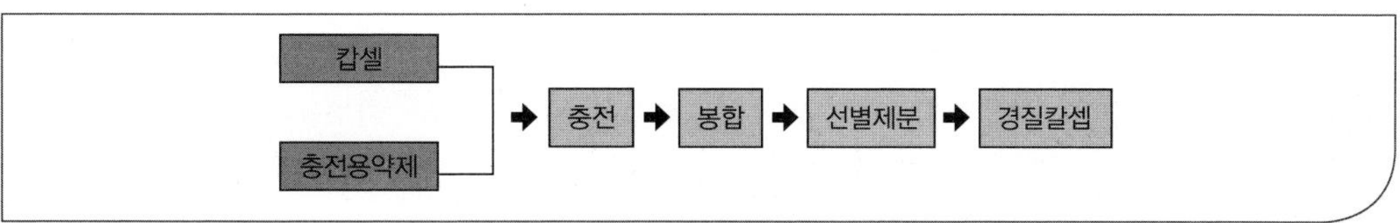


〈그림 5-2〉 경질캅셀의 제조공정도

〈표 5-1〉 경질캅셀의 크기와 충전량

| 호 수 | 000 | 00 | 0 | 1 | 2 | 3 | 4 | 5 |
|---|---|---|---|---|---|---|---|---|
| 중량(mg) | 163.0 | 122.0 | 103.0 | 9.0 | 5.0 | 0.0 | 0.0 | 0.0 |
| 몸체의 용적(ml) | 1.37 | 0.95 | 0.68 | 0.47 | 0.38 | 0.27 | 0.20 | 0.13 |
| 충전량(mg) | 822 | 577 | 408 | 300 | 222 | 180 | 126 | 78 |

## 2) 연질캅셀(Soft gelatin capsules)

경질캅셀는 미리 만들어진 공캅셀에 충전물을 넣어 몸체(body)와 캡(cap)을 끼워 제조하지만 연질캅셀는 캅셀 피막의 성형과 원료의 충전이 동시에 작업되어 제조된다. 연질캅셀의 특징은 다음과 같다.

① 액체(유지)를 고형물화해서 그대로 먹을 수 있는 편리성이 높으며
② 공기 중 산소 차단성이 높아 내용물의 성분 열화방지 효과가 높으며
③ 체내에서의 이용율과 흡수율이 높고
④ 캅셀 내용액의 균일성이 높아 크기나 함유량의 차이가 적으며
⑤ 안전성과 성분 배합율이 높으며
⑥ 여러 가지 형태를 선택할 수 있으며
⑦ 젤라틴피막 특유의 윤기가 있어 외관상 보기가 좋고 미생물 오염이 어려우며
⑧ 먹기 쉽고 목이나 식도의 점막을 해치지 않는다.

### (1) 연질캅셀의 제조방법

① 피막성분(capsule shell)

Gelatin은 소, 돼지 등의 진피 또는 뼈를 원료로 하며 전처리하고 가수분해를 한 후 추출 정제한 것이다. 화학적 처리는 산처리와 알칼리처리가 있다.

② 연질캅셀의 제조방법

연질캅셀의 제조방법은 세 가지가 있다.

- 침적법(浸滴法: dipping method)
- 압축성형법(stamping method) : 평판법(plate method), 로타리법(rotary method)
- 적하법(drip method, seamless method)

현재 대량생산에 주로 사용되고 있는 방법은 압축성형법과 적하법이다. 압축성형법 중 로터리법은 2매의 캅셀기제 사이에 원료를 넣어 적당한 양을 사용하여 압축 성형하는데 형차(型車)

에 의하여 gelatin판이 압축성형되는 방식이다. 적하법은 이음매(seam)가 없기 때문에 seamless법이라고 하며 이 방법은 gelatin액이 자동밸브를 통항 자연낙하에 의해서 일정량이 2중 노즐의 외측노즐로 보내지고 약액은 펌프를 거쳐 내측노즐에 정량 공급된다. 2층 유출액은 절단되어 액적(液滴)이 되고 이 액적은 중력으로 낙하하면서 표면장력에 의하여 구체(球體)로 되고 더욱 낙하하면서 냉각, 고화하여 성형된다. 캅셀제를 경사체에 의하여 냉각매와 분리하여 냉각한 다음 세척하여 건조한 후 제품화 한다.

## 3. 분말(Powder)

분말은 의약품에서 산제라 하는데 대한약전 제제총칙에 「산제는 의약품을 분말상으로 만든 것이다. 따로 규정이 없는 한 보통 의약품을 그대로 또는 의약품에 부형제, 결합제, 붕해제 또는 다른 적당한 첨가제를 넣어 적당한 방법으로 분말 또는 미립상으로 만든다. 이 제제에는 필요에 따라 착색제, 방향제, 교미제 등을 넣을 수 있다. 이 제제는 적당한 제피제 등으로 제피를 할 수 있다」고 규정되어 있다.

### 1) 장점

① 액체에 비해서 안정성이 좋다.

② 환제 정제에 비해서 복용 후 빨리 흡수되어 유도혈중농도에 도달한다.

③ 노인이나 소아도 복용하기 쉽다.

### 2) 단점

① 공기에 접촉하여 변질하는 제품에는 적합하지 않다.

② 고미 또는 최토성(催吐性)이 있는 제품에는 좋지 않다.

③ 부착성이 있다.

④ 비산성이 있다.

⑤ 유동성이 나쁘다.

①~②는 코팅(coating) 또는 마이크로캡슐(microcapsule)화 등으로 개선할 수 있고 ③~⑤는 입자경이 큰 부형제를 사용하여 배산(倍散)하거나 30~100mesh의 입자경을 갖는 과립을 만들어 개선할 수 있다. 유동성을 개선하기 위하여 유동화제는 magnesium stearate, magnesium oxide, silicic acid, tarc 등이 사용되며 1% 내외의 첨가량으로 좋은 효과를 얻을 수 있다.

## 4. 과립(Granules)

대한약전 제제총칙에 「과립은 의약품을 입상(粒狀)으로 만든 것이다. 이 제제는 보통 의약품을 그대로 또는 의약품에 부형제, 붕해제 또는 다른 적당한 첨가제를 넣어 고르게 섞은 다음 적당한 방법으로 입상으로 만들고 될 수 있는 대로 입자를 고르게 한 것이다. 이 제제에는 필요에 따라 착색제, 방향제, 교미제 등을 넣을 수 있다. 이 제제는 적당한 제피제 등으로 제피를 할 수 있다」라고 규정되어 있다. 과립은 입자의 경도가 약하면 운반도중 입자가 마손되거나 파괴되어 분말량이 증가하기 때문에 적당한 경도를 유지해야 한다. 과립제의 붕해성은 약효에 영향을 미치므로 특별한 경우를 제외하고 가능한 한 빠르게 붕해되는 것이 좋다.

### 1) 장점 및 단점

① 혼합제제를 과립으로 하면 각 성분의 분리를 방지하고 합시(合匙)법으로 항상 일정한 비율로 취할 수 있다.

② 입도가 고르므로 합시(合匙)법으로 보다 정확하게 취할 수 있다.

③ 복용하기 쉽다.

④ 제조방법을 적당히 변경하여 맛이 좋은 제제를 만들 수 있다.

⑤ 피막을 입혀 붕해성을 조정할 수 있다.

⑥ 비산성을 방지할 수 있다.

### 2) 단점

① 약 스푼으로 분할하기 어렵다.

② 입도, 배합량, 밀도가 다른 과립제 상호간 또는 과립제와 산제를 함께 합시하기 어렵다.

### 3) 과립의 제조방법

대한약전 제제총칙의 제법에 의하면 과립은  보통 의약품을 그대로 또는 의약품에 부형제, 결합제, 붕해제 또는 다른 적당한 첨가제를 넣어 고르게 섞은 다음 적당한 방법으로 입상으로 만들고 될 수 있는 대로 입자를 고르게 한 것이다 라고 정의하고 있다. 과립은 일반적으로 아래 그림 5-3과 같은 공정에 따라 제조한다.

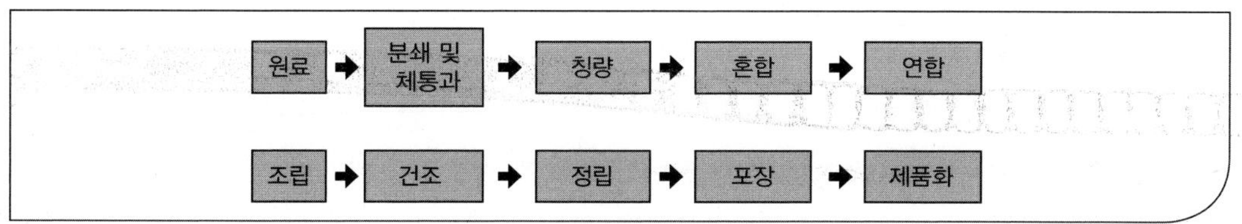


〈그림 5-3〉 과립제의 제조공정도

## 5. 환제(Pills)

오랜 옛날부터 사용되어온 환(丸)은 식품의 원료 또는 생약을 구상(球狀)으로 만든 것으로 보통 1개의 무게가 약 0.1g이다. 필요에 따라 환의(丸衣, dusting powder)나 제피(劑皮, coating)를 할 수 있으며 생약제제를 제형화할 때 많이 활용된다.

### 1) 환제의 종류

① 거환(巨丸, boluses) : 0.3g 이상의 큰 환을 거환이라고 하고 수의약(獸醫藥)으로 쓰인다.

② 환제(丸劑, pills) : 0.1g의 크기가 고른 것을 말한다(예 : 약전 환제).

③ 입환(粒丸, granules) : 0.005g 이하의 것을 말한다(예 : 은단).

④ 입제(粒劑, parvules) : 0.001g 이하의 것을 말한다(예 : 기응환).

### 2) 장점

① 소형으로 복용하기 편리하고 구형으로 부피가 작아 취급 및 휴대하기가 편리하다.

② 환의나 제피를 하면 맛, 냄새, 자극 등을 방지할 수 있다.

③ 붕해가 서서히 이루어지므로 지속작용을 바랄 때 유효하다.

④ 표면이 치밀하고 표면적이 작아 햇볕, 공기, 습도에 대해 화학적으로 안전하다.

⑤ 생약원료를 제약화 하는데 편리하다.

### 3) 단점

① 정제에 비하여 제형이 자유롭지 못하다.

② 습식(濕式)으로 제조하므로 수분이 배합(配合), 금기(禁忌) 및 안정성에 영향을 주는 제품에는 적당하지 않다.

③ 크기가 큰 환제인 경우 정제에 비하여 복용이 어렵다.

④ 소화관내에서 서서히 붕해하므로 속효(速效)를 기대하는 경우 부적당하다.

### 4) 첨가제

일정한 크기의 환을 만들기 위하여 부형제를 첨가하고 원료의 결합성을 강화시키고 가소성을 부여하기 위한 결합제를 첨가하며 필요할 경우 붕해성을 높이기 위해 붕해제를 첨가한다. 또한 환의 표면을 보호하기 위하여 환의 등 여러 가지 첨가제를 사용한다.

#### (1) 부형제

① 포도당, 유당, 전분류

환제의 부형제로 가장 적합하며 특히 포도당 또는 유당과 전분의 혼합물은 점성과 강한 결합성을 나타내고 붕해성도 양호하다.

② 생약가루 및 생약 엑스류

생약에 함유된 친수 콜로이드성 물질(단백질, 다당질-점액질, 고무질, 펙틴)은 물이나 글리세린과 친수성 겔을 생성한다. 이러한 작용으로 생약의 불용성 성분이나 엑스 성분과 함께 가소성을 가진 양호한 환제 덩어리를 만든다. 생약으로는 감초, 겐티아나 등을 쓰면 좋으며 생약가루는 팽윤성이 있어 붕해성이 양호하다.

#### (2) 결합제

결합제의 양과 성질은 환제의 용해성, 안정성을 결정하기 때문에 중요하다. 시럽 글리세린액(1:1), 고무 포도당액(아라비아고무가루20, 포도당60, 물50), 봉밀, 아라비아 고무장, 젤라틴액 등의 점성물질이 사용된다.

#### (3) 붕해제

환제의 붕해성을 촉진하기 위하여 쓰이는 첨가제로는 라미나리아, 한천 등이 사용된다. 약용효모는 일반 환제에 대해서 좋은 부형제 및 결합제의 역할을 한다.

#### (4) 환의(dusting powder)

환의는 조제된 환제의 상호점착, 곰팡이 발생, 수분의 증산을 방지하기 위하여 또는 교미 교취의 목적으로 쓰이는 분말제로 전분, 감초가루, 계피가루, 탈크 등의 가루가 사용된다. 일반적으로 무생의 환제에는 무색의 환의, 착색의 환제에는 착색환의를 한다.

### 5) 환의 제조방법

원료를 조분쇄 및 미세한 분말로 분쇄하여 균일하게 혼합한 후 결합액 향료를 가하여 환제를 만드는데 적당한 조도(稠度)를 부여하기 위하여 연합(練合)한다. 일정한 가소성, 점착성 및 경도를 가진 환제 덩어리를 절환기(切丸期)에 제환 덩어리를 넣고 적당한 길이와 굵기로 절단하고 건조하기 전에 제환기(製丸器)에 환의(丸衣)를 소량씩 뿌리면서 적당한 압력을 주면서 회전 운동을 시켜서 표면을 평활(平滑)하고 균일한 구형을 만든다. 환제의 제조공정은 아래 그림 5-4와 같다.

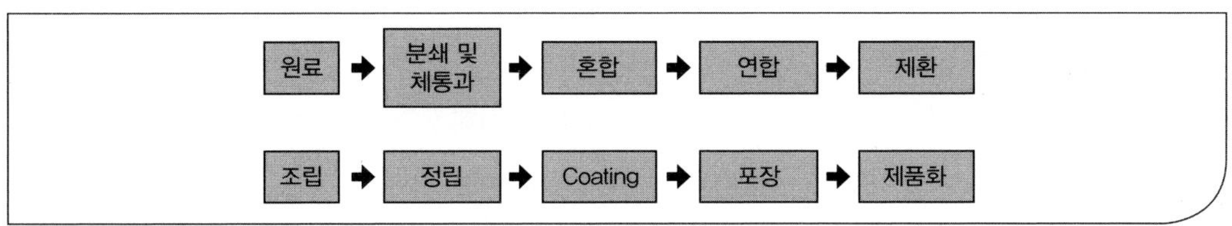


〈그림 5-4〉 환제의 제조공정도

## 6. 액상 페이스트상

### 1) 액상

식품원료를 그대로 사용하든지 필요에 따라서 안정제, 교미제, 보존제 등의 적당한 첨가제를 넣어 제조한 것을 말하며 건강보조식품의 가장 일반적인 형태로 비닐포장, 레토르트파우치필름 포장 및 병 포장 등이 있다.

### 2) 페이스트상

페이스트상은 풀 또는 반죽과 같은 의미로 보통 정백당, 당류, 감미제의 용액 또는 식품의 원료를 용해, 혼합, 현탁하고 필요에 따라 혼합액을 끓인 다음 더울 때 여과하여 제조한 것으로 우리가 흔히 먹는 토마토 케첩 형태의 제품이다.

### 3) 액상 및 페이스트상의 제조방법

액상 및 페이스트상 제품을 제조하기 위하여 원료를 잘 세척한 후 추출기에서 적절히 추출하여 필요에 따라 첨가제를 넣고 잘 용해하여 살균처리한 후 적당한 용기에 충전 및 포장하여 제품화 한다. 액상 및 페이스트상제의 제조공정은 아래 그림 5-5와 같다.

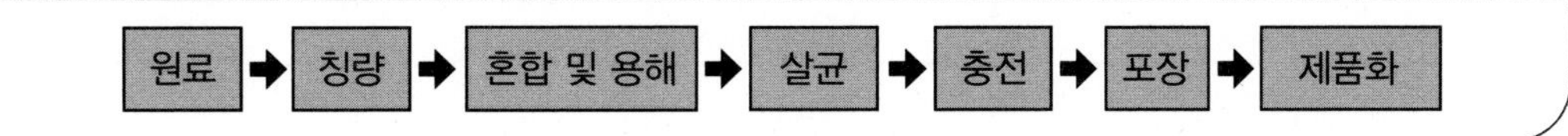


〈그림 5-5〉 액상 및 페이스트상의 제조공정도

# 제6장 기능성 재료 및 신소재

## 1. 탄수화물류의 기능

### 1) 당알코올의 기능

당알코올은 당류와 전분류를 환원시켜 얻으며 알데히드기(aldehyde group))나 케톤기(keton group)가 알코올기(-OH)로 환원된 것을 말하며 -OH기가 2개 이상 있으면 폴리올(polyol)이라고 한다. 일반적으로 설탕에 비해 체내 분해율과 흡수율이 낮기 때문에 칼로리가 낮으며 용해도 또한 낮기 때문에 체내 흡수가 느리고 인슐린 수치가 거의 증가하지 않으므로 다이어트식품이나 당뇨병환자용으로 이용되고 있다. 그리고 당알코올류는 구강내의 세균에 의해 산(acid)으로 전환되지 않고 Streptococcus mutans균의 성장을 억제하므로 충치를 예방해 준다.

당알코올이 가지고 있는 기능은 우선 당의 결정화를 조절한다는 것이다. 설탕을 원료로 한 제품이 보존 중에 석출되는 것을 방지하기 위하여 물엿(syrup) 등을 사용하는데 당알코올도 당의 결정생성을 억제할 수 있으며 보수성을 가지고 있다. 그리고 금속을 킬레이팅(chelating) 할 수 있는 능력과 미생물의 생육을 억제할 수 있는 저장성을 가지고 있다. 현재 이용되고 있는 당알코올에는 자일리톨(xylitol), 솔비톨(sorbitol), 이소말트(isomalt), 말티톨(maltitol), 만니톨(mannitol), 에리스리톨(erythritol), 락티톨(lactitol), 환원물HSH(hydrogenated starch hydrolysate) 등이 있는데 주요 특성은 표 6-1, 표 6-2, 표 6-3과 같다.

〈표 6-1〉 당알코올의 상대감미도 및 청량감(cooling effect)

| | 상대 감미도* | 청량감** |
|---|---|---|
| 설탕 | 1.0 | -5 |
| 자일리톨 | 1.0 | -35 |
| 솔비톨 | 0.6 | -27 |
| 이소말트 | 0.4 | -10 |
| 말티톨 | 0.8 | -6 |
| 만니톨 | 0.5 | -30 |
| 에리스리톨 | 0.8 | -43 |
| 락티톨 | 0.35 | -13 |

* : 설탕의 단맛을 1로 했을 때의 비교치

** : 값이 낮을수록 청량감이 좋다(기준값은 0이다).

〈표 6-2〉 당알코올의 칼로리 수치

| | 네덜란드 | EC | 일본 | LSRO/FASEB |
|---|---|---|---|---|
| 에리스리톨 | – | 2.4 | 0 | – |
| 자일리톨 | 3.5 | 2.4 | 3 | –2.4 |
| 솔비톨 | 3.0 | 2.4 | 3 | 1.8–3.3 |
| 만니톨 | 2.0 | 2.4 | 2 | 1.6 |
| 락티톨 | 2.0 | 2.4 | 2 | 1.6–2.2 |
| 말티톨 | 2.0 | 2.4 | 2 | 2.8–3.2 |
| 이소말트 | 2.2 | 2.4 | 2 | –2.0 |
| 설탕 | 4.0 | 4.0 | 4 | |

〈표 6-3〉 각종 감미질의 상대 감미도와 칼로리 환산 계수

| 감미료의 종류 | 설탕=100기준 | 칼로리 환산계수 | 우식성 |
|---|---|---|---|
| 설탕 | 100 | 4Kcal/g | 우식성 |
| 과당 | 100–170 | 4Kcal/g | 우식성 |
| 이성화당(75Brix) | 50–80 | 4Kcal/g | 우식성 |
| 말티톨 | 60–80 | 2Kcal/g | 비우식성 |
| 락티톨 | 40–50 | 2Kcal/g | 비우식성 |
| 이소말트 | 40–50 | 2Kcal/g | 비우식성 |
| 솔비톨 | 60–80 | 3Kcal/g | 비우식성 |
| 자일리톨 | 92–100 | 2.4Kcal/g | 비우식성 |
| 에리스리톨 | 75–85 | 0.2Kcal/g | 비우식성 |
| 트레할로스 | 50 | 4Kcal/g | 비우식성 |

출전: (주)일본 식품과학 신문사 월간 Food Chemical 99년 9월호 p.21

### (1) 자일리톨

자일리톨(xylitol)은 5탄당류로 크실리톨이라 부르기도 하는데 자연계에 채소나 과일 중 특히 서양오얏, 딸기, 컬리플라워 등에 많이 함유되어 있으며 벗나무, 옥수수대, 갈나무, 자작나무 같은 활엽수에서 추출되는 자일란(xylan), 헤미셀룰로오스(hemicellulose)를 주원료로 하여 주로 핀란드에서 생산되고 있다. 인체내에서는 포도당 대사의 중간물질로 생성된다. 공업적으로는 자일로오스(xylose)로부터 니켈(Ni)촉매 하에 수소를 첨가하거나 Pichia guilliermondiI, Candida peltata와 Aureobasidium 등과 같은 균주를 사용해서 자일로스를 자일리톨로 전환하는 발효공정으로 5탄당 알코올인 자일리톨을 만들고 있다. 설탕과 거의 같은 단맛(설탕의 0.9-1.0배 정도)을 나타나고 천천히 흡수되며 흡수된 것도 일반적으로 인슐린을 필요로 하지 않는 대사과정을 거쳐서 적은 에너지로 전환되므로(1g당 3.57kcal의 열량 발생) 당뇨병환자나 성인병환자에게 좋은 감미료이다. 그리고 낮은 용해열로 섭취 시에 청량감과 상

쾌감을 부여하기 때문에 식품가공시장에서 다양하게 이용할 수 있다(표 6-1). 우선 추잉껌(chewing gum)에 자일리톨을 사용하여 무설탕이고 충치를 억제하며 청량감을 가질 수 있도록 하였으며 타블렛(tablet), 캔디류, 초콜릿, 음료 외에 비충치성 치약 및 구강제품 등에 사용하고 있다. 흰색의 결정성 분말로 무취이며 물에 잘 녹고 30℃ 이상에서 용해성이 좋으며 점도는 낮고 흡습성이 높은 편이며 높은 온도에서 가열했을 때 카라멜화(caramelization)가 일어나지 않는 등 매우 안정한 물질이다. 청량감이 있고 독성은 거의 없으나 과다 섭취할 경우에는 설사를 하는 수가 있다.

자일리톨은 무설탕 과자나 초콜릿 등의 제조에 사용되는 신규 감미료의 하나인데 대표적인 충치(치아우식증, 齒牙 蝕症, rampant dental caries) 유발균인 뮤탄스균(S. mutans)의 성장을 억제하고 치아 표면의 세균막인 프라그(plague, 치면세균막) 형성을 감소시키고 프라그 내에서의 산생성을 감소시키므로 충치를 예방한다. 또 치아에서 법랑질(琺瑯質)이 이탈되는 것을 방지할 뿐만 아니라 이미 이탈된 법랑질의 재침착을 도와준다. 만약 불소와 함께 사용할 경우 충치 예방효과가 더욱 더 증가하게 된다.

자일리톨과 관련하여 치아우식 예방제품 인증제도라는 것이 있는데 이것은 여러 가지 다양한 제품 중에서 치아우식증(齒牙 蝕症)의 발생을 예방하는 음식이나 치아우식증의 발생을 예방하는 제품을 인증하여 공표함으로서, 국민 각자가 자발적으로 설탕 배합 음식의 섭취를 기피하는 동시에, 치아우식 예방음식을 섭취하고, 불소와 자일리톨을 배합한 세치제나 양치액 같은 제품을 사용함으로써 치아우식증의 발생을 예방하는 제도를 말한다. 한국에서도 치아 우식 예방음식과 제품을 선정하여 시행하려고 하고 있다. 1988년 핀란드 치과의사회에서는 처음으로 자일리톨이 함유된 제품에 대하여 인증제도를 실시하였는데 핀란드에서 자일리톨 제품으로서 인증을 받으려면 아래와 같은 요건을 만족시켜야 한다고 한다.

① 제품의 총 중량 대비 상당량의 자일리톨이 함유되어 있어야 하며 제품 내 감미료 중량 중 50% 이상이 자일리톨이어야 한다.

② 제품에 자일리톨과 함께 사용되어야 할 감미료는 솔비톨, 말티톨, 만니톨 등 처럼 구강 내 세균에 의해 발효되지 않고 산 발생이 되지 않는 감미료(비발효성 당질)이어야 한다. 설탕, 포도당이나 과당처럼 산 발생을 일으키는 발효성 당질을 자일리톨과 함께 사용할 수 없다.

③ 제품 내에는 치아를 부식시킬 수 있는 구연산 등의 산이 함유되어 있지 않아야 한다.

### (2) 솔비톨

솔비톨(sorbitol)은 해조류와 체리, 사과, 배 등의 과일에서 발견되며 상업적으로 전분이나 설탕으로부터 가수분해된 포도당의 알데히드기(-CHO)를 니켈 촉매, 높은 압력 하에서 수소(H+)를 첨가하여 수산기(-COOH)로 치환하여 만든다. 솔비톨은 6탄당류로 20℃ 이상에서 용해성이 좋으며 수분을 강하게 흡수하는 흡습성이 높고 보습효과가 뛰어나며 점도가 낮은 당알코올류이다. 깨끗하고 상쾌한 단맛을 나타내고 열과 산, 알칼리에 안정하고 수분활성 저하효과가 커서 미생물 증식을 억제한다. 가열시에 갈변화 반응을 일으키지 않으며 소장에서의 흡수속도가 느려서 비타민 B군의 섭취량을 절약할 수 있으며 당뇨병 환자에게 좋으나 흡수속도가 느리기 때문에 지나치게 많이 섭취하면 설사를 유발시킬 수 있으므로 하루에 30~40g을 넘게 섭취해서는 안 된다. 솔비톨은 다른 당알코올에 비해서 가격이 저렴하고 침투성과 보습성이 뛰어나기 때문에 다양한 식품에 이용되고 있다. 솔비톨은 충치를 발생시키지 않으므로 무설탕 츄잉껌에 사용되고 타블렛(tablet), 초콜릿, 빵, 잼 등에 주로 사용된다. 그리고 어류나 육류를 냉동보존할 때 솔비톨을 첨가하면 보존성을 높여 단백질의 변성을 방지할 수 있으며, 2~4가의 금속이온과 착화합물을 형성하여 식용색소의 퇴색방지, 혼탁방지, 칼슘, 철 등의 흡수촉진 등의 역할을 한다.

### (3) 이소말트

이소말트(isomalt)는 설탕에 효소를 이용하여 팔라티노오스(palatinose, 이소말툴로오스)를 얻고, 이 팔라티노오스에 수소를 첨가하여 니켈 촉매하에 얻어진 것인데 일명 환원팔라티노오스(reduced palatinose)라고도 한다. 이당류로 설탕보다 산뜻한 단맛을 나타내며 향을 개선시키는 효과가 있다. 용해도는 아주 낮고 열과 산에 매우 안정하며 흡습성과 점도도 낮은 편이고 단백질이나 아미노산과 반응하지 않기 때문에 갈변화가 일어나지 않는다. 이소말트는 장내에서 일부 흡수되고 가수분해속도나 흡수속도가 낮기 때문에 혈당치나 인슐린 분비에 영향이 적어서 당뇨병 환자나 성인병 환자에게 좋은 감미료이다. 또한 비우식성(非 蝕性, 비충치)으로 충치의 원인이 되지 않는다. 이소말트는 흡습성이 낮기 때문에 캔디, 껌, 정과 등에 이용하면 표면이 끈적거리지 않으며 타블렛(tablet)원료로도 사용된다. 또한 낮은 용해도의 장점을 이용하여 의약용 캔디를 제조하면 활성성분이 천천히 유출되어 그 효과를 높일 수 있다.

### (4) 말티톨

말토스(maltose)를 환원시켜 만든 이당류로 일본에서는 환원율이 75%이상인 것은 말티톨(maltitol, 환원맥아당물엿), 그 이하인 것은 환원물엿(HSH, hydrogenated starch hydrolysate))이라고 한다. 열에 매우 안정하며 식품 중의 아미노산과 반응하여 갈변을 일으키지 않으며 수분을 일정하게 유지시켜 주는 역할을 한다. 용해도나 흡습성은 설탕보다 약간 낮은 편이고 점도도 낮은 편이다. 수분활성을 낮추어주고 효모, 곰팡이, 세균 등에 의해 발효되기 어려우므로 가공식품의 보존성을 높일 수 있다. 충치 예방효과가 있고 인슐린 비의존성이므로 당뇨병환자에게 좋으며. 보통 츄잉껌, 캔디, 소스류, 잼, 음료, 요구르트 등에 사용되고 있다. 말티톨은 설탕의 재결정을 방지하며 불안정한 비타민 C의 안정화와 칼슘 흡수율을 높여 주는 효과가 있다. 말티톨은 자일리톨과 에리스리톨 등의 물성, 미질 그리고 가격을 보완할 목적으로 사용되는 경우가 많다.

### (5) 만니톨

만니톨(mannitol)은 자연의 버섯, 해조류, 딸기, 샐러리 등에 존재하며 상업적으로 포도당이나 과당에 수소를 첨가하여 제조하며 솔비톨의 이성체이고 6탄당류이다. 삼투압이 높고 점도는 낮은 편이며 아미노산 존재 시에도 갈변을 일으키지 않는다. 용해도와 흡습성이 낮기 때문에 인체 내에 흡수가 잘 안 되어 다이어트용으로 이용할 수 있다. 또 용해도가 낮아 설사를 유발할 가능성이 높으나 흡습성이 낮기 때문에 츄잉껌 제조 시 껌이 기계에 부착되는 것을 줄일 수 있다. 만니톨은 츄잉껌, 초콜릿 등의 식품 외에 의약품에도 사용되고 있다.

### (6) 에리스리톨

에리스리톨(erythritol)은 4탄당류로 버섯 그리고 간장, 청주 등의 발효식품 등에 존재하지만 보통 상업적으로 포도당을 이용하여 미생물발효나 효소적 방법에 의해서 수소를 첨가하여 제조한다. 체내에서 대사가 거의 되지 않고 90% 이상이 뇨로 빠르게 배설되기 때문에 당알코올 중에서 유일하게 무칼로리이다. 산뜻한 단맛과 청량감이 있고 용해도도 매우 낮아 결정화가 필요한 제품에 사용하며 흡습성과 점도도 낮은 편이다. 열과 산에 안정하며 아미노산 존재 시에 갈변을 일으키지 않는다. 섭취 시에 혈당치나 인슐린 분비에 영향을 미치지 않으므로 당뇨병 환자나 성인병 환자에게 좋은 감미료이다. 에리스리톨은 다른 당알코올이 지나치게 섭취하면 설사를 일으키는 것과 달리 설사를 잘 일으키지 않는데 이는 대부분이 소장에서 흡수되고 소화관 하부에 도달하는 양이 적기 때문이다. 강한 청량감과 무칼로리 때문에 최근 건강지향의 저칼로리제품 주로 음료, 추잉껌, 캔디, 초콜렛 등에 이용되고 있다. 에리스리톨은 커피의 쓴맛, 차류의 떫은 맛, 그리고 풋냄새 등을 억제하는 효과도 가지고 있다.

### (7) 락티톨

락티톨(lactitol)은 유당(lactose)에 수소를 첨가하여 환원시킨 이당류(二糖類)인데 상업적으로 치즈를 제조하는 공정에서 얻어지므로 유제품에 잘 어울리는 당알코올이다. 보통 갈변반응을 나타내지 않고 산성에 강하며 용해도는 설탕보다 약간 낮고 흡습성과 점도도 낮은 편이다. 식품의 부형제로 사용되는 유당이나 덱스트린을 대신하여 사용할 수 있다. 락티톨은 세계 최초로 네덜란드 퓨락사에서 개발한 새로운 prebiotics 제제인데 수용성 이당류로 장내 세균총에 의해 대사된다. 유산균을 증식시키고 유기산을 생성하여 장내 pH를 낮추어 대장의 생리적 리듬을 정상화시켜 각종 변비 관련 질환을 효과적으로 치료한다.*

* 만성변비(습관성변비), 노인성변비, 당뇨 및 간경변 환자, 고혈압 및 신장환자, 뇌졸중 및 신경정신계환자, 약물투여로 인한 변비, 유소아 및 임산부 변비 등에 좋고 변비 원인으로 발생한 간성혼수에 유효하다.

락티톨은 소화관내에서 흡수되지 않고 결장에 도달하여 유산균에 의해 분해되어 유기산을 생성하는데 이 유기산은 장내의 산도를 낮추어 암모니아가 체내로 흡수되지 않고 체외로 배출되도록 해 준다. 또 락티톨은 결장 내에 존재하는 유익한 세균을 증식시키고 병원균의 성장을 억제시키며 결장 내에서 삼투압 작용에 의한 배변의 부피를 증가시켜 연동운동을 촉진시킬 뿐만 아니라 결장 내 이동시간을 단축시켜 원활한 배변효과를 나타낸다. 소장에서 흡수되지 않고 대장에서 분해, 흡수되며 혈당치에도 변화를 주지 않고 또한 충치를 유발시키지 않으므로 보통 초콜릿, 캔디, 빵 등에 사용하고 있으나 현재는 기능성 소재 또는 의약품으로 더 많이 사용하고 있다.

### (8) 환원물엿

전분을 효소로 가수분해시켜 물엿을 제조한 후 여기에 수소를 첨가하여 만든 당류로 일명 HSH(Hydrogenated starch hydrolysate)라고 한다. 환원물엿은 일반물엿보다 낮은 감미도(20~30)와 부드러운 감미를 가지고 있으며 식품의 물성을 향상시키거나 식품 고유의 향미와 색상을 좋게 해 준다. 충치균이 이용하기 어려운 난충치성이고 소화하기 어려운 난소화성 당이며 높은 점도와 보습성을 가지고 있어서 증점제(增粘劑)로 이용되고 있다. 환원물엿이 가지고 있는 특징은 물엿의 단점인 가열 시의 갈변을 줄여 주고 아미노산 존재 하에서도 착색이 일어나지 않으며 물엿에 비해 저칼로리이고 또한 식품의 수분활성도를 낮추므로 일반물엿보다 식품의 보존성을 향상시킨다. 무설탕 캔디를 제조할 때 물엿대신 사용하여 원하는 물성과 저칼로리, 난충치성의 캔디를 얻을 수 있으며 양금, 양갱, 음료, 잼, 소시지, 케이크 등의 식품에 사용할 수 있고 절임식품이나 조림식품에 사용할 경우 표면광택이 좋아진다.

## 2) 올리고당의 기능

### (1) 개요

올리고당은 글루코오스(glucose), 갈락토오스(galactose), 프락토오스(fructose)와 같은 단당류가 2~10개 정도 결합한 당질을 말하며 설탕이나 포도당이 소장에서 분해, 소화되는 것과는 달리 올리고당은 위액 등에 들어 있는 소화효소로도 잘 분해되지 않고 소장을 통과해서 거의 대장까지 도달하여 장내 유용세균인 비피더스균에 의해 선택적으로 이용되고 유산균의 영양분이 되어 유산균의 증식을 돕는다. 주요 당질은 소화성 당질과 난소화성 당질로 나눌 수 있는데 올리고당류는 난소화성 당질로 소장의 소화효소에 의해 소화되지 않으며 체내에서의 작용이 수용성 식이섬유와 비슷한 작용을 하여 만성 퇴행성 질환의 개선에 유익한 작용을 하고 식이섬유에 비해 하루 요구량도 적은 이점을 가지고 있다. 올리고당은 유익균에 의해 초산(acetate), 프로피온산(propionate)과 같은 휘발성 지방산(volatile fatty acid)으로 전환되므로 칼로리가 거의 없다. 설탕을 섭취하면 충치발생균인 Streptococcus mutans가 작용하여 불용성 글루칸(glucan)을 합성하여 치아에 충치를 일으키는데 올리고당은 St. mutans가 거의 이용하지 못한다. 또 타액의 pH를 저하시켜 충치의 원인물질을 없애는 작용도 한다. 특히 올리고당은 칼슘, 마그네슘, 철분 등의 무기질 흡수에 좋은 영향을 미치며 장 기능을 개선하기도 한다.*

* 대장속에는 약 100여종의 100조 마리에 이르는 미생물이 살고 있는데 인체에 가장 유익한 비피도 박테리아(비피더스균)가 가장 좋아하는 먹이가 올리고당이다. 비피더스균은 대장의 상태를 최적화시키는 세균으로 유아 때는 대장 내 미생물의 95%가 비피더스균이지만 성인이 되면 장이 건강한 사람도 30~40%에 지나지 않는다.

올리고당은 몸 안에서 흡수되지 않으므로 많이 먹어도 별 문제가 없으나 하루 20g 이상 섭취하는 것은 삼가야 한다. 특히 콩 올리고당의 경우 유아가 하루 12g 이상 섭취하면 배에 가스가 차거나 설사 등 부작용이 생길 수 있다. 다이어트 중인 사람은 올리고당이 g당 2㎉ 내외의 열량을 낸다는 사실을 기억해야 한다. 올리고당은 우엉, 대두, 바나나, 양파, 마늘, 과일 등에 조금 함유되어 있으므로 공업적으로 전분이나 설탕에 효소를 반응시켜 대량 생산하고 있다. 감미도는 설탕의 20 40% 정도이며 현재 국내 시판되고 있는 올리고당은 프락토올리고당을 비롯해서 이소말토올리고당, 갈락토올리고당, 대두올리고당 등이 있다. 주요 올리고당류의 기능과 특징은 다음과 같다.

### (2) 올리고당의 종류와 기능

① 프락토올리고당

프락토올리고당(fructooligosaccharide)은 아스파라거스와 과실, 우엉 등에 함유되어 있으며 일본 명치제과에서 1982년에 감미료로 개발하였다. 설탕의 구조를 약간 변화시켜 설탕이 가지고 있는 기호성과 물리화학적 특성을 살린 식품소재로서 설탕에 과당 1~4개가 $\beta$-2,1로 결합되어 있는, 3~6당류에 속하는 감미료이다(그림 6-1). 공업적으로 설탕에 fructosyltransferase를 작용시켜 제조한다. 설탕(GF)으로부터 1-kestose(GF2), nystose(GF3), 1-fructofranosylnystose (GF4)를 형성하며, 이들의 혼합물을 프락토올리고당이라 하는데 상업적으로 네오슈가(neosugar)라 부른다. 프락토올리고당은 체내 효소에 의해 가수분해되지 않는 난소화성당이며 장내 유용균에 의해 이용되고(프락토올리고당과 같이 장내 유용균의 성장을 촉진하는 물질을 프리바이오틱(prebiotics)이라고 부름) 충치발생에도 거의 관여하지 않는 기능성 당이다. 감미도는 60정도이며 물엿이나 솔비톨과 같은 보습성을 가지고 있고 열에 안정한 편이다. 아미노산과 반응하여 갈변이 일어나지 않으며 비소화성이므로 설탕섭취에 제한을 받는 당뇨병환자의 감미료로 이용되고 있다. 변비개선, 지질대사개선에도 효과가 있는데 현재 식품에는 캔디, 쿠키, 젤리, 빵 등에 사용하고 있으며 일부에서는 사료첨가용으로 사용하고 있다.

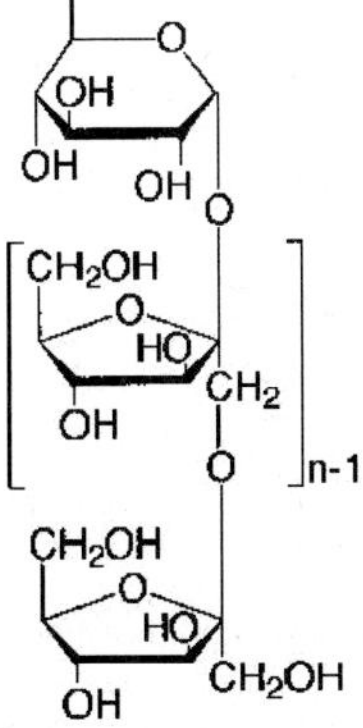

〈그림 6-1〉 프락토올리고당

② 이소말토올리고당

이소말토올리고당(isomaltooligosaccharide)은 분지(branch)올리고당으로 α-1,6 결합이 한개 이상 존재하며 isomaltose, isomaltotriose, 6-o-maltosylmaltose가 주성분이다. 소장 내에서 소화되어 에너지원으로 사용되므로 섭취 시 혈당 상승이 일어난다. 그러나 구강세균이 이용하지 못하며 보습성 및 단맛 개선, 전분노화방지 효과가 있어 쿠키, 음료, 차, 캔디, 케이크 등에 주로 사용된다. 빵 등의 발효식품에 사용했을 때 효모에 의해 발효되지 않으므로 부드러운 감미와 보습성은 그대로 유지된다. 열에 매우 안정하며 식품 중의 아미노산과 반응하여 갈변을 일으키고 산성에 강한 편이다. 각종 미생물에 대해 최소발육저지농도가 낮고 방부성과 제균효과가 우수하다. 감미도는 50정도이다.

③ 갈락토올리고당

갈락토올리고당(galactooligosaccharide)은 유당에 미생물이 생산하는 β-galactosidase를 작용시켜 전이반응에 의해 얻어지는 올리고당으로 열과 산에 매우 강하고 보습성 등의 물성 개량 효과를 가지고 있어 빵, 캔디, 쿠키, 우유, 유산균음료 등 제조에 사용되고 있다. 예를 들면 빵에 사용했을 때는 효모가 이를 이용하지 못하므로 감미와 보습성은 그대로 유지된다. 식품 중의 아미노산과 반응하여 약간의 갈변을 일으키며 비피더스균(B. bifidum)이 이용하므로 장의 활성화에 도움을 준다. 구강세균이 이용하지 못하며 감미도는 35정도이다.

④ 대두올리고당

대두로부터 대두단백질을 제조할 때 배출되는 대두 유청(whey)을 원료로 하여 분리, 정제, 제조한 것으로 라피노오스(raffinose), 스타치오스(stachyose), 설탕(sucrose) 및 단당류 등 가용성 당류의 혼합물이다. 효소 사용 없이 유청으로부터 얻기 때문에 생산비가 많이 소요되지만 청량감이 있고 내열, 내산성이 높은 것 등 가공상 편리한 점이 많아 음료제조 등에 많이 이용되고 있다. 감미도는 70정도이다. 난소화성 올리고당이기 때문에 소화, 흡수되지 않으며 대장에 도달되어 비피더스균에 선택적으로 이용되기 때문에 장내균총의 개선과 배변의 개선 및 장내 부패물 생성을 억제하는 등의 효과를 가지고 있다.

⑤ α-사이클로덱스트린

전분(starch)에 cyclodextrin glucanotransferase(CGTase, cyclodextrin trans-glycosylase)를 작용시키면 포도당분자가 환상(環狀)으로 6~8개 정도 결합된 소당류(oli-gosaccharide)가 되는데 α, β, γ 세 가지 형이 있다. 일반적인 사이클로덱스트린의 구조는 환

상 도넛모양의 분자로 되어 있고 내부공간은 유기분자 또는 유기분자 일부와 결합할 수 있도록 되어 있다. 내부는 소수성(疏水性), 외부는 친수성(親水性)으로 계면활성적 성질을 가지고 있는데 그것은 내부에는 소수성 $\alpha$-1,4 결합과 C-H기가 있고 외부는 친수기인 -OH기가 존재하기 때문이다. 사이클로덱스트린은 열에 안정하고 비흡습성이며 강산에 의해서 분해되며 물에는 녹지 않는다. 사이클로덱스트린은 휘발성물질의 포접(향료, 향신료, 정유물질의 휘발방지와 안정화), 산화 및 광분해물질의 안정화(자외선 및 산화에 불안정한 지방산, 지용성 비타민류, 천연색소의 안정화), 물성의 개선(용해성, 흡습성, 풍미, 색조, 조직의 개선), 기포성의 향상(난백, 알부민의 기포성 향상, 마요네즈, 마가린, 쇼트닝의 유동성 개선), 식품의 분말화(식품분말의 기초제 또는 보조제), 악취물질, 고미(苦味)물질을 은폐하는 능력(카제인나트륨의 탈취 제거. 단백질 분해물의 쓴맛 제거, 어육연제품의 탈취, 감귤류의 백탁 제거, 쓴맛 원인물질인 헤스페리딘(hesperidine)과 나린진(naringine)의 포접(包接) 제거, 쓴 맛 감소, 콩비린내 제거 등)에 좋은 재료 등에 이용되고 있다.

사이클로덱스트린 중 $\alpha$-사이클로덱스트린은 당의 분자가 고리처럼 연결되어 있기 때문에 효소에 의해 절단되지 않은 채 대장에 도달하여 우리 몸에 유익한 작용을 한다. 즉 환상 올리고당은 장내 유용균의 먹이로 되어 유용균을 증식시킨다. $\alpha$-사이클로덱스트린은 비만이나 변비, 거친 피부를 개선하거거나 높은 혈압이나 혈당치를 낮추는 작용을 하는 수용성 식이섬유와 같은 기능을 가지고 있다.

### 3) 이소플라본의 기능

이소플라본(isoflavone)은 대두에 함유되어 있는 식물유래의 플라보노이드류의 일종으로 C6-C3-C6의 구조를 기본으로 하는 페놀계(phenol) 화합물이다. 제니스테인(genistein), 다이드제인(daidzein), 글리시테인(glycitein) 등 3가지가 있는데(그림 6-2) 이들 배당체 이소플라본은 소화과정에서 당이 제거된 아글리콘(aglycone)으로 체내에서 전환, 흡수되어 생리활성을 나타내게 된다. 여성호르몬 에스트로겐과 구조가 유사하며 phytoestrogen(식물성 에스트로겐)으로도 불리워지고 있다. 콩을 비롯하여 발효되지 않은 콩제품에는 주로 $\beta$-glycoside인 배당체 형태로 존재하지만 된장 등과 같은 발효 콩제품에는 발효에 의해 가수분해가 일어났기 때문에 비배당체 형태가 배당체 형태보다 더 많이 들어 있다. 만약 발효되지 않는 콩제품을 섭취할 경우에는 대장에 있는 $\beta$-glycosidase에 의해 배당체가 비배당체 형태로 바뀌면서 활성은 더 높아지게 된다.

1899년 처음으로 녹황색식물(Dyer's Broom)로부터 이소플라본 중 제니스테인이 분리된 이후 1931년 Walz가 콩에서 배당체 형태인 제니스틴, 다이드진 등의 분리에 성공하였다. 이소플라본은 뇌조직에 많이 발현되어 있는 에스트로겐 수용체 $\beta$형(수용체에는 $\alpha$형과 $\beta$형이 있음)과 잘 결합하는데 에스트로겐은 성호르몬 및 두뇌 활성 스테로이드로서 기억력에 중요한 역할을 하며 여러 뇌조직에 함유되어 있다. 뇌에서 일어나는 활성은 에스트로겐 수용체와 결합하여 일어나는 반응과 에스트로겐 수용체와는 독립되어 신경막에 직접 작용하는 것 등이 있는데 이소플라본은 에스드로겐 수용체와 직접 결합한다. 따라서 이소플라본은 에스트로겐과 길항(결합)하므로 지나친 에스트로겐 작용을 억제하여 유방암 등 질병의 발병 위험을 크게 저하시킨다. 여성이 폐경기가 되면 에스트로겐의 농도가 약 30%까지 감소되어 각종 갱년기 증상이 나타나게 되는데 이 때 이소플라본은 안면홍조, 발한, 신경과민, 우울증, 수면장애, 다한증 등의 갱년기 증상을 개선시켜 주며 또 월경주기의 변화를 유도하여 PMS(월경증후군)을 예방하거나 증상을 완화시켜 준다. 이와 같이 이소플라본은 에스트로겐의 부작용은 전혀 나타나지 않으면서 여성호르몬으로 작용하므로 여성호르몬 대체물질로 각광을 받고 있다.

또 다른 이소플라본의 기능은 골다공증의 예방과 치료이다. 우선 칼슘은 골격을 구성하는 것 외에도 우리 몸에서 다양한 기능을 하는 중요한 무기질인데 혈중에는(혈청 100㎖당 10mg) 극소량의 칼슘이 늘 일정한 농도로 용해되어 있다. 그런데 칼슘의 섭취나 흡수가 부족해 혈중 칼슘농도가 떨어지게 되면, 우리 몸은 부갑상선 호르몬을 분비해 뼈에 있는 칼슘을 용출시켜 혈중 칼슘의 항상성을 유지시키게 된다. 또 골격 역시 일정량의 칼슘을 함유하고 있어야 하는데 이 때 역시 호르몬이 관여해 뼈의 칼슘이 혈액 속으로 빠져 나가는 것을 막아주고 조정해 준다. 이 역할을 하는 것이 여성호르몬 에스트로겐(estrogen)이다. 하지만 폐경기 이후 난소의 기능이 저하되면서 에스트로겐 분비가 급격히 감소, 뼈의 칼슘 용출이 제대로 조절되지 않아 골다공증에 걸리게 된다. 이 때 이소플라본이 뼈의 칼슘 용출을 제어하면서 혈중 칼슘이 뼈에 축적되는 것을 촉진시키고 칼슘 흡수율을 높여 줘 골다공증을 예방하게 된다.

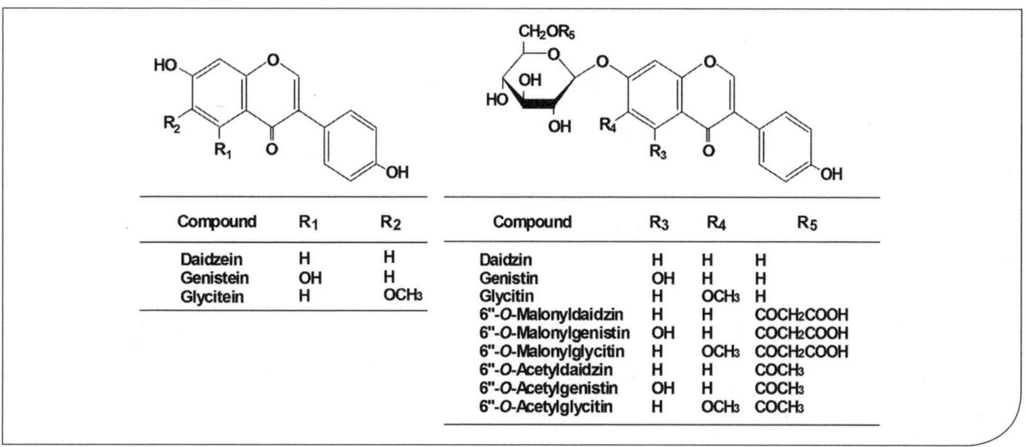


| Compound | R1 | R2 |
|---|---|---|
| Daidzein | H | H |
| Genistein | OH | H |
| Glycitein | H | $OCH_3$ |

| Compound | R3 | R4 | R5 |
|---|---|---|---|
| Daidzin | H | H | H |
| Genistin | OH | H | H |
| Glycitin | H | $OCH_3$ | H |
| 6"-*O*-Malonyldaidzin | H | H | $COCH_2COOH$ |
| 6"-*O*-Malonylgenistin | OH | H | $COCH_2COOH$ |
| 6"-*O*-Malonylglycitin | H | $OCH_3$ | $COCH_2COOH$ |
| 6"-*O*-Acetyldaidzin | H | H | $COCH_3$ |
| 6"-*O*-Acetylgenistin | OH | H | $COCH_3$ |
| 6"-*O*-Acetylglycitin | H | $OCH_3$ | $COCH_3$ |

〈그림 6-2〉 이소플라본

그 외 이소플라본의 중요한 기능은 심혈관 질환과 갱년기 장애의 예방과 치료이다. 동맥경화증 발병의 원인 중 하나인 LDL콜레스테롤의 산화를 억제하고, LDL수용체의 활성변화와 티로신키나아제(tyrosine kinase) 저해제로서 작용하므로 심혈관 질환을 예방하며 에스트로겐 부족으로 나타나는 여성들의 각종 갱년기 장애를 예방하고 호르몬 항상성을 유지시켜 준다. 또 아이플라본은 여성의 유방암과 남성의 전립선암의 예방과 치료에 도움이 되며 알츠하이머병의 예방, 폐경 후에 나타나는 기억력의 감퇴와 집중력 저하 등 뇌 노화방지, 심장질환 예방, 콜레스테롤 저하효과, 면역성 증강효과, 동맥경화 방지, 혈압조절, 신장기능 장애 방지 등 다양한 기능적 효과를 나타낸다. 이소플라본이 가장 많이 들어 있는 식품은 콩이며 하루 권장량은 3~100mg이다.

## 4) 식이섬유의 기능

### (1) 식이섬유의 정의

식이섬유(食餌纖維, dietary fiber)는 '사람이 소화할 수 없는 식물세포벽으로부터 추출된 음식의 성분'이라고 정의하였으나(1972년 Towell 박사) 1976년에 이것을 수정하여 '인간의 소화효소에 의해 가수분해 되지 않는 식물성 다당류와 리그닌(lignin)'으로 정의하였다. 그 후 연구가 계속되면서 리그닌과 큐틴(cutin)을 비롯하여 갑각류의 껍질에 많이 함유된 키틴(chitin), 난소화성올리고당(nondigestible oligosaccharides), 저항성 녹말(resistant starch) 등도 식물의 세포벽 성분이 아니면서 유사한 기능을 한데서 기인하여 오늘날에는 식이섬유를 '인간의 소화효소에 의해서 가수분해 되지 않는 식품 중 난소화성 성분 모두를 말한다'라고 정의하고 있다. 따라서 식이섬유를 지금은 식물성(비다당류와 다당류, 리그닌 등)과 동물성(키틴과 키토산)으로 구분하고 있다. 이전에는 식이섬유를 조섬유(crude fiber)라는 개념으로 사용된 적이 있는데 이것은 실험실에서 식품을 분해시키고 남은 잔재(ash)를 말하는 것이었지만 지금의 식이섬유라는 용어와는 판이하게 다르다.

### (2) 식이섬유의 분류

식이섬유는 이미 언급한 바와 같이 식물성과 동물성으로 구분하지만 세포벽 구조의 구성 여부에 따라, 장(腸)에서 작용하는 부위에 따라, 섬유소의 공급원(physical origin)에 따라, 수용성(水溶性) 여부에 따라, 장내 미생물에 의해 발효될 수 있는지 여부 등에 따라 자세하게 분류하기도 한다. 그러나 여기에서는 식물성과 동물성으로 구분, 설명하고자 한다.

① 식물성 식이섬유

식물성 식이섬유에는 수용성(수용성 펙틴, 검류, 해조다당류, 다당류 유도체)과 불용성(불용성 펙틴, 셀룰로오스, 헤미셀룰로오스, 리그닌) 식이섬유로 구분한다.

가) 수용성 식이섬유

수용성 식이섬유는 수용성 펙틴, 검류(gums), 해조다당류, 다당류 유도체 등이 있으며 과일, 양상추, 브로콜리, 당근, 오이, 콩류, 보리 등에 많이 들어 있다.

(가) 펙틴

펙틴은 펙틴질(pectic substances)로 불려지고 있는 물질 중의 하나인데 어떤 단일물질에 대한 이름이 아니고 일반적인 용어이다. 펙틴성분은 식물조직에 섬유소(cellulose), 헤미셀룰로오스(hemicellulose)와 함께 널리 분포되어 있으며, 사과, 딸기 등의 과실류, 일부 채소류, 사탕무우 등에 많이 들어 있다(레몬, 오렌지 등의 감귤류 껍질에는 35% 정도 들어 있음). 펙틴은 모든 식물의 세포벽과 세포사이의 층을 구성하고 있는 물질로서 D-갈락투론산(galacturonic acid)이 $\alpha$-1,4 결합한 고분자의 산성다당류이며, 프로토펙틴(protopectin), 펙티닌산(petinic acid), 펙틴(pectin), 펙트산(petic acid) 등으로 구성되어 있다. 프로토펙틴은 물에 녹지 않는 콜로이드상(colloid) 물질이며 효소나 산, 알칼리의 작용으로 펙틴이나 펙티닌산을 만든다. 펙티닌산은 펙트산의 카르복실기(carboxyl group)가 메틸에스테르(methyl ester)화 된 것으로 불용성 겔(gel)상으로 존재한다. 펙틴은 무색 · 무미이며 칼슘이온과 불용성염을 만드는데 수용성이다. 펙트산은 펙틴의 가수분해로 얻어지며, 메틸에스테르기(-OCH3)를 갖지 않고, 칼슘, 마그네슘 등의 염으로 존재한다. 칼슘이온과는 물에서 불용성인 겔을 만드는데 설탕과 산으로는 겔화되지 않는 점이 펙틴과 다르다. 또 펙틴은 뜨거운 물 또는 찬물로 추출할 수 있으며 물과 만나면 겔(gel)을 형성하는 성질을 가지고 있다. 특히 pH 2.5 3.5에서 설탕이 존재하면 저온에서 겔화하는데 이것을 잼(jam)이나 젤리(jelly)를 만드는데 이용하고 있다. 특히 펙틴은 보수력(保水力)이 강하기 때문에 설사 방지를 비롯한 각종 의약재료 또는 식품가공 소재로도 이용되고 있다. 펙틴은 $\alpha$-결합으로 연결되어 있기 때문에 동물이 분비하는 효소에 의해서는 분해되지 않고 미생물에 의해서만 분해된다.

펙틴과 관련하여 펙틴분해효소(pectin enzymes)들은 펙틴 물질의 변화를 가져오기 때문에 중요하게 취급되고 있는데 이들은 과실이나 채소의 조직을 연화(軟化) 즉 과즙 속의 고체성분들과 물의 분리를 일으켜 조직을 연화시킨다. 경우에 따라서는 일부 과즙 속의 펙틴으로 인한 혼탁(混濁)을 없애기 위하여 청정(clear)목적으로 이들 효소를 사용하는 경우도 있다. 효소 종류 중 프로토펙티나제(protopectinase)는 식물의 세포막 사이에 존재하며, 결착물질로 작용하는 프로토펙틴에 작용하여 조직의 연화를 초래한다. 펙틴메틸에스테라제(pectin methylesterase)는 펙틴에스테라제라고 하는데 감귤류의 껍질 또는 곰팡이 등에 많이 분포되어 있다. 펙틴의 메틸에스테르(methylester) 부분을 가수분해하여 메탄올(methanol)을 유리시키는 작용을 한다. 과실주나 소주 속에 미량으로 존재하는 메탄올은 이 효소에 의해 생긴 것이다. 최적 pH는 6-9이며, 최적온도는 40℃ 내외이다. 사람은 펙틴소화효소를 갖지 않으므로 소화흡수 할 수 없으나 장내세균은 이들을 분해한다

펙틴은 소화되는 동안 수분을 흡수하여 변의 량을 증가시키거나 혈청 콜레스테롤의 수치를 낮추는 등 심혈관 질환에 큰 도움을 주는 것으로 알려져 있고 특히 수용성 펙틴과 구아검(Guar gum)*은 혈당상승, 담즙산 배설 증가, 인슐린 분비 억제 등의 효과도 있는 것으로 알려지는 등 건강 기능적 특성 때문에 현재 그 활용도가 증가하고 있는 추세이다.

* 구아검은 인도나 파키스탄지역에서 경작되는 구아나무의 종자로부터 얻어지는 수용성 고분자 다당류이며 냉수에 용해해도 높은 점성을 가진다. 가격이 저렴하여 아이스크림 등 빙과류, 소스류 등 식품에 쓰이고 일부 고순도 정제품은 화장품, 계면활성제의 증점제로도 널리 쓰인다.

(나) 한천

한천(agar)은 우뭇가사리(홍조류 우뭇가사리과 바닷말)의 열수 추출액의 응고물을 얼려 말린 것으로 천연한천과 공업한천이 있으며 식이섬유는 전체의 80%정도이다. 천연한천은 순도는 낮으나 점성이 강하고, 공업한천은 순도는 높으나 점성이 약한 편이다. 주성분은 중성다당류인 아가로오스(agarose)와 산성다당류인 아가로펙틴(agaropectin) 그리고 기타 다당류로 이루어져 있다. 이들은 뜨거운 물에 잘 녹으며 건조된 한천은 약 80배가량의 물

을 흡수하고 한천이 용해된 물을 30℃ 안팎에서 식히면 젤(묵, gel)상태로 응고된다(한천 농도가 1%일 때 약 30℃에서 응고한다). 일단 젤리화한 것은 80 85℃ 이하에 두지 않는 한 녹지 않는다. 그러나 산성조건에서는 젤리화하는 힘이 저하되어 녹게 된다.

한천은 대부분 다당류로 이루어졌기 때문에 소화흡수가 잘 되지 않는 저(低)에너지 식품으로 정장작용은 물론 다이어트나 변비 해소에 도움을 주고 포만감을 줘 칼로리 섭취를 억제하고 혈당 상승을 막아 콜레스테롤을 감소시키는 효과를 가지고 있다. 그리고 동물실험에서 항암작용도 있는 것으로 확인되고 있다. 식품공업에서는 젤리, 푸딩, 양갱 등의 겔화제, 유제품이나 아이스크림 등의 안정제, 변색방지제, 보습제로서 사용되며 세균배양 및 배지용으로도 사용되고 있다.

(다) β-글루칸

β-글루칸은 포도당(glucose)이 β-1,3 결합을 한 중합 다당류를 말하는데(그림 6-3) 버섯, 효모 등 미생물의 세포벽이나 세포외 다당류에서 분리하고 있다. β-글루칸에는 미생물 유래의 β-글루칸과 보리, 귀리와 같은 곡물의 식이섬유에서 추출, 생산되는 식물성 β-글루칸이 있는데 일반적으로 버섯으로부터 추출한 것이 항암활성과 면역기능이 좋은 것으로 알려져 있다. 현재 FDA의 GRAS(General Recognized as Safe)*로 승인을 얻어 식품첨가물로 널리 사용되고 있다.

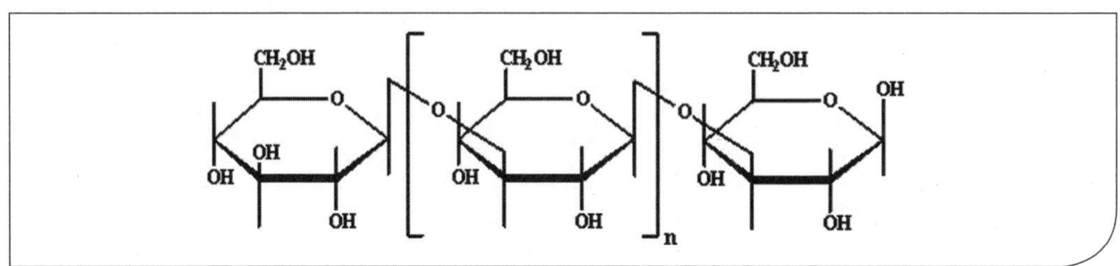


〈그림 6-3〉 β - 글루칸

* GRAS목록에 분류된 것들은 식품에 자연적으로 이미 존재한 성분으로 안전하다고 증명된 기존 성분과 그 구조가 매우 흡사하거나 다년간 사용하면서 안전성이 경험적으로 인정되어 있는 것들이다. 1958년 1월 1일 이전에 건강위해나 유해성 없이 식품에 상용된 것이지만 이것들은 과학적 분석에 의하지 않고 경험적으로 안전하다고 인정한 것이므로 절대적으로 안전한 것은 아니다. 따라서 1958년 이후 이 목록에 분류된 것들은 각종 안전성 시험 등에 의해서 그 안전성 여부를 재검토하여 사용여부, 규제여부 등을 결정하고 있다.

β-글루칸의 종류에는 β-1,3-글루칸과 β-1,3/1,4-글루칸, β-1,3/1,6-글루칸이 있는데 β-1,3-글루칸은 포도당분자간에 β-1,3결합을 이루는 고분자 다당류 물질로 Agrobacterium

속 및 Acaligenes faecalis와 같은 미생물의 발효에 의해 생산된다. 일명 커드란(curdlan)이라고 부르고 있는데 화장품 보습제, 식품첨가제, 콘크리트 혼화제, 건강보조식품 등으로 이용되고 있다. β-1,3/1,4-글루칸은 포도당분자간에 β-1,3결합 및 β-1,4결합을 이루는 고분자 물질로 귀리, 보리, 호밀 등 곡물들의 식이섬유질로부터 분리하고 있다. 수용성 식이섬유의 형태로 점질성을 갖고 있어서 낮은 농도에서도 높은 점성을 나타내며 신속하게 겔화 된다. β-1,3/1,6-글루칸은 버섯 균사체나 효모 세포벽으로부터 추출하거나, Auerobasidium속(흑효모의 일종)의 미생물 발효에 의해 생산되는데 아가리쿠스, 영지버섯, 운지버섯 등 여러 버섯에서 이 성분을 추출하고 있다. 무색, 무취이며 점도가 상대적으로 낮은 성분이다.

β-글루칸은 온도, pH 등의 변화와 각종 전해질(electrolyte)의 존재 하에서도 높은 고유점도(intrinsic viscosity)를 가지고 있으며 미생물들은 이것을 이용할 수 없다. 가열과 pH의 변화에 대해서 안정하며 겔형성 능력(gel formation)이 좋고 유화력도 강하다. 주로 식품증점제(bulking agent), 필름, 식품포장제 등으로 사용되지만 의약품으로는 면역기능 강화, 식균작용, 혈압 및 혈당강하, 피부재생 및 노화방지 등 목적으로 사용되고 있다. 주요 기능을 다시 정리하면 다음과 같다.

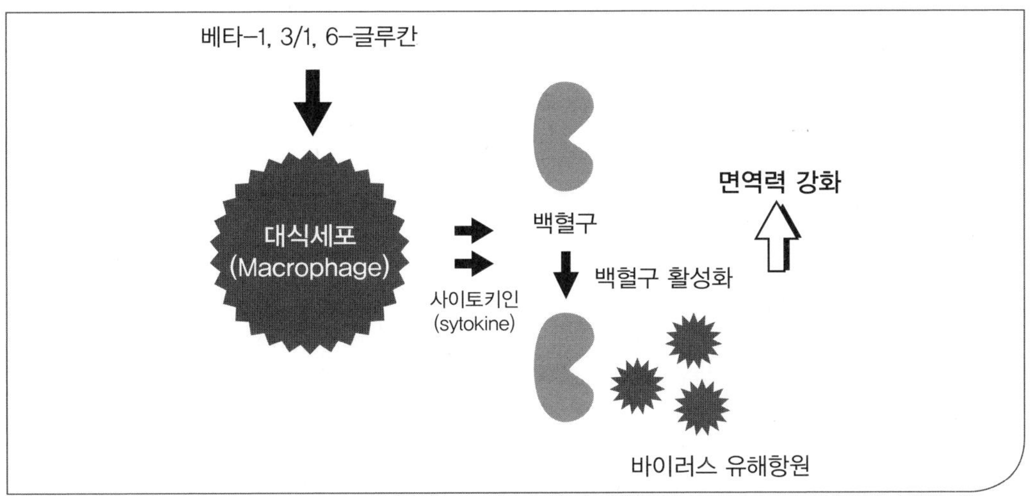


〈그림 6-4〉 β – 글루칸의 면역기능에 대한 작용기작

㉮ 면역기능과 피부세포 강화

β-글루칸은 대식세포(macrophage)*의 기능을 강화시키고, 대식세포는 다른 림프구나 백혈구의 증식인자인 사이토카인(cytokine)을 분비시키므로 결국 면역계 전체의 기능을 강화시키는 결과를 가지게 된다(그림 6-4). 또 장내 유용균들의 성장을 촉진하여 주는 역할도 하고 있다.

* 대식세포는 면역계(immune system)를 구성하는 핵심 세포 가운데 하나로 세균(bacteria)이나 종양세포(tumor cells)를 포획해 이를 제거하는 식균작용이 있기 때문에 항원을 잡아먹을 수 있어 자연면역에서 중요한 기능을 나타낸다. 대식세포는 미생물, 항원, 죽은 조직, 적혈구 등을 식균작용으로 파괴할 수 있다.

또 β-글루칸의 대식세포 기능 강화를 통해 피부에서의 피부표피 세포 증식인자 분비를 증가시켜 피부를 건강하게 유지시켜 주며 또 랑저한스세포(langerhans cell)의 기능을 증진시켜 피부의 상처회복을 도와주기도 한다(피부표피세포의 약 5%는 면역계의 주세포인 대식세포 및 랑저한스세포, 그림 6-5). 또한 자외선 차단 및 자외선에 노출된 세포 회복에도 도움을 주는 등 β-글루칸은 세포들의 활성화에 도움을 줌으로 피부세포 보호효과는 물론 보습효과를 강화시켜 준다.

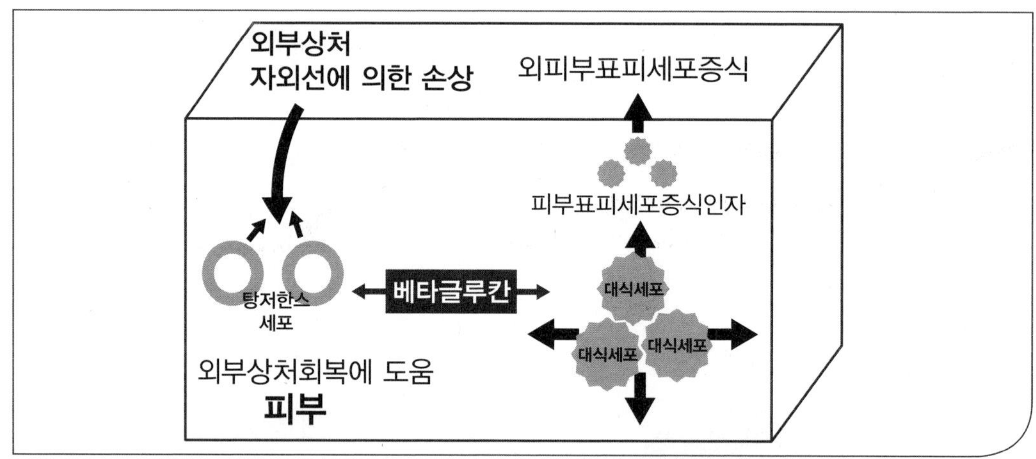


〈그림 6-5〉 β – 글루칸의 피부세포에 대한 작용기작

㉯ 성인병 예방 효과

체내로 흡수된 산소는 안정한 물질로 존재하여 다른 물질과 반응하기 어렵지만, 이들 중 일부는 불안정한 상태의 활성산소로 변하여 체내에 생기게 된다. 이러한 활성산소의 자유라디칼(free radical)은 불안정한 상태로 존재하므로 다른 물질과 반응하기 쉬워서 인체의 조직을 산화시키고 손상시켜 각종 성인질환의 원인이 되기도 한다. β-글루칸은 이러한 활성산소의 자유라디칼을 제거하는 기능을 갖고 있어, 각종 성인병을 예방하는 효과를 가지고 있다. 또 β-글루칸은 체내의 콜레스테롤의 수치를 낮추는 효과도 가지고 있다.

(라) 글루코만난

곤약(Amorpho phalus Konjak)의 주성분인 글루코만난(glucomannan, 초고분자 화이바)은 글루코오스(glucose)와 만노오스(mannose)가 결합한 소화성 다당체로 곤약 뿌리를 파쇄, 정제하여 얻은 수용성 식이섬유이다. 난초과 식물, 구약나물, 붓꽃, 나리, 잔디의 덩이줄기에 함유되어 있고 셀룰로오스와 공존하며 β-D-만노피라노오스(mannopyranose)와 β-D-글루코피라노오스(glucopyranose)가 7:3의 비율로 결합되어 있다. 주로 장(腸)의 연동운동을 촉진시켜 쾌변을 도와주거나 장내 지방 흡착을 막아 주는 기능을 가지고 있으며 젤리, 음료 등 다이어트, 기능성 식품의 소재로 이용되고 있다. 주요한 기능을 정리하면 다음과 같다.

㉮ 비만예방 및 변비개선

글루코만난은 가늘고 긴 실이 서로 엉킨 모양을 하고 있는 특수한 구조를 하고 있어 음식물 속의 칼로리원인 당분과 지방질을 감싸 안음으로써 이것들의 소장에서의 흡수를 방해하며 글루코만난 자체도 고흡수성으로 부피가 팽배하여 사람은 곧 포만감을 느끼게 된다. 따라서 공복감을 줄여준다. 특히 지방의 체내 축적을 방지하므로 결국 비만예방 및 변비개선에 도움을 주게 된다.

㉯ 대장암 예방

소화기관 내에서 스펀지처럼 팽창한 글루코만난은 장내 배설속도를 촉진시킴과 동시에 전체 배설량을 증가시켜 발암물질의 장내 체류시간을 단축시킴으로써 대장암을 예방한다. 음식물의 소화기관 통과시간을 평균 41시간에서 26시간으로 단축시키므로 그만큼 발암물질의 소화기관 내에서의 체류시간을 줄여준다.

(마) 검류

고무질 물질인 검(gum)은 천연식품의 한 성분으로 친수성과 기능성이 좋아 식품이나 의약품에 농후제, 겔화제, 현탁제, 유화제, 안정제, 피막제, 기능 강화제 등으로 사용되고 있다. 검은 원래 끈적끈적한 천연나무 추출액에서 유래한 치클, 수지, 라텍스 같은 불용성 물질인데 현재는 물에 녹거나 분산되어 농후 또는 겔화 효과를 나타낼 수 있는 친수성 콜로이드(hydrophilic colloids or hydrocolloid)를 말한다. 대부분 검물질은 복합다당류로 음이온 또는 중성으로 자연에서는 칼슘, 칼륨, 마그네슘 등과 같은 양이온과 결합되어 있으며 검의 구성당은 그 종류가 매우 다양하다. 검물질은 천연(天然)검, 변형(變形)검, 합성(合成)검으로 분류하는데 천연검은 나무, 종자, 뿌리, 해조류로부터 추출하여 만들며 변형검은 셀룰로오스유도체, 전분유도체, 미생물발효생성물, 기타 물질로 되어 있다(표 6-4).

〈표 6-4〉 검의 분류

| 천연검 | 변형검 | 완전합성품 | 기타 |
|---|---|---|---|
| 1. 나무추출물<br>1) 아라비아<br>2) 트라가칸스<br>3) 카라야<br>4) 라크<br>5) 가하티<br>2. 종자, 뿌리 추출물<br>1) 로커스트콩<br>2) 구아<br>3) Psyllium seed<br>4) Quince seed<br>3. 해조류 추출물<br>1) 한천<br>2) 알긴산<br>3) 카라기난<br>4) Furcellaran<br>4. 기타<br>1) 펙틴<br>2) 젤라틴<br>3) 전분 | 1. 셀룰로오스 유도체 종류<br>1) CMC<br>2) MC<br>3) Hydroxypropylmethyl cellulose<br>4) Hydroxypropyl cellulose<br>5) Hydroxyethyl cellulose<br>6) Ethylhydroxyethyl cellulose<br>7) Microcrystalline cellulose<br>2. 전분유도체 종류<br>1) Carboxymethyl starch<br>2) Hydroxyethyl starch<br>3) Hydroxypropyl starch<br>3. 미생물 생산검 종류<br>1) 덱스트란<br>2) 잔산검<br>4. 기타<br>1) Low methoxyl pectin<br>2) Propylene glycol alginate<br>3) Triethanolamine alginate<br>4) Carboxymethyl locust bean gum<br>5) Carboxymethyl guar gum | 1. Vinyl Polymers<br>1) Polyvinyl pyrrolidone<br>2) Polyvinyl alcohol<br>3) Carboxyvinyl polymer<br>2. Acrylic Polymers<br>1) Polyacrylic acid<br>2) Polyacrylamide<br>3. Ethylene Oxide Poly-mers | 카제인염 |

검류는 일반적으로 물에 분산하기가 어려운데 그것은 이 물질이 물을 흡수하면 밖은 축축해지고 속은 단단한 덩어리가 그대로 남아 있기 때문이다. 따라서 사용 시에는 뜨거운 물 또는 용매를 사용하여야 한다. 검류는 물에 분산하여 점성을 가지게 되는데 점도는 검물질의 종류, 온도, 농도, 중합정도에 따라 다르다. 검물질은 보통 가열에 의하여 가역적이고 투명하며 탄성을 가지고 있는 겔을 만들며 유화 및 유화안정에 매우 효과가 있다.

알긴산(alginic acid)는 감태, 모자반, 미역 등의 갈조류(brown algae)의 세포벽 구성성분으로 존재하는 다당류로 펙틴구조와 매우 흡사하다. 분자 내에 카르복실기(-COOH)와 수산기(-OH)를 가지고 있는 $\beta$-D-mannuronic acid의 $\beta$-1,4결합에 의한 중합체(polymer)인데 물에 녹아 점성을 가지며 가열하면 묽어지고 냉각하면 다시 점도가 커진다. 산성용액에서는 겔을 형성한다. 알긴산은 보건성, 붕괴성, 피복성, 친수성, 젤리화성 등이 좋아 기능성 식품소재로 사용되고 있다. MC(methyl cellulose)는 셀룰로오스의 메틸형으로 -$OCH_3$(methoxyl)기를 가지고 있으며 비이온성 콜로이드를 형성한다. 자기 무게의 약 40배 물을 흡수할 수 있고 열에 안정하며 가열 정도에 따라 겔이나 젤리를 만들 수 있다. 미생물에 의해서 분해되지 않으며 체내에서 분해, 흡수되지도 않는다. CMC(sodium carboxymethyl cellulose)는 1차 대전 중 독일에서 젤라틴 대용으로 개발된 것으로 흡습성이 강한 음이온계 고분자 전해질로 물에 잘 녹아 분산되며 콜로이드용액을 형성한다. pH가 7~9일 때 가장 안정한 최대 점도를 나타내고 pH 2~3이하에서는 침전된다. 또 2~3가 금속 양이온을 첨가하면 침전겔을 형성한다. 물에 대한 팽윤성(swelling power)이 좋기 때문에 소화흡수가 안되고 포만감을 주는 체중 조절식으로 이용되고 있다. 아라비아검(arabic gum)은 아카시아나무에서 얻은 수액분비물(exudate)로 β-D-galactose를 중심으로 L-rhamnose, L-arabinose, D-glucuronic acid 등으로 된 가지 많은 음이온계 복합다당류로 찬물에 잘 녹고(50% 수용액도 만들 수 있음) pH 6~7에서 최대 점도를 나타낸다. 잔산검(xanthan gum)은 1969년 FDA에서 식품첨가물로 공인된, Xanthomonas canpestris균이 발효에 의해 분비한 중합체(분자량 : 5백만)인데 D-glucose, D-mannose, D-glucuronic acid로 구성된 복합다당류이다. 낮은 농도에서 가장 높은 점성을 보이며 온도, pH, 염, 효소, 냉동과 해동 등에 거의 영향을 받지 않는다. 카라기난(carrageenan)은 Irish moss라고 하는 홍조류 진도박(Chondrus)과 석초(Giartina)의 세포 물질인데 점성 고분자 다당류 혼합물로 구성당은 갈락토오스이다. 점성은 1~2%에서 급속히 높아지고 시간경과에 따라 점도는 변하지 않는다. 찬물에는 완전히 녹지 않으나 30~60℃에서는 완전히 용해한다. 특히 보수력(water holding capacity)이 매우 좋아 약 10배가량의 물로 페이스트상(paste)이 되고 50배가량의 물로 용액상태가 된다. 함수속도가 매우 빠르며 시간이 경과해도 그다지 변하지 않는다. 이상과 같이 검류는 그 기능이 특이하고 비소화성이 대부분이므로 각종 기능성 식품의 원료 또는 의약품으로 사용되고 있다.

#### (바) 난소화성 덱스트린과 폴리덱스트로스

난소화성 덱스트린(indigestible dextrin)은 감자, 옥수수 등의 전분을 배소(焙炤)시켜 만든 수용성 식이섬유로 미국 FDA에서는 GRAS(Generally as Safety : 일반적으로 안전한 물질)물질로 인정받고 있다. 폴리덱스트로스(polydextrose)는 포도당, 솔비톨, 구연산을 원료로 포도당을 무작위적으로 결합시킨 평균분자량 1,500의 수용성 식이섬유인데 사람의 소화효소에 의해서 가수분해되지 않는 난소화성 식품소재로, FDA의 승인을 받은 매우 안전한 소재이다. 전분과 같은 소화성 다당류의 대체품으로서 바디형성소재(body forming ability) 등 각종 가공식품의 용도로서 널리 이용되고 있는데 콜레스테롤을 저하시키며 비만, 당뇨, 변비에도 탁월한 효과가 있다. 식물성 식이섬유일수록 보수성, 흡착성이 크기 때문에 혈청지질 저하와 같은 생리활성 기능을 기대할 수 있다. 또한 부피가 커지는 팽윤성을 갖고 있어서 소화되지 않고 그대로 배변과 함께 배설된다.

나) 불용성 식이섬유

불용성 식이섬유에는 셀룰로오스(cellulose), 헤미셀룰로오스(hemicellulose), 펙틴(pectin)*, 리그닌(lignin) 등이 있으며 과일, 채소, 밀기울 등에 있고 수분을 흡수하지는 않지만 장에서 음식물이 이동하는 시간을 줄여 주며 연동운동을 촉진한다. 특히 과일에 많은 펙틴섬유소는 콜레스테롤 및 중성지방 재흡수 억제효과가 크기 때문에 고지혈증, 비만, 당뇨예방에 좋다.

* 펙틴에는 수용성도 있고 불용성도 있다.

(가) 셀롤로오스와 헤미셀룰로오스

섬유소는 고등식물의 세포막과 목질부(木質部)를 이루고 있는 주성분으로 자연계에 널리 분포되어 있는 탄수화물이다. 식물 세포벽의 기본 조직을 형성하고, 총 유기물의 56%를 차지하고 있다. 2,800-10,000개의 포도당이 $\beta$-1,4 결합으로 직선상으로 연결되어 있으며 인간의 소화효소에 의해서는 분해되지 않으나, 동물의 대장 또는 반추동물(反芻動物)의 제 1위에 서식하는 미생물이 분비하는 셀룰라아제(cellulase)에 의해서만 분해된다. 식품 중에 존재하는 적당량의 섬유소는 인체의 장을 자극하여 장의 운동을 도와 변통을 좋게 한다. 근래에는 섬유소를 염산 처리하고 절단하여 결정섬유소(CMC, carboxymethylcellulose))를 만들어 식품공업에 이용하고 있다. 결정섬유소는 소화, 흡수되지 않으므로 저칼로리식품의 제조 원료로 이용되고 있다. 셀룰로오스는 물과 함께 끓여도 분해되지 않으며 화학약품에 대한 저항성도 강하고 미생물에도 침식당하지 않는다. 사람의 소화기관에서는 셀룰라제 효소가 분비되지 않기 때문에 소화 · 흡수되지 않고 그대로 배설되는데 대장에 있을 때는 장의 연동운동을 촉진해 변비를 막아준다.

헤미셀룰로오스는 분자량이 섬유소의 절반 정도이며, 그 성분과 구조 등이 아직 확실히 밝혀지지 않은 다당류 혼합물이다. 섬유소, 리그닌 혹은 각종 펜토산들과 함께 식물세포의 세포막을 이루는 구성 성분인데 셀룰로오스가 섬유상인데 비해 이것은 무정형물질로 존재하며 비섬유상 구조를 이룬다. 헤미셀룰로오스는 셀룰로오스와 함께 식물의 본질화된 조직과 잎 및 종자에 함유되어 있는 탄수화물로서 포도당(glucose), 자일로오스(xylose), 만노오스(mannose), 아라비노오스(arabinose), 갈락토오스(galactose) 등으로 구성되어 있다. 가장 많은 헤미셀룰로오스 분자구성은 자이로글루칸(xyloglucan)으로 이것은 포도당 단위가 $\beta$-1,4 결합으로 연결되어 있고, 끝 분자는 자일로오스(xylose)가 $\alpha$-1,6 결합으로 연결되어 있다. 헤미셀룰로오스는 분자당 중합도가 낮으며, 알칼리에 쉽게 가수분해되므로 조직을 연화할 때에는 알칼리제를 사용하면 된다.

(나) 리그닌

리그닌(lignin)은 탄수화물이 아니며 방향족 화합물인 페닐계(phenylpropane)의 중합체로 모든 나무식물(woody plants)의 조직에 들어 있다. 주로 셀룰로오스, 헤미셀룰로오스 등과 결합하여 세포벽의 구성물질로서 존재하고 있다. 식물체가 늙게 되면 세포벽이 목질화하는데 이것은 리그닌이 셀룰로오스, 헤미셀룰로오스 등과 결합한 상태로 목질화된 부분의 세포막에 특히 많이 존재하기 때문이다. 장내 세균에 의해서 분해되지 않아 식이섬유로서의 이용 가능성이 있으나 아직 식용 또는 기능성 식품의 원료로는 이용되지 못하고 다만 공업용으로만 사용하고 있다.

② 동물성 식이섬유 – 키틴과 키토산

동물성 식이섬유의 종류로는 키틴질이라 부르는 키틴, 키토산 등이 있으며, 주로 게, 새우 껍질, 오징어 등의 동물조직에 들어 있다. 키틴은 갑각류인 게의 껍질과 같이 주로 생물이 외부로부터 몸을 보호하는 방어체 부분 또는 연체동물의 연골(軟骨)이나 버섯 등 균류의 세포벽 등에도 들어 있는 성분인데 지금까지 유용하게 이용되지 못했던 자원이다. 그러나 최근에는 이 키틴을 산으로 용해시켜 키토산으로 만들어 각종 건강식품 및 화장품 의학 재료 중에 사용하고 있다.

키틴은 게나 새우껍질, 메뚜기와 같은 곤충류의 표피나 외각, 대합이나 굴 같은 패류, 오징어의 뼈, 버섯이나 효모 같은 균류의 세포벽 등 자연계에 널리 분포하고 있는 동물성 식이섬유로 프랑스의 자연사학자 브라코노가 버섯에 포함되어 있는 미지의 성분, 즉 키틴을 발견한 것이 시초이며 그 후 1859년 화학자 루게가 키틴을 아세틸화하여 새로운 물질을 얻어 내고 1894년 과학자 후페 자이라가 이를 키토산(chitosan)이라 명명하였다. 아세틸글루코사민(acetyl-glucosamine, 당의 유도체, 2-amino-2-deoxy-D-glucose)이 5,000개 이상 $\beta$-1,4 결합한 천연 고분자 화합물*로 소화, 흡수되지 않는 물질이다. 식물계에 있어서는 섬유소와 같이 생물의 지지체와 보호 역할을 하는데 식물 세포벽 중에는 셀룰로오스와 함께 존재하고 있다. 보통 포유동물과 같은 고등동물의 골격조직에서는 콜라겐이 인산칼슘에 의하여 강화되어 있는데 반해서 게와 가재 등의 갑각류나 곤충 등 하등동물의 골격조직은 키틴이 탄산칼슘에 의해 강화되어 있다.

* 구조식은 (Poly-ρ-11-4)-N-acetyl-D-glucosamine과 Poly-2-deoxy-2- amino glucose ($C_6H_{11}O_4N$)n, 즉 N-acetylglucosamine의 β-1,4결합된 polymer이다.

키토산은 키틴(chitin)의 N-deacetyl 화합물로 1988년 일본에서 처음으로 새우 껍질로부터 추출하였다. 키토산은 Mucor속와 Phycomyces속 등 일부 곰팡이 세포벽에 함유되어 있으며 키틴에 비해서 많은 량이 존재하는 것이 아니어서 대부분 키틴으로부터 제조하여 사용하고 있다. 키토산은 키틴이 인체에 잘 흡수되도록 가공한 것으로 키틴을 탈아세틸화(deacetylation, 키딘에서 N-아세틸기를 떼어내어야 힘)하여 제조하기 때문에 분자량이 키틴보다 약간 작고 묽은 염산 또는 유기산에 용해하나 중성 또는 알칼리성 수용액에는 용해되지 않는다. 이와 같이 무기산과 초산 등의 엷은 수용액에 녹기 때문에 체내에 들어가서도 위산에 의해 녹게 된다. 초산 이외에 아디프산(adipic acid), 포름산(formic acid), 젖산(lactic acid), 말산(malonic acid), 프로피온산(propionic acid) 등에 용해하며 특히 포름산에 가장 잘 용해하는데 농도가 높아지면 겔화 된다. 염산염은 수용액에서 대단한 점성을 가지고 있다.

키토산은 친수성이 좋아 흡수율이 325~440%(W/W)정도이며 계면활성력이 좋고 지방질과 결합하는 성질이 있어 지방을 170~215% 정도 흡수한다(1g의 키틴이 900±47*ml*의 기름을 유화시킬 수 있는 능력을 가짐). 키토산은 착색료와 Hg, Pb, Zn, Cu, Cr, Ur 등의 금속류, 탄닌 등과 결합, 흡착하며 필름형성능력, 이온겔 형성능력, 응집성 등도 있기 때문에 다양한 소재로 이용되고 있다.

키토산은 분말로 무색, 무미, 무취의 천연 고분자 다당체인데 약간 떫은맛을 가지고 있다. 음전하를 띠는 기존의 대부분의 식물섬유 또는 식이섬유와 달리 용해상태에서 양전하를 띠는 천연 동물성 식물섬유인데 체내에서는 최종적으로 아세틸글루코사민, 글루코사민 또는 키틴올리고당, 키토산올리고당 등으로 분자 고리가 절단되어 흡수된다. 보통 섭취시 약 40% 정도가 흡수되며 나머지는 체외로 배설되는데 이것은 배설 전까지 체내에 머물면서 인체의 종합적 생체조절기능에 매우 중요한 역할을 담당하게 된다. 키토산 제조시 100% 탈아세틸화 하기가 대단히 어려워 현재는 키틴과 키토산이 혼합된 상태로 사용되기 때문에 가끔 키틴-키토산이라고 부르기도 한다. 따라서 제품에서는 아세틸화 정도에 따라 "키토산 00% 함유 제품"이라고 표시되어 있다.

키토산은 당쇄간(chain-chain) 수소결합으로 helix구조를 가지고 있으며 아미노기가 당쇄 잔기(residual group)에 존재하고 있어 응결 및 응집성이 뛰어난 편이다. 체내 정상 효소에 의해 분해되지 않는다. 수용성 키토산은 효소나 염산으로 키토산을 분해시킬 때 반응시간을 짧게 하여 만든 것으로 물에 녹을 수 있는 키토산을 말한다. 키토산을 효소로 충분히 분해시켜 글루코사민의 중합도가 50개 이하일 때 다시 말하면 글루코사민이 50개 이하로 결합된 것은 키토산 올리고당이라 하고 그 이상의 분해물은 수용성 키토산이라고 부른다. 키토산의 체내 기능을 요약하면 다음과 같다.

가) 건강 증진 기능

키토산은 체내에 과잉된 유해 콜레스테롤을 흡착, 배설하는 역할 즉 탈콜레스테롤 작용을 한다. 고효율 고분자 키토산은 점성이 높아 체내에서 담즙산과 결합하고 지방과 응집하여 지방의 체내 흡수를 막아주므로 혈중 콜레스테롤 개선에 도움을 주게 된다. 키토산은 인체에 해로운 LDL콜레스테롤을 개선시키고 유익한 HDL콜레스테롤을 증가시키는데 이것은 혈관에 축적된 유해한 콜레스테롤(LDL)로 담즙산을 만들어 버리기 때문이다. 또 혈압 상승의 원인이 되는 염화물 이온을 흡착하거나 장에서의 흡수를 억제하며 체외 배출을 쉽도록 만들어 준다. 또 키토산은 암 세포의 증식을 억제하는 항암작용을 하며 고효율 고분자 키토산의 경우에는 체내에 흡수되어 인체 면역계(자연치유력)를 활성화시켜 면역력을 증강시키기도 한다. 인체의 면역기능은 체액성과 세포성 면역으로 구성되어 인체를 바이러스 등으로부터 보호하고 있는데, 미생물 또는 바이러스를 인식, 항체생산을 돕는 T임파구와 항체를 생산하는 B임파구, 대식세포라는 마크로퍼지 등이 이를 담당하고 있다. 그런데 이들 임파구의 활동은 체내에서 pH 7.2~7.4 상태에서 가장 좋은데 키토산이 체액의 pH를 약알칼리 쪽으로 변화시켜 체액을 임파구 최적 활동 범위로 만들어 주므로 결국 면역력을 증강시켜 주게 되는 것이다. 또 키토산은 장내의 유효 세균을 증식시키고 세포를 활성화시킨다. 체내의 세균, 바이러스 등의 미생물 세포막과 결합하여 미생물 증식을 억제하는 한편 인체에 유익한 유산균은 오히려 생육을 돕는 작용을 한다. 이는 키토산이 유해세균의 (-)이온성의 세포표면을 중화시킴으로써 생육을 저해하기 때문으로 해석하고 있다. 또 키토산은 체내 중금속 및 오염 물질을 흡착, 체외로 배출시키는데 키토산 분자량이 50-60만의 것이 가장 좋다고 한다. 그 외 노화억제 및 질병예방, 간기능 강화, 배변작용, 구취제거 작용, 피부노화 방지, 각질 제거 효과 등에도 도움을 주는 것으로 알려져 있다.

나) 식품과 의료산업에의 이용

키틴과 키토산은 음료수, 주스, 주류의 청정 및 연화제, 식품 내 중금속 흡착제거제, 식품방부보조제, 착색 및 탈색보조제(강력한 색소 흡착성을 이용하여 식품을 착색시킨다든가 또는 식품의 색소 제거에 유용), 특수성분 제거제(식품 내 탄닌, 카페인, 알칼로이드류 등 특수성분을 흡착제거 하는데 이용, 특히 커피제조 공장이나 식품 내 특이단백질 제거에 활용), 보수/보습제(식품의 건조 및 고화방지), 유화제, 식용피막 및 포장재, 저 칼로리 및 증량제 등으로 이용되고 있다. 의료산업의 경우에는 키토산이 세포와의 친화성이 높고 피부의 세포 형성을 촉진하는 작용을 하여 인공피부로서의 활용 가능성이 크며 인간의 피부가 재생할 때 이상적인 보호막 역할도 해 주는 것으로 알려져 있다. 키토산의 인공피부는 출혈을 억제하고 체내에서의 침출액을 표면에 배출하여 피부를 정상으로 하는 기능도 가지고 있다. 또 키토산은 체내효소에 의하여 분해되는 수술용 봉합사, 화상 치료용 부직포, 콘택트랜즈, 인공장기, 폐기물 속의 중금속 제거 등 그 활용 범위가 매우 광범위하다.

### (3) 식이섬유의 기능

① 기능적 특징과 소화, 흡수 영향

식이섬유는 이미 영양적 가치는 물론 역학조사 결과 성인병과 관계가 깊은 중요한 인자라는 것을 알게 되었다. 특히 장내 세균의 활동과 장내의 소화활동에 관한 새로운 사실들이 밝혀지면서 제 6의 영양원소라고도 불려지고 있다. 이미 설명한 바와 같이 식이섬유는 고분자 화합물로서 보수성, 양이온 교환능력, 유기화합물의 흡착능력, 겔 형성능력 등과 같은 물리화학적 특성이 각종 기능적 작용과 관련이 있게 되는데 이 때 작용 기작은 단독으로 수행하는 경우보다 여러 성분들이 유기적으로 상호작용을 통해 이루어지는 것으로 알려져 있다. 우선 식이섬유의 특징을 정리해 보면 다음과 같다.

가) 식이섬유는 보수성이 높아 포만감과 함께 변의 부피를 20~30% 가량 증가시키며 변을 묽게 만든다. 따라서 섬유소를 섭취할 때는 물을 많이 마셔야 한다. 그렇지 못하면 오히려 변이 단단해져 변비 등이 심해진다. 특히 설사나 과민성 대장증후군이 심할 때는 식이섬유 섭취가 오히려 해(害)가 된다.

나) 소화기관내에서 팽창한 식이섬유는 발암물질을 흡착하고 음식물의 소화관 통과시간을 단축시켜 발암물질이 장관 내에서 체류하는 시간을 짧게 만든다. 따라서 발암물질을 희석해 장 점막과의 접촉을 방해하므로 대장암, 대장용종 등을 예방할 수 있다.

다) 장내 유익한 균의 증식을 도와줘 병원성 세균에 의한 설사 유발물질과 발암물질들의 생성을 억제시키고 독성물질의 흡수를 저해한다.

라) 소장과 음식물의 접촉면적을 줄여 당이 급속도로 혈액으로 확산되는 것을 막아 준다. 따라서 당대사의 속도를 늦추어 준다. 또 소장에서 재흡수 되는 담즙산과 담즙 내 콜

레스테롤을 흡착하므로 혈중 콜레스테롤치와 중성지방치를 저하시킨다. 이로써 고지혈증, 동맥경화 고혈압 담석 등을 예방할 수 있다.

식이섬유 자체는 인체 내에서 소화되지 않지만 위로부터 소장, 대장으로 이동하는 사이에, 보수성, 양이온 교환성, 겔 형성력, 흡착성 등의 물리화학적 성질에 의해서 다른 영양소의 소화 흡수에 영향을 주게 된다. 식이섬유의 종류에 따라 양이온금속과 결합하는 능력에 다소 차이가 있는데, 이것은 카르복실기(carboxyl group, -COOH) 때문이다. 간혹 식이섬유가 2가 칼슘이나 아연 등의 무기질과 결합하여 이들의 흡수를 방해하거나 무기질의 생체 이용률을 저하시켜 무기질 결핍을 초래한다고 말하기도 한다. 그러나 유해한 중금속과는 결합하여 흡수, 배설되므로 중금속으로 인한 독성피해는 어느 정도 줄일 수 있다.

② 생리적 기능

식이섬유의 생리적 기능은 매우 중요하다. 이것은 식이섬유를 섭취하는 이유이기도 하므로 중요하게 다루어야 한다. 우선 식이섬유는 구강의 저작(詛嚼)작용을 자극하여 타액 흐름과 위액의 분비를 촉진시키고 또 장의 포만감을 유발시켜 배고픔을 감소시킨다. 특히 비만한 사람에게는 식이섬유의 열량섭취의 감소와 체중 감량의 효과가 큰 것으로 나타나고 있는데 그것은 식이섬유를 섭취하게 되면, 우선 입에서 많이 씹게 되고 따라서 입안에 침이 많이 분비되어 소화성이 좋아지며 특히 수용성 식이섬유는 위에서 많은 양의 수분과 작용하여 겔을 형성하므로 사람에게 포만감을 주게 된다. 따라서 위를 비우는 시간이 지연되고 동시에 다른 영양소의 흡수도 다소 저하시키게 된다. 또 소장에서 흡수되지 않은 영양소들은 장의 비움(gastric empting)을 지연시켜 배고픔을 저하시키므로 결과적으로 체중감소에 도움을 주게 된다. 식이섬유의 장 통과속도가 지연되면, 지방이나 단백질의 흡수가 지연된다. 또 식이섬유는 수분 결합력을 가지고 있어 변의 부피와 무게를 증가시켜 주며 또 변을 부드럽게 만들어 주며 장의 정장작용을 좋게 하여 배변을 돕게 된다. 이와 같이 식이섬유는 대변의 양을 늘려 발암세포의 농도를 희석시키는 것은 물론, 대변의 장 통과시간을 단축시키므로서 발암물질이 대장 세포와 접촉할 시간을 단축시켜 준다. 이 때 변이 장내에 오래 머물지 않으므로 장내 미생물의 변화가 생겨 유익한 미생물의 증식이 잘 되고 따라서 발암물질의 생성을 줄이거나, 발암 유도물질의 하나인 암모니아의 농도를 낮추게 주게 된다.

만약 식이섬유를 적게 먹게 되면 대장의 활동성이 저하되며 변비인 경우 장 내용물이 지나치게 오랫동안 장내에 머물면서 과량의 수분이 제거되므로 변의 양이 줄어들고 딱딱한 상태로 변하게 된다. 또 식이섬유는 장내 미생물에 의해서 탄산가스, 수소, 메탄과 짧은 사슬의 지방산(short chain fatty acid, SCFA)등으로 분해되는데 이러한 짧은 사슬지방산(short chain fatty acid)은 대장에 흡수되어 콜레스테롤의 생합성을 저하시키거나 이들의 흡수를 저해시켜 혈중 콜레스테롤량의 저하를 가져오게 되며 또한 대장벽 세포에 직접적으로 발암을 억제하는 작용도 하게 된다.

일반적으로 수용성 식이섬유가 불용성 식이섬유보다는 혈청지질 수준을 낮추는 능력이 높은 것으로 알려져 있는데 식이섬유가 혈청 지질 수준을 낮추는 기전을 보면, 식이섬유는 대장에서 담즙과 결합하여 배설됨으로 인해 대장 내에서 담즙산의 재흡수를 방해하기 때문이다. 그 결과 순환하는 담즙의 양이 감소하게 되며, 부족한 담즙을 생성하기 위해 혈청 콜레스테롤이 사용되므로 결국 콜레스테롤 수준이 떨어지게 된다. 특히 수용성 식이섬유는 담즙산을 쉽게 흡착하여 대변으로 배설되는 담즙의 양을 늘려 주며 담즙산의 재흡수를 방해하여 결과적으로 장간 순환을 통해 되돌아오는 담즙의 양을 감소시켜 혈청과 간의 콜레스테롤의 사용을 촉진시켜 결과적으로 동맥경화의 예방에 도움을 주게 된다.

식이섬유는 보수성이 있어 겔을 형성하며 탄수화물의 소화, 흡수를 지연시킬 수 있고 따라서 혈당의 급격한 상승을 예방해 줄 수 있다. 이것은 식이섬유의 점성으로 인해 위에서 천천히 음식물이 배출되게 되고 전분이 서서히 소화됨으로 인해 혈당이 서서히 증가하게 된다. 즉, 영양소가 식이섬유와 결합되어 위에서 십이지장으로의 이동이 지연됨에 따라 당의 흡수가 지연되어 갑작스러운 혈당 상승이 억제되어 인슐린 수준의 급작스러운 상승을 방지할 수 있다. 그 결과 조직의 인슐린에 대한 예민도를 높일 수 있어 당뇨 증세를 개선시키는 효과를 얻을 수 있다. 인슐린 비의존형 당뇨 환자들은 혈당이 높으므로 인슐린의 분비가 더욱 많아지고 인슐린에 대한 반응이 적어져서 혈당이 높은 상태를 유지하며, 더 많은 인슐린의 분비를 필요로 하는 악순환을 거듭하게 된다. 따라서 식이섬유가 함유된 식이요법으로 당뇨병환자의 인슐린의 양도 조절할 수 있게 된다.

### (4) 식이섬유의 권장 섭취 수준

한국영양학회가 권장하는 1일 총 식이섬유 섭취량은 총 식이섬유로 1,000kcal당 10g에 기준하여 1일 20~25g이다. 한편 세계보건기구(WHO, 1990)는 총 섭취열량의 50~70%를 복합당질로 취하고, 식이섬유질은 비전분질 다당류로 1일 16-24g, 혹은 총 식이섬유질로 27~40g을 섭취할 것을 권장하며, 미국의 식품의약품안전청(FDA, 1997)에서는 1일 20~35g을 권장하고 있다. 어린이의 식이섬유질 권장량은 정상적인 배변과 만성질환의 예방을 위해 연령에 최소 5g을 추가 또는 안전범위로 연령에 5-10g을 추가한 양이 제안되고 있다. 일본의 경우 일본

국민 1인당 식이섬유질 섭취량을 1~20g으로 추정하고, 식이섬유질 권장량을 총 식이섬유로 1일 20-25g 또는 10g/1000 kcal로 권장하고 있다. 식품 중 식이섬유 함량은 매우 다양하다. 수용성 식이섬유와 불용성 식이섬유의 이상적인 섭취비율은 1 : 3 정도이고 장내 유효세균 번식을 돕고 만성 변비환자의 쾌변을 유도하기 위해서는 1일 5g 정도 섭취하여야 한다고 한다. 딸기 10개에 3.8g, 토마토 1개에 2.0g의 식이섬유가 들어있는 반면 쌀밥 1공기에는 0.2g의 적은 양의 식이섬유가 들어있다. 식이섬유 함량은 가공 방법에 따라 차이가 있는데 사과 한 개에 함유되어 있는 섬유소 함량은 2.75g이지만, 사과로 만든 주스 한 컵 중의 섬유소 함량은 0.7g으로 크게 감소한다. 따라서 식이섬유의 권장 섭취 수준에 맞게 적절한 섭취가 요구된다.

## 2. 펩타이드류, 단백질류의 기능

### 1) 펩타이드류의 기능

#### (1) 펩타이드의 정의와 종류

펩타이드류는 단백질을 구성하는 주요 성분인 아미노산이 2개 이상의 펩타이드결합(peptide bond)으로 연결된 형태의 화합물을 말하는데 보통 2~50개의 아미노산이 결합한 상태이고, 분자량은 약 100,000이하이다. 구성 아미노산의 수(數)에 따라 디펩타이드(dipeptide), 트리펩타이드(tripeptide), 테트라펩타이드(tetrapeptide)…등이라 부르며 10개 이하의 펩타이드결합으로 된 것을 올리고펩타이드(oligopeptide), 그 이상의 펩타이드결합으로 구성된 것을 폴리펩타이드(polypeptide)라 부른다. 한편에서는 몇 개(3~6개 정도)의 아미노산으로 이루어진 것은 그냥 펩타이드라 부르고 그 이상은(확실한 기준은 없지만) 폴리펩타이드, 이것보다 더 많고 큰 분자량으로 된 것은 단백질(protein)이라고 부른다. 따라서 펩타이드는 단백질을 효소로 분해시킨 것으로 단백질의 기능이 향상되거나 새로운 기능이 부가된 것들이 대부분이다. 따라서 펩타이드는 단백질의 종류, 효소의 선택, 분해, 정제방법 등에 의해서 다양한 기능이 나올 수 있으며 따라서 그 성질도 달라진다. 특히 펩타이드는 단백질 형태에 비해 소화흡수성이 좋고 분해도가 낮아 물성개선, 미생물배지로의 이용에 좋은데 보통 품질개량 기능, 영양기능, 생리기능의 부가 등으로 요약한다. 또 어떤 경우에는 옥수수전분 및 탈지난황 등의 단백질을 사용하여 펩타이드 혼합물을 만들어 단백질 영양의 불균형을 해소하고 동시에 생리활성 기능을 향상시킨 것도 있는데 이것들은 스포츠음료, 환자용 유도식, 어린이용 영양간식,

유아용 이유식, 비만방지용 다이어트 식품, 기타 성인병 예방 및 치료용 식품 등에 사용하고 있다. 이 때 사용하는 단백질 소재는 대두펩타이드, 소맥펩타이드를 비롯하여 유(乳)단백펩타이드, 난단백펩타이드, 어육단백 펩타이드 등이 있다. 이들 펩타이드류는 현재 기능성 식품 제조에 이용하고 있는데 그 대표적인 것이 알레르기 대용식품, 스포츠식품, 농후유동식, 유아용 조제분유, 건강기능성 식품 등이다. 다만 풍미나 비용 때문에 아직 많이 소비되지는 않지만 차차 그 소비가 증가할 것으로 예상하고 있다. 기능성 재료로 사용되고 있는 펩타이드의 종류에는 다음과 같은 것들이 있다.

① 유펩타이드와 난백펩타이드

유(乳)펩타이드에는 크게 카제인(casein) 유래와 유청(whey) 유래 펩타이드가 있는데 모두 용해성이 우수하고 소화흡수율도 좋으며 안정성과 삼투압이 높은 편이다. 원래 유펩타이드는 유아의 우유알레르기를 대처하기 위해 개발되었는데 지금은 스포츠식품에 기능성 소재로 많이 사용하고 있다. 난백펩타이드는 아미노산 조성이 좋아 유동식(流動食), 음료류 등의 소재로 사용되고 있으며 내열성이 우수하고 수분흡수율이 높아 다이어트식품 등에 원료로 사용될 뿐만 아니라 새로운 건강기능식품에도 사용되고 있다.

② 대두펩타이드와 축산펩타이드

대두펩타이드는 분리대두단백을 분해해서 역소화흡수성, 저알레르기성 등의 기능을 좋게 한 것으로 저알레르겐, 콜레스테롤 상승억제, 지질대사 촉진 등 때문에 건강기능식품의 소재로 사용되고 있다. 축산펩타이드는 축산유래의 소재 중 중요한 젤라틴펩타이드(콜라겐펩타이드)를 말한다. 젤라틴을 가수분해한 젤라틴펩타이드는 이전에 조미료원료나 음료용소재로 이용되어 왔으며 과거에는 특유의 냄새 때문에 사용에 어려움이 있었다. 분자량이 3,000~5,000인 것은 생체 흡수성이 높고 다양한 생리 기능을 가지고 있어 다양하게 응용되고 있다.

③ 수산펩타이드, 콘펩타이드와 글루타민 펩타이드

어류의 어육을 효소분해한 저분자펩타이드인 수산펩타이드는 안정성이 높고 기능이 다양한데 특히 혈압상승의 원인이 되는 안지오텐신 변환효소(ACE, angiotensin converting enzyme)*을 저해하는 기능이 있어 혈압상승 억제제로 사용되고 있다. 특히 정어리로부터 추출한 펩타이드류는 인체내 혈압 조절에 큰 영향을 미치는 바릴-티로신(val-tyr)이 함유된 것으로 현재 기능성 재료로 이용되고 있다. 콘펩타이드(corn peptide)는 옥수수단백을 원료로 한 펩타이드 소재로 모든 pH 영역에서 물에 녹고 쓴맛이나 냄새가 없으며 다른 단백에 비해 발린(valine), 로이신(leucine), 이소로이신(isoleusine) 등 측쇄(side chain) 아미노산을 많이 함유하고 있어 영양보급 이외에 알코올 대사촉진, 혈압강하, 지방대사 촉진 등 다양한 기능성을 가지고 있어 각종 기능성 식품에 이용하고 있다.

소맥 글루텐(gluten)을 분해한 글루타민 펩타이드(glutamin peptide)는 글루타민을 약 25% 함유하고 있는데 장점막 회복 기능이 좋은 것으로 알려져 있다. 또한 운동후 혈중 글루타민 농도가 저하되는 것을 방지하므로 스포츠 식품에도 사용하고 있다.

*** 혈압이 올라가는 이유는 안지오텐신 변환효소(ACE)라는 물질이 작용하기 때문인데 이 물질의 작용을 막아주면 혈압을 내릴 수 있다. 그래서 현재 혈압강하제로서 의학적으로 이용되고 있다. 보통 청국장에 있는 단백질을 분해하는 효소인 protease가 안지오텐신 변환효소의 작용을 강력하게 저지하므로 청국장을 먹으면 혈압이 정상화된다고 한다.**

### (2) 펩타이드의 기능

펩타이드류의 생체기능은 매우 다양한데 그 중 가장 중요한 기능은 바로 기능 조절 역할이다. 이와 관련한 것으로는 효소류가 있는데 효소류는 생체촉매 기능을 가진 것으로 그 종류와 유형은 매우 다양하다. 특히 담즙산과 콜레스테롤의 흡수 저해, 혈청 콜레스테롤 저하 등은 펩타이드가 지질친화물질의 흡수와 합성을 저해하는데 관여하는 중요한 기능이다. 또 다른 펩타이류의 기능은 미생물에 대한 항생기능이다. 과거에는 방부제나 보존제를 사용하였으나 안전성과 기능적 제한 때문에 사용에 어려움이 있었으나 현재는 펩타이드를 그 대체 성분으로 많이 사용하고 있다.

최근에는 내성균주의 등장과 이로 인한 세균에 의한 감염 증가 때문에 새로운 항생물질의 필요성이 높아지고 있는 실정인데 펩타이드류가 바로 항생물질과 같은 기능을 가지고 있다는 것이다. 이것을 숙주 방어 펩타이드(HDP, host defense peptide)라고 부른다. 이것은 동물에 면역 세포, 식균작용 세포 및 항체 등과 더불어 세균 감염에 대항하기 위한 중요한 면역 요소로 인식되어 지고 있는데 구조상 크게 두 가지로 구분한다. 하나는 선형이고 다른 하나는 원형 구조 펩타이드이다. 이들 펩타이드들은 공통적으로 염기성 아미노산인 아르기닌(arginine)이나 라이신(lysine) 등의 아미노산을 가지고 있어 중성에서 양전하를 띄고 구조적으로는 양쪽성(소수성과 친수성) 성질을 가진 알파($\alpha$) 나선 또는 베타($\beta$) 병풍 구조를 가지고 있어 대부분이 미생물의 지질막에 작용하여 미생물 지질막의 투과도를 증가시켜 미생물을 죽이게 된다. 주요 기능을 중심으로 한 펩타이드의 종류는 다음과 같다.

① 박테리오신 펩타이드

미생물, 식물, 곤충, 양서류, 포유류에는 외부로부터의 미생물 침입에 대하여 비특이적인 면역체계로서 항균펩타이드를 가지고 있는 것으로 밝혀진 이후 현재 전세계 연구자들에 의하여 Magainin, Cecropin, Defensin, Buforin, Protegrin, Tachyplesin 등을 비롯한 300종 이상의 항균펩타이드가 발견되었다. 항균펩타이드는 양전하를 갖는 아미노산을 많이 포함하고 있으며 폭넓은 항균활성을 나타내는데 이들 펩타이드가 세포막과 결합하면 세포막에 이온통로(ion channel)을 형성하여 미생물의 에너지 생성을 저해하므로 결과적으로 세포를 죽게 만든다. 즉 박테리오신(bacteriocin)이 상대 균주의 균체표면에 있는 접수체(receptor)에 흡착한 후 세포막으로 침투하여 균체에 생화학적인 손상 즉 세포내와 세포막의 손상을 주게 된다. 세포내 손상을 주는 것은 DNA나 리보좀(ribosome)에 영향을 주는 것인데 주로 고분자 합성의 저해, 아미노산의 능동적 수송저해, ATP수준의 저하 등이 여기에 해당한다.. 이와 같이 박테리오신이 처리된 균주는 세포막에 결정적인 충격을 받아 짧은 시간 내에 비특이적이면서 효과적인 세포막 파괴가 일어나게 된다. 이러한 세포 파괴 기작은 미생물의 세포벽이나 세포내 고분자 합성을 저해하는 기존의 항생제들과는 다른 기작이다.

보통 육가공산업에서 식중독균인 Listeria monocytogenes의 오염을 방지하기 위하여 천연 항균제인 박테리오신(bacteriocin)인 니신(nisin)이나 피디오신(pediocine)을 사용하는데 박테리오신 펩타이드류는 대부분의 젖산균과 병원성미생물의 생육을 저해하기 위하여 사용하여 왔다. 다른 항균물질보다는 산과 열에 안정하고 보존성 연장과 생물제어, 항균효과가 우수한 편인데 박테리오신이란 물질은 Davis 등이 1925년 E, coli로부터 미생물의 생육을 억제하기 위하여 발견한 단백질이다. 인체에 흡수되는 즉시 소화기관의 단백질 분해효소에 의해 분해됨으로서 인체에 무독성이고 잔류성이 없다는 것이 특징이다. 지금까지는 식품의 화학적, 미생물학적, 또는 효소적 변화에 의한 식품의 변질을 방지하기 위하여 가열, 동결, 건조 등의 물리적 방법과 화학적 합성보존제, 소금이나 설탕을 이용한 절임 및 훈연 등의 방법을 사용하여 영양적 손실을 물론 조직, 식미의 변화가 일어나 천연적 품질의 손상을 가져왔던 것을 고려하면 펩타이드류의 항균효과는 매우 효율적인 방법이라고 말할 수 있다.

보통 항균성 펩타이드류는 주로 젖산균에 의해서 생산, 분리되지만 대장균에 의해서도 생산, 분리되고 있다. 이 항균성 펩타이드을 콜리신(colicin)이라 부르는데 1988년 FDA로부터 GRAS로 인정받을 정도로 안전한 물질로 알려져 있다.

② 기능성 펩타이드

기능성 펩타이드는 과거 기능성 음료소재로 이용한 누에고치 중의 피부로인(fibroin), 세리신(sericin)과 그 외 단백질들을 산, 알칼리 또는 효소로 분해, 처리하여 저분자량 펩타이드(low molecular peptide)로 만든 것을 말하는데 현재 누에고치 단백질 유래 펩타이드와 실크(silk) 펩타이드가 있다. 이 펩타이드는 체내 소화 및 흡수성이 우수하고 펩타이드를 90% 이상 포함하고 있다.

주요 기능은 혈압강하, 칼슘흡수촉진, 마취, 진통작용, 면역활성 또는 생리활성 촉진, 혈액응고 억제, 콜레스테롤 흡수억제 작용, 항암작용 등이다. 누에고치 단백질 유래 펩타이드 성분은 항유전성을 가지고 있는 것으로 알려져 있는데 발암물질이 체내의 DNA를 손상시켜 암을 유발하는 것에 대한 보호작용을 하여 초기단계에서 차단효과를 가진다. 즉 펩타이드 성분이 세포 내 핵에 먼저 작용하여 발암물질의 DNA의 손상작용을 무력화시킨다. 또 면역성 증진 효과를 통한 항종양효과도 가지고 있는데 면역세포의 하나인 대식세포(macrophage)는 활성화되었을 때 종양괴사인자(TNF, tumor necrosis factor)* 또는 반응성 질소종(nitric oxide) 등을 분비하여 종양세포를 죽이는 작용을 한다. 실크(silk) 펩타이드 성분이 대식세포를 자극하여 이러한 항종양 물질의 생산을 증진시키는 이른바 면역부활작용을 통해 또 다른 항암활성을 나타낸다. 실크 펩타이드는 섭취량을 감소시켜 체중과 체지방량을 감소시키며 결과적으로 항비만 효과를 가지고 있다. 실크 펩타이드는 함유 아미노산인 글리신과 세린 때문에 콜레스테롤을 저하시키는 작용을 하게 된다.

* 인체의 정상세포에는 영향을 미치지 않고 특정 암세포에만 작용하여 선택적으로 괴사시키는 인자이며, 기존 항암제와는 달리 인체의 부작용을 최소화시키고 강력한 항암효과를 나타내는 새로운 항암제이다.

## 2) 핵산의 기능

핵산은 뉴클레오티드(nucleotide)라는 반복되는 구조단위로 이루어진 긴 사슬로 중앙에 있는 당(糖)과 거기에 결합된 인산기와 질소유기염기로 이루어져 있는데 핵산 분자의 골격은 뉴클레오티드의 당과 다른 뉴클레오티드의 인산기가 결합하여 형성되며, 질소 염기는 골격에서 돌출되어 있다. 핵산에는 리보핵산(ribonucleic acid, RNA)과 디옥시리보핵산(deoxyribonucleic acid, DNA) 두 종류가 있는데 RNA의 당은 리보오스(ribose)이고 DNA의 당은 디옥시리보오스(deoxyribose)로 서로 다르다. 이와 같이 핵산은 살아 있는 세포의 유전물질로 단백질의 합성경로를 조절하고 모든 세포의 활동을 조절한다.

이러한 핵산물질의 중요함과 다양성을 기능성 물질 소재로 활용하고 있는데 일반적인 핵산의 기능은 항산화 작용(암, 백내장, 노화, 동맥경화 방지), 세포부활작용(피부노화, 허약체질 개선)을 비롯하여 간기능 개선 작용, 면역기능 부활작용, 지방대사 촉진작용, 혈류개선 작용, 장내 비피더스균의 증가, 적혈구, 백혈구, 혈소판 생성, 두뇌기억 기능의 증가, 정력증강(ATP 생성), 노인성 치매증의 개선, 피로회복, 철, 칼슘의 흡수 촉진, 불포화지방산의 포화억제, 지질대사의 작용 등 다양하며 이러한 기능들은 대부분 복합적으로 일어난다. 다만 핵산물질이 체내에서 실제 기능 활성화에 어느 정도 도움이 되는가 하는 문제는 여전히 더 규명되어야 할 과제이다. 여기에서는 지금까지 알려진 핵산물질이 가지고 있는 생리 활성적 기능에 대해 설명하고자 한다.

### (1) 신진대사 촉진

핵산은 신진대사를 촉진하여 뇌신경 세포 등 특수한 세포를 제외한 거의 대부분의 세포를 새롭게 만드는데 관여한다. 이 기간은 평균 120~200일인데, 부위에 따라서는 더욱 빠른 사이클로 신진대사가 진행된다. 이러한 신진대사는 탈모방지와 정력증강의 효과로 나타난다. 일반적으로 피부세포는 약 20일마다 새롭게 재생되고, 머리카락은 매일 50~60개가 새로 자라며 정자는 3~10일 만에 생산된다고 한다. 또 소장에서는 하루 30g정도의 세포가 새롭게 생겨난다고 한다. 만약 핵산을 충분히 공급하면 이 기간이 단축될 뿐만 아니라 효율적인 신진대사를 촉진시켜 기능을 개선시킬 수 있다. 이러한 경우는 핵산을 섭취한 기능성 효과시험에서 피부에 기미나 주근깨의 형성이 감소하거나 탈모가 적어지는 임상결과로도 나타나고 있다. 그러나 실제 이러한 핵산의 효과가 어느 정도인지, 또 어떤 경우에 상승 및 저해효과가 있는지 등에 대해서는 아직 규명되지 않고 있다.

### (2) 혈류의 개선과 항산화작용

핵산은 혈류를 개선하여 냉증, 뇌혈전(惱血栓), 동맥경화, 심근경색 등과 같은 혈류장애 관련 질환에 효과가 있는 것으로 알려져 있다. 특히 DNA와 RNA 핵산을 구성하는 성분의 하나인 아데노신(adenosine)이라는 물질은 강력한 말초혈관 확장작용이 있어 혈류를 증가시키는 능력이 있는 것으로 알려져 있는데, 또 핵산은 항산화작용을 가지고 있는데 따라서 항산화작용과 관련이 있는 질환의 예방과 치료에 효과가 있다. 예를 들면 노화방지 및 예방, 암과 백내장 방지 등에 효과가 일부 인정되고 있으며 활성산소에 의해 손상당한 유전자를 회복시키거나 손상에 의해 발생하는 유전자의 결함 등을 방지하는데도 결정적인 영향을 미친다.

### (3) 지질의 흡수 지연 및 치매예방

핵산은 지질의 흡수를 지연시켜 결과적으로 다이어트 효과를 나타낸다. 핵산에 함유된 아데노신은 당의 분해를, 염기성 단백질인 프로타민(protamine)은 지방의 흡수를 방해하는 물질이다. 노인성 치매에는 알츠하이머형과 뇌혈관성 등 두 가지가 있는데 알츠하이머형은 활성산소에 의한 뇌세포의 감소로 리포피스틴이라는 물질이 뇌에 축적되므로 일어난다고 하는데 핵산은 이와 관련하여 뇌세포를 회복시켜 리포피스틴의 증가를 억제해 준다. 또 핵산의 아데노신은 말초혈관을 확장시켜 혈류를 좋게 하는 성분인데 말초혈관 확장작용이 노인성 치매의 방지에 도움을 주게 된다.

## 3) 타우린의 기능

타우린($\beta$-aminoethan sulfonate)은 포유류의 조직 특히 두뇌, 심장근육, 간, 신장 등의 장기와 골격근육, 혈구세포 등에 고농도로 존재하며, 어패류 중 오징어(0.355%), 문어(0.52%) 등에 유리아미노산으로 다량 존재하는 물질로 식물성식품에는 존재하지 않는다. 포유류의 조직에서 타우린은 함황아미노산인 시스테인(cysteine)으로부터 생합성되며 주로 두뇌와 간에서 생합성이 활발하게 일어나고 있다. 1827년 독일의 Tiedemann과 Gmellin박사가 황소의 담즙(쓸개즙)으로부터 분리하여 '아스파라긴(asparagine)'으로 명명한 것으로 슬폰기(sulfonic group. $-SO_3H$)를 산기로 하는 황아미노산의 일종이다. 1838년 Demacay에 의해 타우린(taurin)으로 명명되었다.

타우린은 자연계에서 쌍극이온으로 존재하며, 다른 아미노산과는 구별되는 특이한 화학적, 생물학적 특성을 지니고 있다. 타우린은 $\beta$-아미노산으로 카르복실기 대신에 pH값이 더 낮은 sulfonic acid기가 $\alpha$-탄소에 치환되어 있어서 다른 아미노산에 비해 더 낮은 pH에서도 쉽게 이온화 하는 성질을 가지고 있다. 또 타우린은 단백질 합성에 사용되지 않고, 대부분의 동물조직과 생체액에서 가장 풍부한 유리아미노산으로 존재하는데 정상적인 사람은 오줌으로 타우린을 1일 약 200㎎정도 배출한다. 함황아미노산대사의 최종산물인 타우린은 단백질합성에 사용되지 않을 뿐 아니라 다른 물질로 전환되지도 않은 채 체내에서 여러 가지 생리기능을 담당한다. 타우린은 체내에서 합성되지만 그 양이 매우 적으므로, 타우린이 풍부한 동물성 단백질이나 어류단백질(조개류에 많이 들어 있음)을 섭취하여야 한다(식물성 단백질에는 존재하지 않음). 여성의 경우에는 여성호르몬인 에스트라디올(estradiol : 에스트로겐의 일종으로서 에스트론의 환원에 의하여 얻어진다. 생체 내에서 에스톤이나 에스트리올이 되며 여성 호르몬제로도 널리 사용됨)이 타우린 합성을 저해하므로 더 많은 타우린을 섭취하여야 한다. 모유에도 함유되어 있는데 너무 많이 섭취하게 되면 설사나 위궤양을 포함한 독성이 나타난다.

타우린의 생리적 기능은 과거 단순히 담즙산의 포합(conjugation) 정도로 생각했으나 최근에는 두뇌발달, 망막의 광수용체 활성, 심장근육의 수축, 삼투압조절, 생식기능, 성장발달, 면역체계의 유지 및 항산화 활성 등 다양한 생물학적 기능이 보고된 이후 성인병 및 만성질환의 예방, 치료에 활용하고 있다. 또 타우린은 시력회복, 알코올 장애 개선, 부정맥 개선, 담석 용해, 콜레스테롤 수치 개선, 심장 강화, 혈압 정상화, 간장 강화, 당뇨예방 등에도 활용되고 있다.

#### (1) 지질 저하 기능과 망막 기능

타우린은 글리신(glycine)과 함께 간에서 담즙산을 포합(抱合), 장으로 배설하므로서 섭취된 지방의 유화와 흡수를 도와주는 역할을 하게 된다. 담즙산이 타우린 또는 글리신과 포합하는 상대적인 비율은 실험동물의 종류, 식이내 타우린 또는 글리신의 함량에 따라 달라진다. 또 총 콜레스테롤과 LDL 콜레스테롤을 저하시키고 지방대사를 촉진시켜 결과적으로 지질의 분해를 도와준다.

또 타우린은 망막, 특히 광수용체(photoreceptor) 부분에 다량 함유되어 있는데 타우린이 부족하면 망막기능이 퇴화하여 실명에 이를 수 있다. 망막의 광수용체 세포막에 존재하는 인지질에는 다른 세포막에 비해 특히 다가불포화지방산이 다량 존재하며, 타우린은 이러한 다가불포화지방산이 자외선이나 기타 산화제에 의해 과산화되는 것을 억제시킴으로써 결과적으로 막구조를 안정화시킨다. 타우린은 세포막의 안정화 기능 이외에도 두뇌에서와 비슷하게 망막에서 신경 전달체의 기능도 담당한다. 또한 당뇨로 인한 백내장 또는 노인성 백내장은 수정체를 이루는 단백질이 당과 결합하여 일어나는데 타우린이 이를 예방해 준다.

#### (2) 두뇌 기능과 심장 기능

포유류의 중추 신경계에 다량 함유된 타우린이 두뇌 기능과 밀접한 연관이 있을 것으로 추측하는데 뇌에서 타우린은 신경조절 활성, 삼투압 조절 활성, 항경련 활성을 나타낸다. 1960년대 초반 Curtis와 Watkins가 타우린이 강력한 신경전달 억제제인 γ-amino butylic acid(GABA)와 구조적으로 매우 흡사하다는 것에 착안하여 타우린이 중추신경계에서 신경자극 전달의 억제제로 작용한다고 제안하였다. 즉, 신경조직에 저산소 또는 산화적 스트레스를 가하면 흥분성 신경전달 물질이 과도하게 유리되어 흥분독성을 나타내는데, 이 때 타우린이 작용하여 흥분독성을 억제하고 신경조직을 보호하게 된다. 또한 세포막 보호효과와 항산화효과도 가지고 있는데 산소라디칼에 의한 세포막 과산화지질 생성을 억제함으로서 퇴행성 신경질환과 치매방지에도 도움이 된다. 타우린은 또한 유전적인 간질병과 간질발작 등에 대한 완화효과를 가지고 있다.

타우린은 심장에서 칼슘이온 농도를 조절하는 역할을 하여 심근세포에 칼슘이 과잉 축적되는 것을 막아줌으로써 심장근육을 보호하는 기능을 가진다. 칼슘이온이 정상 생리농도일 때 타우린은 심장 수축에 아무런 영향을 주지 않지만 정상이하의 칼슘이온 농도일 때는 반대로 심장 수축력을 감소시키는 이중 조절작용을 한다. 또 타우린은 항산화기능에 의해 활성산소를 제거하여 지질과 산화를 억제함으로써 세포막을 안정시켜 심장근육을 보호해 주게 된다.

### (3) 생식기능과 항산화 기능

거의 모든 동물세포에서 고농도로 발견되는 타우린은 주요 조직 또는 기관의 정상적인 발달과 밀접한 연관이 있다. 임신기간 중의 타우린 결핍은 유산과 사산의 확률을 높이고, 태아의 두뇌 및 망막 등을 비롯한 주요 기관의 정상적인 발달을 저해하며 구조적인 변화를 초래하는데 임신 기간 중에는 태반의 타우린 운반체를 통해 다량의 타우린이 모체에서 태아로 전달되며, 특히 태아나 신생아의 두뇌에서는 성인에 비해 타우린이 더 높은 농도로 존재한다. 이와 같이 타우린이 결핍되면 유산 또는 사산율이 증가하고 중추신경계의 발달에 문제를 일으킨다.

타우린은 생체내 활성산소* 때문에 생긴 세포독성이 매우 강한 HOCl(hypochlorite)과 반응하여 타우린클로라민을 형성함으로써 일차적으로 독성이 강한 HOCl을 제거하고 세포를 보호하게 된다. 위염과 위궤양의 원인으로 헬리코박터(Helicobacter) 균주에 감염되면 호중구가 활성화되고, urease에 의한 암모니아 분비가 촉진되면서 이것이 HOCl과 결합하여 모노클로라민과 같은 강력한 산화제를 생성함으로써 위점막의 손상을 가져와 질병을 유발하게 되는데 이 때 타우린이 헬리코박터 감염에 의한 위점막 손상에 대하여 보호효과를 갖는다. 이것은 타우린이 우선적으로 HOCl과 결합함으로써 모노클로라민으로 전환되는 것을 억제하기 때문이다.

* 활성피해를 막는 항산화제에는 SOD, 셀레늄, 비타민 E, 비타민 C, 비타민 A, 베타카로틴, 구리, 아연, 마그네슘, 시스테인, 리보플라빈, 바이오플라보노이드, 멜라토닌 등이 있다.

### (4) 해독 기능

간장에서 콜레스테롤로부터 생합성된 담즙산은 글리신이나 타우린과 중합체를 형성하므로 결과적으로 담즙산의 해독을 방지해 준다. 최근 공해 물질인 산소나 질소의 산화물들이 폐에 손상을 일으키는데 이러한 산화물 자유기(free radical)는 세포막과 반응하기 전에 타우린과 결합, 제거된다. 또 여러 곡식, 채소와 한약재에 널리 분포되어 있는 피를리진알칼로이드 독성(간, 심장에 심각한 독성을 나타냄)물질도 타우린이 결합, 제거해 버리는 등 생체 내에서 환경오염이나 독성물질에 대한 방어기구로서 역할을 담당한다.

### 4) 콜라겐의 기능

#### (1) 정의와 개요

콜라겐은 동물의 몸속에 가장 많이 들어있는 섬유상의 단백질로, 피부의 진피층과 결합조직의 주성분이며 또한 뼈를 구성하고 있는 단백질 중 90%를 차지하고 있다. 일반적으로 의료용이나 화장품용으로 사용되고 있는 콜라겐은 동물의 피부와 뼈에서 추출한 것으로 분자량이 약 10만 가량의 폴리펩티드 사슬이 3개 모여 나선구조로 이루어진 고분자 단백질이다. 콜라겐을 장시간 물과 가열하면 급속하게 분자구조가 변화하여 3개의 사슬이 가용성으로 변하면서 용액으로 추출된다. 이 추출액은 젤화능력을 지닌, 소화흡수하기 좋은 단백질인데 농축 건조한 것이 식품용과 의료용, 사진용으로 사용되는 젤라틴이다. 원래 콜라겐은 섬유성 단백질의 일종으로 1,000여개의 아미노산이 모여 길이 300nm, 굵기 1.5nm의 가늘고 긴 띠를 만들고, 이 띠 3개가 꼬여 콜라겐 분자를 만드는데 사람의 몸속에는 뼈를 감싸는 막, 관절연골, 눈의 각막, 뼈와 피부 등에 주로 존재하며 특히 뼈를 구성하는 칼슘의 접착제로의 기능과 주름의 원인이 되는 피부속 진피층의 구성요소로서 매우 중요하다. 우리 몸에는 10가지의 다른 콜라겐이 있는데, 이들은 일정한 아미노산 서열인 Gly(글리신)-X-Y가 반복되어 폴리펩타이드를 이룬다. 여기서 X와 Y는 아미노산을 의미하며 콜라겐 단백질을 이루는 아미노산 중 약 20%가 프롤린(pro)과 하이드록프롤린(hyp)으로 되어 있다. 특히 하이드록프롤린 아미노산은 콜라겐에서만 발견된다. 프롤린과 하이드록시프롤린은 비틀림작용을 가지고 있으며 이들이 서로 비틀려서 결합하여 콜라겐이 만들어진다. 글리신은 콜레스테롤을 배설하는 작용이 있고, 동물성 콜라겐은 프롤린이 많다는 것이다. 보통 생체에는 18세 이후부터 콜라겐 생산이 감소하여 40세가 되면 18세의 절반이하가 되면서 뼈와 관절 그리고 혈관과 머리카락에 영향을 주게 된다.

단백질 중 30~40%는 콜라겐 단백질이 점유하고 있는데 얼굴 피부의 70%는 콜라겐(진피층의 70%는 콜라겐)이며 머리카락의 영양분도 콜라겐과 엘라스틴(elastin)으로 되어 있다. 또 콜라겐은 혈액 중 면역력을 관장하는 백혈구의 자양분이기도 하다. 콜라겐은 친수성이 있고 아미노산의 함유량이 많은 단백질로 많은 수분을 보유할 수 있기 때문에 피부에 습기를 제공할 수 있다. 몸의 탄성을 관장하는 근육을 감싼 막의 성분이며 관절염의 원인인 연골의 50%도 콜라겐이다. 특히 콜라겐은 유연성과 힘의 상징인 인대의 성분이다. 따라서 콜라겐은 섬유상 단백질로 피부, 뼈, 힘줄에 많은 단백질이므로 주름(피부, 뼈의 노화)예방 목적으로, 건강보조 식품으로 이용되며, 먹는 콜라겐은 사람 몸에서 콜라겐의 형성을 돕는 목적으로 사용하고 있다. 현재는 콜라겐의 단백질 모방체를 만들어 인공피부와 인공혈관을 만들거나 관절염 류마티스, 경화증, 백내장 등의 질병치료제로서도 이용되고 있다.

### (2) 콜라겐의 구조적 특징과 기능

피부의 7할, 뼈 중량의 20%에 해당하는 콜라겐은 가늘고 긴 섬유모양을 하고, 세포간의 접착제에 해당하는데 단세포 생물에서는 만들어지지 않고 다세포동물에서 만들어지는 성분이다. 콜라겐 펩타이드는 콜라겐이나 젤라틴을 효소 등으로 저분자화하여 소화흡수율을 높인 것으로 분자량은 약 3천~2만 가량 되며 젤라틴의 특성인 겔화 능력이 없어진 것이다. 인간의 뼈를 철근콘크리트 빌딩에 비유하면 철근에 해당하는 것이 콜라겐이며 콘크리트에 해당하는 것이 칼슘이다. 또 그 뼈와 뼈 사이에 있는 관절을 만들고 있는 것이 연골인데, 이 연골에도 콜라겐이 많이 존재한다. 연골은 세포사이의 공간을 유지하고 쿠션의 역할을 한다. 이 연골은 신체부분의 발육 뿐만 아니라 노화과정이나 관절염과 같은 질병과도 관련이 있다. 연골은 콘드로사이트라고 불리는 세포로 이루어져 있으며 장력을 가진 현재 식품업계에서 말하는 콜라겐은 대부분이 이 콜라겐 펩티드를 가리킨다. 콜라겐 음료는 인간의 체내에 있는 콜라겐과 조성이 가까운 동물성 콜라겐을 펩타이드로 분해한 음료이기 때문에 그러한 음료를 마시는 것은 체내에 존재하는 콜라겐의 원료를 보급하는 격이 된다. 이와 같이 콜라겐의 기능은 요약하면 세포의 접착제, 몸과 장기의 구조제, 세포기능의 활성화, 세포의 증식작용, 지혈작용, 면역의 강화 등이다.

## 3. 지방류의 기능

지방은 식물성 지방과 동물성 지방의 두 종류로 나누는데, 둘 다 지방산과 글리세롤로 이루어져 있으며 분자구조에 따라 오메가-3 지방산(DHA, EPA, $\alpha$-리놀렌산), 오메가-6 지방산(linoleic acid, arachidonic acid, $\gamma$-리놀렌산), 그리고 모노불포화지방산(올레인산)과 포화지방산(팔미틴산) 등으로 나눈다. 지방은 비만과 심장병, 대장암 등의 발병 가능성을 높이는 성분이지만 지방산의 종류에 따라 전혀 다른 기능을 가지고 있는 것도 있다. 불포화지방산은 혈중 콜레스테롤을 낮춰 고지혈증, 동맥경화 등 심혈관계 질환을 예방하지만 지방에 수소를 첨가하여 경화시킨 마가린이나 쇼트닝처럼 인공 지방산인 트랜스지방산이 많이 들어 있는 지방은 혈중 콜레스테롤을 증가시키거나 성인병의 원인이 되는 결정적인 역할을 하기도 한다. 특히 복합 불포화지방산은 신체의 성장과 유지, 대사과정에 꼭 필요한 필수지방산으로 체내에서 합성이 불가능하기 때문에 식품으로부터 섭취하여야 하는데 오메가-3과 오메가-6이 여기에 해당된다. 이 물질들은 항체형성, 시력유지, 세포막 형성, 호르몬 유사물질의 생성 등을 위해서 필요한 성분들이다. 오메가-3지방산에는 α-linolenic acid, EPA, DHA 등이 있으며 리놀렌산에서 만들어지는 긴 사슬로 연결된 내사물질인데 대두, 들깨기름 등의 유지와 견과류, 모유, 꽁치와 연어, 정어리, 참치, 고등어 등에 많이 함유되어 있다. 오메가-3은 LDL치를 내리고 HDL치를 상승시켜 혈중 콜레스테롤치를 낮추고, 혈소판의 작용을 변화시킨다. 그리고 혈관벽을 부드럽게 하고 혈관의 신축성을 높여 주어 심장질환을 예방하며 염증 발생을 억제해 주어 관절염에도 효과가 있는 것으로 알려져 있다. 오메가-6 지방산은 열대지방에서 생산되는 기름을 제외한 대부분의 식물성 기름, 즉 옥수수기름, 콩기름, 해바라기씨 기름 등에 함유돼 있는데 최근 인기를 얻고 있는 올리브유는 혈중 콜레스테롤을 낮추는 단일 불포화지방산을 많이 함유하고 있다. 참기름은 단일과 복합 불포화지방산을 골고루 많이 가진 기름이다. 따라서 건강을 지키기 위해서는 오메가-3이나 오메가-6과 같은 필수지방산이 필요하며 이들은 독특한 기능으로 대사과정에서 서로 경쟁적으로 작용한다. 보통 섭취할 경우에는 절대적인 섭취량보다는 상대적인 섭취비율을 더 중요시 하는데 오메가-3지방산과 오메가-6지방산을 1:4 1:10의 비율로 섭취하면 좋다고 한다. 주요 지방과 관련된 기능 성분들의 기능은 다음과 같다.

## 1) CLA의 기능

### (1) 발견과 정의

CLA(conjugated linoleic acid, 공액리놀레산, 그림 6-6)는 1987년 University of Wisconsin Madison의 Dr. Pariza 연구팀에 의하여 밝혀진 항돌연변이 물질로서 fried ground beef에서 항암활성을 검색하던 중 우연히 분리된 물질이다. 이 물질은 각종 유제품이나 반추동물의 육질에 함유되어 있는 것인데 주식으로 이용되어져 온 후, 육류가 포화지방산 함량이 높아 건강에 좋지 않다는 기존의 사고방식을 가지고 있었던 서구사회에 큰 관심을 불러 일으켰다. 지금까지 대부분의 항암성 물질에 대한 연구는 주로 식물이나 식물 유래식품에 국한되어 있었는데 전혀 기대하지도 않았던 가열 쇠고기 육으로부터 항암성을 갖는 지질을 추출하였다는 것은 매우 이례적이라고 할 수 있다.

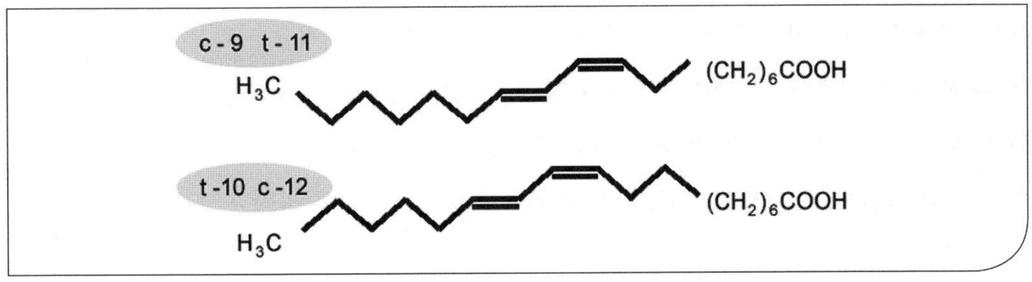


〈그림 6-6〉 CLA의 이성질체

CLA는 자연에 존재하는 필수지방산인 linoleic acid가 반추미생물이나 화학처리에 의하여 여러 가지 형태의 공액화된 형태로 전환된 것으로 반추동물이 섭취하는 linoleic acid로부터 반추미생물에 의하여 합성되는 중간대사산물 등이 여기에 속한다. 천연식품에 극히 미량 존재하기 때문에 현재는 주로 이를 유기합성법에 의해 생산하여 연구 또는 각종 제품개발에 이용하고 있다.

CLA는 필수지방산인 linoleic acid의 이중결합의 위치 및 기하학적(cis, trans) 이성체를 총칭하여 불러지는 이름인데 여러 이성체 중 cis-9, trans-11과 trans-10, cis-12 이성체가 생리 활성이 큰 물질로 알려지고 있다. 현재 이론적으로 만들어 질 수 있는 CLA의 종류는 8종이나 이들 중 임상적으로 또는 동물실험을 통하여 항산화, 항암, 항동맥경화, 면역증진, 체지방 감소, 콜레스테롤 저하 및 다이어트 효과를 나타내는 것은 cis-9, trans-11 CLA이다. 현재 미국, 일본 등 선진국에서는 해바라기씨유로부터 CLA를 생산하여 캡슐형태의 건강보조식품으로 시판하고 있다. CLA는 인간의 필수지방산인 linoleic acid(C18:2n-6)의 이성체로 천연 항암물질로 분류되며 특히, 피부암, 위암 및 유방암의 예방에 효과적인 것으로 알려져 있다. 뿐만 아니라 이 물질은 육상동물의 근육 중 총 지질 및 콜레스테롤의 축적을 감소시키는 효과를 나타내어 면역 기능을 개선시키는 것으로 알려져 있다. 특히 CLA는 지방산이므로 지방과 밀접한 관련성이 있는 유방암에 효과를 나타내는데 cis-9, trans-11 CLA와 trans-10, cis-12 CLA 모두 유방암 생성을 억제하는 효과가 있다고 한다. CLA의 주요 기능을 정리하면 다음과 같다.

### (2) 주요 기능

① 다이어트, 항암 및 당뇨병 효과

CLA는 체지방을 감소시키는 효과가 있는데 지방분해효소(hormone sensitive lipase와 carnitine palmitoyl transferase)의 활성을 증가시켜 체지방을 감소시키고 근육질을 증가시키는 효과를 나타낸다. CLA의 이성질체 중 다이어트와 관련된 이성질체는 trans-10, cis-12이다. 항암효과가 있는 것은 cis-9, trans-11인데 우연히 햄버거용 소고기에 포함된 항암물질을 조사(scanning)하는 과정에서 발견되었다. CLA는 여러 가지 유발인자로 인한 암에 대한 항암효과를 나타내는데 가능한 기전으로는 CLA가 세포증식을 억제하거나 또는 apoptosis를 증가시킴으로써, CLA가 세포막의 인지질에 유입되어 막의 지방산 조성에 변화를 줌으로써 eicosanoids 합성에 영향을 미치기 때문으로 생각하고 있다. 또 CLA는 강력한 항산화제로 작용하여, 면역 기능을 높여준다. 당뇨병에 걸린 경우 CLA가 포도당에 대한 내성을 원래의 상태로 회복시킬 수 있고 인슐린의 수준을 높일 수 있으므로 당뇨병의 치료와 예방에 도움이 된다.

② 콜레스테롤 저하, 면역증강, 항산화작용과 기타

CLA는 총콜레스테롤, 중성지방, LDL콜레스테롤을 현저히 감소시키며 동맥경화의 진행을 나타내는 지질 축적량과 플라그 형성 정도 등을 낮추어 동맥경화의 진행을 감소시킨다. CLA는 복잡한 작용에 의해 면역체계를 이루고 있는 림포사이트와 마크로파지의 기능을 조절하여 면역 증강 효과를 나타낸다. CLA는 지방산패를 지연시키고 가공육의 제조시 육색과 풍미를 개선하기 위해 사용되는 아질산염의 사용도 감소시킬 수 있다. CLA는 세포질의 생성을 변조하여 뼈의 회분 무게를 증가시켜 연골세포의 합성을 증가시킨다. CLA는 Aspergillus sp.와 Rhizopus sp.의 생육을 강력히 저해하는 효과가 있으며 식중독의 원인균인 Listeria의 생육도 저해하는 효과를 가지고 있다.

### 2) DHA의 기능

DHA(docosahexaenoic acid, 그림 6-7)는 탄소가 22개이며, 이중결합이 6개인 직쇄상의 유기화합물로 6개의 불포화기를 가진 오메가-3 고도불포화지방산이라고 부른다. DHA는 인간의 뇌세포에 들어갈 수 있는 몇 가지 안 되는 물질 중 하나로 뇌세포 지방에 약 10%정도 함유되어 있다. 분자구조상 세포막을 부드럽게 하여 정보의 전달속도를 높여 기억력과 학습능력을 전반적으로 향상시키고 미숙아의 원만한 뇌 발달에 관여하는 물질인데 혈액순환뿐만 아니라 혈전을 억제하는 효과도 가지고 있다.

고등어, 꽁치, 참치 등 등푸른 생선과 연어, 송어 등 기름이 많은 생선, 대구 등에 많이 함유되어 있으며 DHA 함유 어유는 분자 중에 많은 이중결합을 갖고 있는 불안정한 지방산의 트리글리세리드이므로, 산소, 자외선. 온도에 영향을 받기 쉽고, 특히 산소에 의해 산화가 일어나기 쉽다. 신체에서는 뇌, 신경, 망막, 심장, 정소 등에 많이 들어 있고 뇌회백질에서 인지질 형태로 들어 있으며 정보전달과 관계가 있는 신경전달 세포인 시냅스나 시냅스의 소포 중에 높은 농도로 존재한다. α- linoleic acid 로부터 합성에 의해서 얻어지기도 한다.

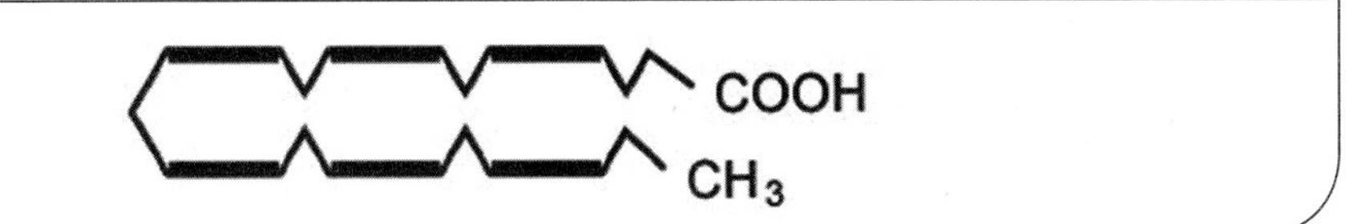


〈그림 6-7〉 DHA의 화학구조

DHA는 혈중 콜레스테롤치를 낮춰 동맥경화증, 혈전증, 심근경색증, 뇌경색증을 예방하고, 프로스타그란딘을 만들어 알레르기의 원인인 루코트리앤의 생성을 억제하는 작용을 한다. 혈소판 응집을 억제하여 혈전증을 예방해 주며 혈당을 강하시킨다. 프로스타그란딘 E2가 체내에서 늘어나는 것을 방지해 주어 대장암, 전립선암, 유방암 등을 예방해 준다. 혈중의 유해콜레스테롤을 저하시키며 고지혈증 예방, 동맥경화 예방, 혈압강하 등의 성인병 질환 예방에도 효과가 있는 것으로 알려져 있다. 정보전달과 관계가 있는 신경전달 세포인 시냅스에 DHA가 높은 농도로 존재하므로 두뇌기능 개선, 치매 등에 탁월한 효능을 보인다. 또 망막의 구성 지방산으로서 시력 회복과 눈의 피로를 덜어준다. DHA가 간의 기능성을 높여 준다. 최근에는 DHA가 관상동맥 심장질환 발병 위험을 줄일 수 있다는 한정적 건강효능표시(qualified health claim)를 할 수 있는 성분으로 FDA에서는 2000년에 DHA의 오메가-3 지방산이 들어 있는 건강보조식품에 관상동맥 심장 질환을 줄일 수 있다는 건강효능표시를 허가한 바 있다. FDA는 DHA의 오메가-3 지방산을 하루 3 g 이상 섭취하지 말도록 권장하고 있는데 건강보조식품의 오메가-3 지방산 권고 기준은 하루 2 g 이다.

### 3) DHEA의 기능

DHEA(dehydroepiandrosterone)는 체내에서 남성호르몬과 여성호르몬을 합성하는데 이용되는 성분으로 부신(adrenal gland)에서 콜레스테롤로부터 생성된 천연 스테로이드 호르몬이다. 주로 혈류를 통해 순환하는데 혈중 농도는 에스트로겐(estrogen)이나 테스토스테론(testosterone) 같은 다른 스테로이드성 호르몬에 비해 높은 편이다. 출생 직후에는 혈중에 거의 존재하지 않다가 사춘기를 전후하여 급격히 증가하고 20대에 최고조에 이르고 70세까지는 서서히 감소하는 물질로 화학적으로 테스토스테론이나 에스트로겐과 유사하다.

DHEA에 대해서는 그 기능과 효능이 불확실하여 찬반이 양립되어 있으나 보통 비만을 조절하고 암이나 동맥 경화, 당뇨병의 억제에 효과가 있으며 고콜레스테롤증, 비만, 파킨슨병, 알츠하이머증, 면역이상, 조울증, 골다공증 등의 만성질환에 치유 효과가 있는 것으로 알려져 있다. 그러나 일부에서는 잠재적 위험성과 부작용이 있는 성분으로 섭취하지 않는 쪽을 권하기도 한다. 심지어 고농도 섭취할 경우(1일 25-50mg) 심장에 오히려 더 좋지 않을 수가 있다고 경고하고 있으며 심장의 두근거림, 부정맥, 또는 심장마비가 일어날 수 있다고 한다. 따라서 1일 10mg 이상 섭취하지 않도록 권고하고 있다.

일부 연구 결과들에 따르면, DHEA는 암의 진행을 차단하고 당뇨병과 비만을 예방할 수 있다고 하지만 폐경기 이후의 여성들에게는 고농도의 DHEA가 오히려 유방암 발생 위험을 더 증가시키는 것으로 알려져 있다. 생각할 수 있는 부작용으로는 DHEA로부터 과량의 여성호르몬과 남성호르몬이 생성될 경우 유방암과 전립선암의 가능성이 커질 수 있으며 여성의 남성화가 있을 수 있다는 것이다. 최근에는 간독성과 난소암에 관한 보고도 있지만 확실한 것은 아니며 장기간 복용시 어떤 부작용이 일어날 지는 아직 규명되고 있지 않다. 따라서 적절한 양을 섭취하는 것이 도움이 된다.

### 4) EPA의 기능

EPA(eicosapentaenoic acid)는 오메가-3 지방산의 일종으로 콜레스테롤을 저하시키는 작용이 있는 고도의 불포화지방산으로 생물체에서 PG(prostagladin) 및 류코트리엔의 전구물질(前驅物質)이 되는 에이코사펜타에노산(eicosapentaenoic acid)를 말한다. 고등어, 꽁치, 참치 등의 등푸른 생선에 많이 함유되어 있는데(함유량이 가장 많은 것은 정어리) 몸 안에서 생성되지 않기 때문에 음식물을 통해 섭취하여야 한다. EPA는 인체기능에 꼭 필요한 영양소일 뿐만 아니라 혈중 콜레스테롤 저하와 뇌기능을 촉진시키는 작용과 함께, 류머티스성 관절염, 심장질환, 동맥경화증, 고혈압, 폐질환의 예방과 치료에 좋다. 또 강한 혈소판응집 억제작용을 하고 혈관을 확장시켜 혈전 생성을 방지하고 혈액 중의 중성 지방치와 콜레스테롤치를 낮추는 효과도 가지고 있다. DHA와 달리 EPA는 뇌 속에 있는 혈약뇌관문(뇌에 들어가는 물질을 심사)을 통과할 수가 없기 때문에 뇌세포에 들어갈 수 없다.

### 5) GLA의 기능

GLA(gamma linolenic acid, 그림 6-8)는 탄소가 18개이며, 이중결합이 3개인 직쇄상의 유기화합물로 오메가-6 지방산이다. 필수지방산 및 영양 공급원, 화장품의 원료로 이용되며, 또한 아토피성 피부질환제, 관절염개선, 콜레스테롤 저하, 성인병예방 등의 효능을 가지고 있다.

GLA는 오메가-6 계통의 지방산인 linoleic acid로부터 아라키돈산으로의 생체 전환과정에서 나타나는 첫번째 물질로 달맞이꽃유에 다량 함유되어 있다.

〈그림 6-8〉 GLA의 화학구조

GLA는 인체 내에서 리놀레산으로부터 합성되어 프로스타글란딘의 원료가 되며 프로스타글란딘은 혈압, 혈당치, 혈중 콜레스테롤 농도 등을 조절하는 아주 중요한 물질이다. 따라서 GLA는 고혈압이나 동맥경화의 예방에도 효과가 있으며 프로스타글란딘의 활동을 촉진하여 노화를 방지하는 효과를 나타낸다. 그리고 아토피증상 개선 효과도 있다. 불포화지방의 리놀레산이 감마리놀렌산으로 변환되기 위해서는 효소, 비타민, 미네랄 등이 필요하며 만약 이들 요소 중 어느 하나라도 결핍되면 변환은 이루어지지 않게 된다. 따라서 효소, 비타민, 미네랄 등이 전환에 매우 중요하다. 특히 스테로이드제, 술, 담배, 지나친 포화지방의 음식 등을 많이 먹으면 그 전환은 어려워진다.

### 6) LA의 기능

LA(linoleic acid)는 탄소가 18개이고 이중결합이 두개인 직쇄상의 유기화합물로 오메가-6 계열의 출발점으로서 대단히 중요한 지방산이다. LA는 혈액 콜레스테롤 중에서 LDL을 저하시키는데 이는 혈액 콜레스테롤의 2/3가 리놀렌산 에스테르형으로 올레인산 에스테르보다 빨리 대사가 이루어지기 때문이다. 또 혈압강하 작용도 있고 피부 탄력성 증대, 피부 각질화를 예방하는 기능을 갖고 있어 제약과 화장품의 합성 원료로 널리 사용되고 있다. 또한 LA는 면실유, 대두유, 땅콩유, 해바라기유, 홍화유, 아마인유, 들깨유와 같은 종자유에 다량 존재하며 프로스타글란딘 전구체로 산화가 쉽게 일어난다.

### 7) OA의 기능

OA(oleic acid, 그림 6-9)는 탄소가 18개이고 이중결합이 하나인 직쇄상의 유기화합물로 다양한 식물류와 동물류에서 얻을 수 있는데 특히 고등어, 연어, 청어, 송어 등의 어유(魚油)에 많이 함유되어 있다. 특히 올리브유는 많은 올레인산을 함유하고 있다. 산화되기 쉬우며, 산화되면 갈색으로 변한다.

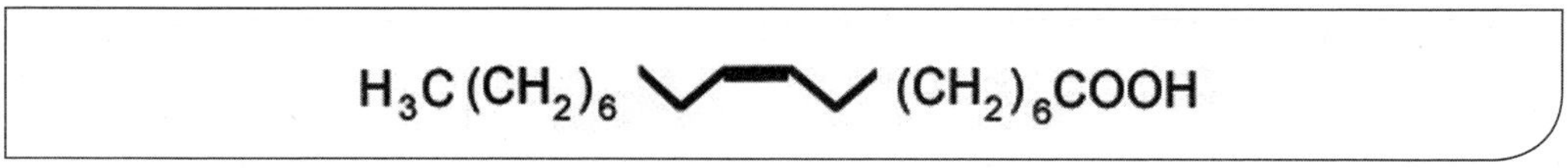

$$H_3C(CH_2)_6 \diagup\!\!=\!\!\diagdown (CH_2)_6COOH$$

〈그림 6-9〉 OA의 화학구조

이 성분은 연고제의 원료로 많이 사용되고 있으며, 피부 보습효과를 이용한 파스, 경피 투여용 패취 등의 피부 흡수 촉진제, 합성 인지질 및 트리올레인 등의 제약 합성원료로도 이용되고 있다. 심장을 보호하고, 심장병을 예방하는 효과를 지니고 있으며 1일 3g, 건강기능식품(supplement)의 경우 1일 2g 이내로 섭취할 것을 권고하고 있다. 좋은 콜레스테롤로 알려진 고농도 저단백 콜레스테롤의 수치를 높여 심장병을 예방하는 효과를 지닌 물질로 주목받고 있다.

## 4. 주요 비타민류의 기능

### 1) 비타민류의 정의

비타민은 라틴어의 vita(생명)와 amin(질소를 함유한 복합체)을 결합한 용어로 신진대사에서 비록 미량이지만 효소의 보인자(co-factor)로 작용하는 필수불가결한 유기물질이다. 대부분체내에서 합성되지 않지만 비타민 D는 피부에서 일부 합성되며 비타민 K와 비오틴(Biotin)은 장내세균에 의하여 일부 합성된다. 비타민은 현재 13종이 국제적으로 공인되고 있으며 그 중 9종은 수용성이고 4종은 지용성인데 그 중 하나라도 결핍되면 비타민 결핍증을 나타내게 된다. 비타민과 화학적으로 유사한 물질(예 : pyridoxine, pyridoxal, pyridoxamine)이나 비타민 전구물질(β-carotene)도 비타민에 포함시키지만 보통 비타민과 구분하기 위하여 이들을 비타머(vitamer)라고 부른다. 그 밖에 비타민 $B_{15}$(pangamic acid), 비타민 $B_{17}$(laetrile), 비타민 F(불포화지방산), 비타민 P(bioflavonoids), 비타민 U 등도 비타민으로 호칭되고 있으나 엄격히 말하면 비타민이라고 말할 수 없다. 또 암, 심장질환, 노화, 백내장, 치매 등과 같은 만성질환을 막기 위해서 활성산소의 생성을 억제하는 항산화효소도 비타민으로 분류하기도 하지만 본장에서는 "항산화비타민"으로 알려진 비타민 C와 비타민 E에 국한하여 설명하고자 한다.

### 2) 비타민 C의 기능

비타민 C(ascorbic acid)는 오랫동안 배에서 생활하는 선원들이 괴혈병(scurvy)이 생겨 오렌지를 먹고 치료했다고 해서 아스코르빈산(ascorbic acid)이라고 부르게 되었는데 1928

년에 동물의 부신과 오렌지에서 비타민 C를 분리하였다. 비타민 C는 아스코르브산 및 그 산화형인 dehydroascorbic acid 모두 비타민 C의 효과를 가지고 있다. 물에 쉽게 녹고 산, 알칼리, 열에 약하다. 수용액 중에서 불안정하며 쉽게 산화되어 분해된다. 사람, 원숭이, 기니아피그 이외의 동물은 일반적으로 포도당(D-glucose)으로부터 체내에서 생합성할 수 있다. 아스코르브산은 산화되면 디히드로 아스코르브산(dehydroascorbic acid)이 되며, 이것이 환원되면 다시 아스코르브산으로 돌아올 수 있으나, 이 dehydroascorbic acid에서 2,3-diketogulonic acid로 산화 분해되면 비타민 C 효과는 없어진다. 강한 환원성을 나타내는 비타민 C의 기능은 다음과 같다.

① 암과 바이러스 간염의 치료보조 및 감기, 헤르페스 등 모든 바이러스질환의 치료보조

② 인터페론의 생산을 촉진, 감마글로불린의 생산을 촉진, 부신피질호르몬, 콜라겐의 합성보조

③ 혈중 콜레스테롤치 저하 및 모세혈관 보강(출혈 방지)

④ 치토크롬 P450이란 해독효소의 합성보조

⑤ 발암물질인 니트로사민의 합성 억제, 위장계 발암물질(가공식품에 함유된 아질산계) 제거

⑥ 카드뮴의 독성 중화

⑥ 유리기의 제거 및 과산화지질 생성 억제

⑦ 배란 유발 조장

⑧ 스트레스에 대한 호르몬 형성과 스트레스에 대한 방어력 증강

⑨ 수용성 성분의 산화방지로 노화 억제

⑩ 교감계 활성화로 항피로

⑪ 상처, 화상, 잇몸 출혈의 치료

이상과 같이 일반적인 비타민 C가 결핍되면 세포간 결합에 필요한 물질인 콜라겐의 합성불량을 일으켜 출혈하기 쉽고 뼈, 치아가 약해지는 괴혈병에 걸리며 피부, 점막, 관절에 염증이 생기고 백내장에 걸리기도 한다. 티로신대사 장해로 인해 멜라닌이 생성되어 색소침착을 일으키며, 감염병에 대한 저항력도 감퇴한다. 특히 흡연자, 애주가에게 비타민 C 결핍 우려가 많은데 특히 담배를 피우는 사람들이나 그의 자녀들에게 천식이 잘 생기는 것도 비타민 C의 부족 때문이다. 흡연으로 인해 폐안에 산화물질이 많이 생기고 이에 대응하기 위해 핏속의 항산화물질이 많이 소모되면 몸 안의 비타민들이 더 빨리 분해하게 된다. 여성들의 흡연으로 체내 비타민 C가 부족하게 되면 임신과 젖을 먹이는 아이들에게도 영향을 미치게 된다. 또 폐기능이 나쁜 것도 비타민 C의 섭취와 관련이 있는데 그것은 산화물질인 담배연기가 사람의 혈액에 노출되

면 제일 먼저 비타민 C의 산화가 일어나 비타민 C의 농도가 낮아지기 때문이다. 일반적으로는 하루에 80mg 정도의 비타민 C를, 흡연자와 임산부는 100mg을 섭취하는 것이 좋으며 그 필요량은 다른 비타민보다 많은 편이다. 레몬주스, 파슬리, 각종 과일, 양배추, 채소의 꽃, 피망, 딸기, 무, 이파리, 신선한 채소 등에는 많고 우유와 육류, 계란에는 비타민 C가 거의 없다.

### 3) 비타민 E의 기능

좁은 뜻으로 비타민 E를 α-토코페롤이라고 부르는데 Tokos는 산아, Pherein은 획득, ol은 알코올을 의미하는 말에서 유래한 것이다. 자연계에 존재하는 비타민 E 작용 물질로는 토코페롤의 4종(α, β, γ, δ)과 토코토리에놀의 4종(α, β, γ, δ)등 합계 8종이 있는데 이것들의 총칭이 비타민 E이다. 생물활성 즉 항산화제로서의 효력은 δ-토코페롤이 가장 강하고 그 다음으로 γ-β-α 토코페롤 순서이다. 비타민 E의 작용 메커니즘에 관해서는 분명하지 않지만 소화관에서 흡수되어 체내의 여러 기관과 지방 속에 축적되며, 불포화지방산의 산화를 막고 활성산소를 소실시키고 과산화지질의 해로운 작용을 억제하는 것으로 알려져 있는데 이것은 고도불포화지방산의 섭취량이 많아질 경우 비타민 E의 소모가 많아지는 것과 관련이 있다. 비타민 E의 결핍에 의한 생체막에서의 항산화작용의 저하는 미숙아나 콰시오커(kwashiorkor ; 단백질 결핍으로 인한 유유아의 중증 영양실조증)를 일으키기도 한다.

토코페롤은 콩기름, 채종유, 면실유 등 식물성 기름에 많이 함유되어 있으며 독성이 없고 첨가된 식품에 착색됨이 없으며 생체 내에서도 항산화작용을 발휘한다. 그리고 인산, 구연산, 아스코르브산, 트리메틸아민옥시드, 멜라이딘, 핵산 등과 병용하면 효과가 상승한다고 한다. 토코페롤의 곁사슬에 이중결합을 가진 것은 토코트리엔올이라 하는데 이것은 토코페롤에 비하여 생물활성은 약하다. 한편 식용유지 가운데 산화방지력은 α-토코페롤이 가장 낮으며 토코페롤의 항산화력은 비타민 E 활성과 반대이다. 야자(palm)나 콩, 옥수수, 목화씨 기름에 함유되어 있는 감마토코페롤(gamma tocopherol)은 관절염 예방에 도움이 된다고 한다.

음식으로 섭취된 토코페롤은 지용성이기 때문에 십이지장에서 쓸개즙에 의해서 유화된 다음 주로 소장에서 흡수된다. 인체 중에서 토코페롤은 뇌하수체와 부신에 많은데, 이들 기관이 사람의 정신과 운동을 위한 생리기능을 발휘하기 위한 호르몬 분비기관이란 점에서 비타민 E의 함량이 호르몬의 생합성에 기여한다는 것을 알 수 있다. 특히 노년기에 들어서면 세포의 재생력이 쇠퇴하여 지는데, 간세포와 신경세포를 건강하게 해 주고 신진대사를 활발하게 해 주는 물질이 바로 토코페롤이다. 또한 토코페롤은 면역기능의 증진능력을 가지고 있으며 백혈구의 생산을 증가시키는 기능을 가지고 있다. 생체 내 불포화지방산이 과산화 중합을 일으켜 혈액이나 근육단백질과 반응하여 나타나는 노년기의 검버섯이나 기미 등 생체노화현상을 방지하기도 한다. 이 밖에도 토코스페린(tokospherein=산아획득)이란 별명에서 알 수 있듯이 항불임성을 가지며 번식력을 부활, 강화시켜 주는 생리효과 기능을 가지고 있다. 토코페롤의 한 종류인 토코트리에놀(tocotrienol)은 암세포의 확산방지 및 사멸작용을 가지며 불법산화로 생기는 자유라디칼과 과산화지방질의 생성으로 일어나는 세포막과 세포내 생체막의 생리활성 상실, 세포기능의 약화 및 괴사 등을 억제하여 노화를 억제시킨다.

또 혈액의 혈소판 기능을 원활히 해 주고 세포막을 보호하며 말초혈관의 혈액순환을 수월하게 하고 심장 근육계의 동맥 혈관벽의 세포막 손상을 예방하는 등 동맥경화증을 경감해 준다. 세포성분의 산화를 막아 과산화지질의 형성을 막으므로 노화를 방지하는 효과도 있다. 일반적으로 공해물질들은 일종의 독소인 유리기(free radical)를 생성하게 되는데 토코페롤이 이를 방지해 준다. 또 유방암, 폐암 예방에 유효하며 내분비 기능을 조절하여 불임을 막고 태반기능을 활발하게 한다. 또 정자수를 증가시켜 습관성 유산, 원인불명의 남녀 불임증 및 여성의 생리불순을 예방하는데도 효과가 있다. 만약 비타민 E가 부족하면 우울증(major depression), 생리적 스트레스(physiological stress)를 받기 쉬운데 이러한 현상은 비타민이 세포들의 기초대사 과정에서 자유기(free radicals)와 활성산소종(活性酸素種; reactive oxygen species)에 의해 유발되는 뇌 손상을 억제하기 때문이다.

# 5. 주요 무기질의 기능

## 1) 무기질의 정의

무기질은 칼로리원은 아니지만 생물체의 구성분으로서 매우 중요하다. 식품이나 생물체에 들어 있는 원소가운데서 C, H, O, N을 제외한 다른 원소를 통틀어 무기질 또는 광물질(mineral)이라 하며 무기질은 식품을 태운 후에 재로 남은 부분이므로 회분(ash)이라고도 한다. 무기질은 약 100여종의 금속 및 비금속 원소로 되어 있으며 대부분 무기염 형태로 식품중에 존재하지만 단백질, 혈색소, 효소, 엽록소 등의 유기물 속에 들어 있는 무기질도 있다. 무기질에는 Ca, Mg, Na, K, Fe, Cu, Mn, Co, Zn과 같은 알칼리성 원소와 P, S, Cl, Br, I 등과 같은 산성원소가 있으며 다량 존재하는 다량원소, 미량으로 존재하는 것은 미량원소라고 하는데 미량원소에는 Zn, Al, F, Si, Li, Br, Co, Ni, Ba, As, Pb, Mo, Va 등이 있다(표 6-5, 표 6-6). 각종 무기질은 식품이나 생체 내에서 여러 가지 중요한 기능을 수행하고 있는데, 그 중에서 중요한 것은 다음 2가지 기능이다.

〈표 6-5〉 다량 무기질의 급원식품, 기능, 결핍증 및 권장량*

| 다량 무기질 | 급원 식품 | 체내 주요기능 | 결핍증 | 1일 권장섭취량 |
|---|---|---|---|---|
| 칼슘 (Ca) | 우유, 치즈, 말린 콩, 녹황색 채소 | 뼈, 치아 형성, 혈액 응고, 근육 수축, 신경자극 전달 | 구루병, 골다공증, 성장 위축 | 영아 : 500㎎<br>소아 (1-3세) : 500㎎<br>(4-6세) : 600㎎<br>(7-9세) : 700㎎<br>청소년<br>남 (10-12세) : 800㎎<br>(13-19세) : 900㎎<br>여 : 800㎎<br>성인 : 700㎎<br>임신 (전, 후반) : + 300㎎ |
| 인 (P) | 우유 및 유제품, 곡류, 어육류, 견과류 | 뼈, 치아 형성, 산-염기 균형 | 식욕부진, Ca 손실, 근육 약화 | 영아 (0-4개월) : 380㎎<br>(5-11개월) : 420㎎<br>소아 (1-3세) : 500㎎<br>(4-6세) : 600㎎<br>(7-9세) : 700㎎<br>청소년<br>남 (10-12세) : 800㎎<br>(13-19세) : 900㎎<br>여 : 800㎎<br>성인 : 700㎎<br>임신 (전, 후반) : + 300㎎ |
| 칼륨 (K) | 녹황색 채소, 콩류, 바나나, 우유 | 신경자극 전달, 산-염기 균형 | 근육경련, 식욕저하, 불규칙한 심박동 | 없음 |
| 유황 (S) | 육류, 달걀, 콩류, 조개, 밀의 배아 | 산-염기 균형, 해독작용, 세포단백질의 구성 | 보고된 바 없음 | 없음 |
| 나트륨 (Na) | 소금, 육류, 베이킹소다, 우유 및 유제품, 화학조미료 (MSG) | 산-염기 균형, 물의 균형, 신경자극 전달 | 구토, 근육경련, 현기증, 식욕감소 | 없음 |
| 염소 (Cl) | 소금, 야채, 과일 | 물의 균형, 삼투압조절, 산-염기 균형, 위산생성 | 구토, 설사 | 없음 |

| 마그네슘 (Mg) | 전곡, 견과류, 녹색잎채소 | 단백질합성, 효소활성화, 신경 및 심장기능 | 성장저해, 행동장애, 식욕부진 | 없음 |
|---|---|---|---|---|

* 대한지역사회영양학회 제공

〈표 6-6〉 미량 무기질의 급원식품, 기능, 결핍증 및 권장량*

| 미량 무기질 | 급원 식품 | 체내 주요기능 | 결핍증 | 1일 권장섭취량 |
|---|---|---|---|---|
| 철 (Fe) | 간, 귤, 육류, 녹색잎 채소, 난황 | 간, 귤, 육류, 녹색잎 채소, 난황 | 빈혈, 허약, 면역 저하 | 영아 (0-4개월) : 6mg<br>(5-11개월) : 10mg<br>소아 (1-6세) : 10mg<br>(7-9세) : 12mg<br>청소년<br>남 (10-12세) : 12mg<br>(13-19세) : 18mg<br>여 : 18mg<br>성인 남 : 12mg<br>여 : 18mg<br>임신 (전반) : + 8mg<br>(후반) : + 12mg |
| 아연 (Zn) | 식품 중에 널리 분포, 간, 해조류 | 여러 효소활동에 관여 | 신체 및 성적 성장 저해, 미각감퇴증 | 영아 : 5mg<br>소아 : 10mg<br>청소년 남 : 10mg<br>여 : 12mg<br>성인 남 : 15mg<br>여 : 12mg<br>임신 (전. 후반) : + 3mg |
| 구리 (Cu) | 간, 귤, 코코아, 견과류, 해조류 | 헤모글로빈 합성, 뼈의 석회화 | 빈혈 | 없음 |
| 셀레늄 (Se) | 해조류, 고기, 곡류 | 항산화제 역할, 세포막 유지 | 매우 드뭄 | 없음 |
| 불소 (F) | 불소첨가음료, 해조류 | 골격형성, 충치의 예방 | 충치 | 없음 |
| 요오드 (I) | 해조류 | 갑상선호르몬의 구성성분, 기초대사율 | 갑상선종, 크레틴종 | 없음 |

* 대한지역사회영양학회 제공

### (1) 완충작용

사람의 pH는 7.35~7.5(평균 7.4)사이에 일정하게 유지되고 있다. 혈장의 pH는 조직액의 pH와 평형하고 조직액의 pH는 세포내 pH와 평형하고 있으므로 혈장의 pH는 전체액의 pH와 비슷하게 된다. 혈장의 pH가 정상범위를 넘어서 크게 된 경우를 알칼리증(alkalosis), 적게 된 경우를 케톤증(ketosis)이라고 한다. 알칼리증이 심할 때에는 모든 기능이 과민하여지고 전신 경변을 일으키고 호흡불능이 되어 생명을 잃게 된다. 또 케톤증이 심해지면 혼수상태에 빠지고 생리기능이 저하되어 역시 생명을 잃게 된다. 혈장 pH의 최고 및 최저의 한계는 7.8~6.8이다.

체액에는 각종의 물질이 함유되어 있고 또 각종의 물질이 생성되고 있다. 따라서 체액은 항상 pH를 변화시키고자 하는 여러 요인의 영향을 받도록 되어 있다. 예로서 탄수화물의 대사로 생성되는 젖산과 탄산가스는 $H^+$를 주며 단백질의 대사로 생기는 아미노산과 황산은 $H^+$를 유리하려고 한다. 그런데도 체액의 pH가 일정하게 유지되고 있는 것은 이것을 조절하려고 하는 기능이 작용하고 있기 때문이다.

혈장의 pH의 조절에는 ① 혈장 자신의 완충작용 ② 과잉된 산을 몸 밖으로 배출하려는 생리적인 조절기능이 작용하고 있다. 용액에 산 또는 알칼리를 가하여도 pH의 변화를 저지하려는 작용이 있을 때 이 작용을 완충작용(buffer action)이라 하며 이와 같은 용액을 완충액(buffer solution)이라고 한다. 일반적으로 약산과 그의 염을 함유한 용액은 완충작용을 가지고 있다. 이와 같은 완충작용은 인체의 합리적인 작용으로 이의 평형이 파괴되면 건강에 매우 심각한 문제가 제기된다.

### (2) 생리적인 pH 조절기능

몸안에서는 탄수화물을 비롯하여 지방질, 아미노산의 산화로 탄산가스가 생성된다. 탄산가스는 다음과 같이 $H^+$을 생성하여 pH를 저하시켜 케톤증 경향을 나타낸다.

$$CO_2 + H_2O = H_2CO_3$$

$$H_2CO_3 = HCO_3 + H^+$$

호흡에 의하여 탄산가스가 배출되면서 혈액 중에서는 단백질의 완충작용으로 생성된 H+이 중화되며 남은 HCO3는 혈장 중의 완충액 성분으로서 중화된다. 그 결과 H2CO3가 더 증가하게 되는 경우에는 폐호흡이 왕성하여 탄산가스가 배출하게 된다. 이와 같이 몸 안에 생긴 산은 여러 가지 작용에 의해 탄산가스로 배출된다. 혈액의 pH가 저하된 때 또는 탄산가스량이 증가된 때에는 호흡이 촉진되어 탄산가스의 배출이 왕성하여진다. 또 반대로 pH가 상승하든지 탄산가스량이 저하되면 호흡기능이 억제되어 탄산가스의 배출량이 감소한다. 이와 같은 폐의 기능으로 체액의 pH가 조절되고 있다.

무기질의 흡수경로는 그것이 소화관에서 일단 용액이 된 후 소화관의 융모에 있는 모세혈관으로 흡수되고 이것이 문맥에 들어가서 간장을 통하여 정맥으로 가게 된다. 따라서 무기질의 흡수는 그 용해성에 따라 크게 달라진다. 즉 Ca, P 및 Fe화합물과 같은 것은 소장의 상부에서와 같이 내용물이 아직 산성일 때는 비교적 잘 흡수되나, 장관 안에서 알칼리성이 되어 용해되기 어려우면 흡수가 잘 안된다. 특히 옥살산칼슘은 탄산칼슘과 인산칼슘에 비하여 녹기 어려우므로 잘 흡수되지 않는다. 인화합물 중에는 피틴(phytin)형태가 많은데, 이것은 사람의 소화효소로는 소화되지 않을 뿐 아니라 흡수도 되지 않는다. 철은 3가 화합물일 때는 잘 흡수되지 않으나 위산에 의하여 가용성이 되든지 또는 단백질, 비타민 C 등으로 2가로 환원되면 가용성이 높아져서 흡수가 잘 된다.

무기질이 융모의 상피세포를 통하여 흡수되는 속도는 그 염류의 종류에 따라 다른데 염화물, 취화물, 요오드화물 및 초산염 등은 잘 흡수되나 황산염, 인산염 및 주석산염 등은 흡수가 잘 되지 않는다. 유황은 유기화합물로서 섭취되나, 60~90%는 $SO_4^{-2}$ 이고 5~15%는 황산에스테르이고 5~20%는 타우린 또는 미변화 아미노산의 형태로 배설되는데 그 중 아미노산의 시스테인, 시스틴, 메티오닌의 경우에는 분해되어 오줌으로 배설되고 유황을 함유한 비타민은 그대로 배설된다.

무기질 중 녹기 쉬운 염을 만드는 $Na^+$, $K^+$, $Cl^-$ 등은 거의 오줌으로 배설되나 난용성의 염을 잘 만드는 $Mg^{+2}$, $Ca^{+2}$, $PO^4$ 등은 일부분 분변으로 배설된다. 운동시에는 땀을 많이 흘리게 되는데, 이 때 나트륨과 칼륨의 손실이 따른다. 나트륨과 칼륨의 손실은 적절히 보충되어져야 하는데, 나트륨 손실은 짠맛이 있는 음식을 섭취하면 보통 보충되어 질 수 있으나 칼륨 손실의 보충은 오렌지나 바나나 등의 칼륨을 많이 함유한 음식으로 가능하다.

무기질은 인체를 구성하고 있는 구성성분으로 체내에 존재하는 양과 하루 필요량에 의해서 다량원소(macro elements)와 미량원소(micro elements)로 분류되는데 미량원소는 성인의 체내에서 평균 약 10g 정도 존재한다고 한다. 그러나 최근 그 범위를 넓혀서 인간과 동물에 존재하는 모든 무기물로서 체내 존재량이 50mg/kg 이하이면 미량원소라고 정의한다. 미량원소는 세포 안에서 발견되며 호르몬, 효소, 비타민의 일부분이 되거나 이것들과 결합하여 광범위한 기능을 발휘하는데 보통 3그룹으로 분류한다. 그룹 1은 인체 요구량이 규명된 미량원소이며, 그룹 2는 인체에 필요하지만 체내 요구량이 규명되지 않은 미량원소이고, 그룹 3은 인체에서의 필요 여부에 대해서는 아직 알려져 있지 않으나 다른 동물에 있어서는 필수적인 미량원소이다. 이 가운데 식이 미량원소의 가장 대표적인 결핍은 그룹 1의 철분이다. 일반적인 미량원소의 주요 기능은 원소에 따라 다르지만 공통적인 것은 우선 미량원소가 신체 구성 성분은 물론 신체 조절성분으로서 산-알칼리평형과 수분평형을 유지시켜 주고 몇몇 효소의 기능에 필수적이며, 신경자극의 전이작용도 가지고 있다는 점이다. 그러나 미량원소를 과잉 섭취할 경우 독성을 일으킬 수 있다. 망간, 철, 코발트, 아연, 니켈은 다른 미량원소에 비해서 비교적 많은 양을 섭취해도 빨리 독성상태에 이르지 않는 반면 구리, 셀레늄, 바륨, 비소는 미량이라도 과잉섭치하면 즉시 독성상태에 이르게 된다. 대부분의 미량원소의 함량은 mg/kg 또는 ㎍/g(㎍=$10^{-6}$g), ppm(part per million)으로 표시하나 그 중의 바나듐(Va), 크롬(Cr), 코발트(Co), 니켈(Ni), 몰리브덴(Mo), 요오드(I) 등은 신체에 극미량 존재하기 때문에 ng/g(ng=$10^{-9}$g)으로 표시한다. 현재까지 사람이나 동물의 건강에 중요하다고 알려진 미량원소는 15종 정도이며 인체의 필요량이 정확히 알려진 것들은 철, 요오드, 아연 뿐이다.

### 2) 헴철(heme Fe)의 기능

헴철은 헴구조를 구성하는 철을 말하며 보통 인체 내의 철을 말하는데 엄격하게 말하면 헴철은 혈액 중 혈구(hemoglobin)부분을 식품용 단백질 분해효소로 처리하여 단백 부분(globin)의 일부분을 제거해서 얻은 철 함량이 높은 porphyrin철 단백체를 말한다. 시중에는 정제된 혈구분말이 시판되고 있으며 소시지, 햄의 결착제나 착색제로도 사용하고 있는 이것은 혈구(hemoglobin)내에 0.25%가 철이다. 비헴철에 비해서 체내 흡수도가 높은 이것은 장관점막세포에 헴철 형태 그대로 흡수되고 흡수된 뒤 효소에 의해 분해되어 비헴철과 같은 형태가 된다. 헴철의 체내 흡수효율은 15~20% 정도이고 비헴철은 5%정도이므로 헴철의 흡수효율이 높다. 또한 헴철은 흡수저해물질에 대한 흡수저해를 받지 않기 때문에 흡수가 용이하게 되고 부작용 또한 없는 것이 특징이다. 비헴철이란 화학적으로 또는 인공적으로 철분을 합성한 철분원료로 헴철과 엄격히 구분되고 있다. 식품에 함유된 철분에는 육류나 생선 등 동물성 식품에 많이 함유된 헴철과 야채 및 곡류 등의 식물성 식품에 함유된 비헴철이 있는데, 헴철은 비헴철보다 흡수율이 4배나 높다. 특히 헴철은 인간의 혈중에도 헤모글로빈으로서 존재하므로 흡수하기 쉬운 형태로 변화시킬 필요가 없어 잘 흡수된다. 따라서 철분을 건강식품으로 보충하려면 흡수율이 좋은 헴철분이 좋다.

일반적으로 철(iron, Fe)은 미량원소 중에서는 비교적 많은 양이 존재하며 약 60%가 혈액속에, 간장, 비장 및 골수 등에 약 30% 들어 있으며 나머지는 미오글로빈(근육), 헤모글로빈, 세포속의 시토크롬과 효소에 들어 있다. 철은 혈액 속에 1.0~1.7mg%, 혈장 속에 0.08~0.07mg%, 헤모글로빈 속에 약 0.33% 들어 있다. 체내에서 철은 기능상 두 가지로 분류되는데 활성형 철

(70~80%, hemoglobin, 근육의 myoglobin, cytochromes 등에 함유)과 저장형 철 (20~30%, ferritin이나 hemosiderin의 형태로 간, 골수, 지라에 있음)로 나뉜다. 철이 각 조직으로 운반될 때는 혈청중의 트랜스페린(transferrin)이라는 당단백질에 결합되어 운반된다. 헤모글로빈은 철을 가진 단백질이고 산소운반에 중요한 역할을 하는 것인데 연체동물과 절족동물에 있는 헤모시아닌이라는 구리를 가진 호흡색소도 헤모글로빈과 같은 역할을 한다. 철은 세포 속의 호흡효소인 시토크롬의 주성분이고 카탈라제(catalase), 과산화효소(peroxidase) 등의 산화효소 속에도 들어 있고 몸 안에서 산화 환원작용에 불가결한 것이다. 또 세포핵 중의 염색체 형성에도 필요하다.

섭취된 철의 흡수는 주로 소장 상부에서 이루어져 간장을 거쳐 조혈 장기인 골수에 이르러 헤모글로빈 형성에 쓰이고 일부는 전신의 세포에 운반되어 세포핵의 크로마틴(chromatin)과 효소를 만드는 재료가 된다. 3가의 철(ferric)보다 2가의 철(ferrous)이 흡수되기 쉬운데 일반적으로 식품 중에는 주로 산화형($Fe^{+3}$)으로 존재한다. 인은 철과 결합하여 불용성 침전물을 만들어 철의 흡수를 나쁘게 하지만 칼슘이 공존하면 인과 철이 결합하기 전에 인과 칼슘이 결합하므로 철의 흡수를 간접적으로 좋게 한다. 인산과 피틴은 철과 불용성의 복합체를 만들어서 칼슘의 경우와 같이 흡수를 억제한다. 비타민 C, 나이아신, 판토텐산은 철을 환원하여 흡수를 좋게 한다. 비타민 $B_2$도 직접 흡수에 관계하지는 않으나 철의 배설을 적게 한다. 아미노산 중 아르기닌(arginine), 트리프토판(tryptophan)은 흡수를 증진하고 발린(valine), 티로신(tyrosine)은 억제한다.

철분은 두뇌활동을 활발하게 하며 체내에서 헤모글로빈을 형성, 산소운반을 돕고 최근에는 알츠하이머병의 예방에도 유용한 것으로 알려져 있다. 철은 T-세포와 대식세포와 같은 면역세포에 대해 대단히 중요한 원소인데 이것은 적혈구 헤모글로빈(hemoglobin)의 중요한 원료가 되기 때문이다. 우리 신체 중에 존재하는 철은 약 20조개의 적혈구의 헤모글로빈을 구성하고 있으며 1분마다 1억 500만개의 헤모글로빈을 제조하고 있다. 헤모글로빈에 의해 몸 전체 세포에 산소가 공급되고 있는데 몸이 이 산소를 사용하려면 철을 주성분으로 하는 효소의 작용이 필요하다. 그런데 이렇게 활동하고 있는 철은 체내 저장된 철의 75%이고 나머지 25%의 철은 간장, 비장, 골수 등에 페리틴(ferritin : 철단백질), 헤모시데린(hemosiderin)의 형태로 보존되어 있다. 그러므로 철의 부족은 산소의 부족을 뜻하며, 나아가서는 면역세포의 생산까지도 지장을 받게 되며 신경질이 많아지고 우울해지며 신경과민이 되는 경우가 많다. 그런데 간세포 기능이 저하되거나 간 기능에 요구되는 물질들의 공급을 위한 적절한 문맥순환이 이루어지지 않을 때도 철 결핍증이 일어난다. 그 외 단백질, 철, 비타민 B12, 엽산 등의 섭취부족이나 출혈로 인한 혈액 소모가 많을 때 철 결핍성 빈혈 및 간세포 손상이 온다.

성인의 체내에는 4g 정도의 철분이 있는데, 그 중에서 70%는 적혈구의 헤모글로빈과 근육 속에 있는 미오글로빈에 존재하며 호흡을 통해 산소를 전신으로 운반하여 근육을 움직이게 하는데 사용되고 있다. 이것이 바로 기능철분으로 소위 혈청철분이다. 나머지 30%는 간장 등에 비축되어 기능철분이 부족할 때 사용되는 저장철분이다. 기능철분은 주로 산소를 운반하는 일을 하기 때문에 그것이 결핍되면 숨이 차거나 어지럼증, 두통 등의 빈혈증상이 나타난다. 그러나 이러한 증상은 기능철분이 결핍될 때 나타나는 것이 아니라 그것을 보충하는 저장철분이 줄어들면서 나타나게 된다. 따라서 이러한 증상이 나타나지 않더라도 가능철분이 부족한 경우는 상당히 많다. 적혈구가 새롭게 변화될 때, 필요한 철분은 하루에 약 20mg이다. 그런데 철분은 한 번 사용했더라도 재이용되므로 소변과 함께 배설되는 약 1mg을 보충하면 되는데, 장에서의 흡수율 문제도 있어 성인에게 허용된 최대 섭취량은 40mg이다. 그러나 여성은 매달 약 30mg의 철분을 상실하기 때문에 정기적인 보충이 필요하다. 건강식품을 통해 철분을 보충할 경우에는 천연제품이어야 하는 것은 물론이고 흡수를 돕는 비타민 C와 산화방지 비타민 E 등을 균형 있게 배합한 것을 선택하면 좋다.

식품 속에 철을 비교적 많이 가진 것은 육류, 간, 난황, 혈액 및 완두 등이고 함량이 적은 것은 우유와 그 제품, 과일, 근채류 및 정백한 곡류이며, 어류 및 녹엽채류에는 그 중간 정도가 들어 있다. 흔히 잎푸른 채소에 철분이 많이 들어 있다고 생각하기 쉽지만 식물성 철분보다 동물성 철분이 상대적으로 소화와 흡수가 잘 된 철분이다. 철분의 경우 얼마나 많은 양의 철분을 먹는가 보다는 어떤 철분을 먹느냐가 중요하다.

헴철은 동물성 식품에 많이 함유되어 있으며 식물성 식품에는 흡수율이 떨어지는 비헴철이 많이 들어 있다. 따라서 체중조절을 할 때 골고루 섭취하지 않고 채식만을 고집한다면 빈혈이 나타나게 되는 것은 당연한 결과이다. 비타민 C는 비헴철의 흡수를 도와주므로 함께 섭취하는 것이 좋다. 동물의 간, 효모, 각종 씨앗류, 조개류(대합, 바지락), 고등어, 참치, 굴 등이 철분의 급원인데 육류의 경우 조개류보다는 적은 양 들어 있지만 근육에 들어있는 특수 아미노산 때문에 흡수가 잘 된다. 식물성 식품 중에 들어있는 철분은 흡수율이 낮지만 비타민, 당류와 같은 다른 좋은 영양소가 같이 함유되어 있어 비헴철의 흡수율을 촉진시킨다. 식사 후 약간의 과일섭취는 철분의 흡수를 촉진시킬 수 있다. 우리가 흔히 알고 있는 시금치의 경우 철분이 많이 함유되어 있을 것이라 생각하지만 오히려 수산 때문에 흡수를 방해하며, 무청, 강낭콩, 대두, 미나리, 느타리버섯 등이 오히려 철분을 더 많이 가지고 있다. 또한 철분의 흡수를 방해하는 성분은 곡류껍질에 많은 피틴산, 시금치, 근대에 많은 수산, 탄닌, 식이섬유소, 과량의 칼슘 등이 있다.

헴철은 흑색-흑갈색의 분말이며 헤모글로빈의 색과 같다. 독특한 쓴맛을 가지는데 시판되고 있는 것은 철분함유량이 1.0~1.6%, 단백질 함유량이 80%~90%, 헴 함유량이 10~20% 것이 대부분이다. 용해성은 pH에 따라 다른데 pH 3.0 이하 및 6.0 이상에서 높은 수용성을 나타낸다. 화학물질로 만든 합성품은 모두 비헴철이기 때문에 흡수율이 매우 낮으며 가슴통증 등을 일으킬 가능성도 있다.

철분결핍성 빈혈은 운동수행능력의 감소와 일반적으로 관계되는데 격렬한 운동과 훈련은 일시적으로 혈액의 헤모글로빈(hemoglobin)을 감소시키고 이러한 감소현상이 운동수행능력을 저하시키게 된다. 격렬한 운동 시 혈액 속의 오래된 적혈구가 기계적 파괴를 일으키고 이로 인해 방출된 철분은 미오글로빈(myoglobin)과 새로운 적혈구를 형성하는데 사용된다.

한국인 영양 권장량은 1세에서 2세까지의 유아에게 1일 6mg의 철분을 권장하며, 3세에서 5세까지는 1일 7mg의 철분섭취가 권장되고 있으며 성인은 1일 10~14mg 이다. 성장에 필요한 양은 체중과 혈액량 증가로 예측하며, 체성분 유지를 위한 필요량은 인체 배설물을 통한 그날의 손실량으로 평가한다. 임신부의 경우 철분이 결핍되기 쉬우므로 충분량(24mg)의 철분을 섭취해야 하며, 편식이 심한 아이의 경우에도 철분부족으로 빈혈 뿐 아니라 신경질적인 성격을 가지게 된다.

### 3) 칼슘의 기능

칼슘(calcium, Ca)은 체내 무기질 중 가장 양이 많은 원소로 인체 내 총 칼슘의 양은 체중의 약 2% 정도이다. 이것의 약 99%는 뼈와 치아에 인산염 또는 탄산염의 형태로 존재하고, 1%는 혈액이나 체액에 용해된 상태로 우리 몸에 들어 있다. 혈액의 칼슘량은 항상 일정한 값(혈장 속의 칼슘량은 10mg%)을 가지도록 조절되는데 이것은 부갑상선 호르몬인 파라토르몬(parathormone, PTH)과 갑상선 호르몬인 칼시토닌(calcitonin, CT), 활성비타민 D3 등 때문이다. 칼슘은 골격과 치아를 형성하고 근육경련, 근육의 수축과 이완 등을 조절하는 역할을 하며 지혈기능과 산 알칼리 평형을 유지시켜 준다. 그리고 면역기능을 강화시켜 주며 내분비기관에서 만들어지는 호르몬 분비에 영향을 준다. 혈액의 칼슘은 혈액을 알칼리성으로 하고 혈액의 응고작용을 촉진시키며 심장의 수축력을 강하게 하고 근육의 흥분성을 억제하며 신경자극에 대한 감수성을 진정시키고 효소활성화 작용을 돕는다.

칼슘은 우리 일상 식품 중에 비교적 적게 들어 있고, 또 칼슘의 흡수는 식품 속에 있는 다른 성분의 영향을 받게 되므로, 흡수율은 식품의 종류에 따라 현저한 차이가 생긴다. 곡류, 콩류에 함유되어 있는 피틴은 칼슘의 흡수를 방해하고 또 채소와 과일에 들어 있는 칼슘은 수산염(oxalates)으로 비교적 많이 들어 있으나, 불용성이므로 칼슘의 흡수가 잘 이루어지지 않는다. 또 칼슘이 적고, 인이 많은 식품을 먹으면 칼슘은 과잉의 인과 더불어 그냥 배설되며, 칼슘이 많고 인이 적은 식품을 먹을 경우에도 같은 현상이 일어난다. 그러나 비타민 D, 단백질, 젖당이 존재하면 칼슘은 흡수가 좋아진다. 일반적으로 동물성 식품의 칼슘은 식물성 식품보다 흡수가 좋으나, 특히 채소류 중의 칼슘 이용율은 나쁜 편이다. 보통 식사에서의 칼슘의 흡수율은 약 40%이다. 칼슘원으로는 우유(159mg/100g) 이외 뼈째 먹는 식품 등이 있으며 부족 시에는 신경불안, 골다공증(osteoporosis), 골연화증(osteomalacia)을 유발하게 된다. 칼슘은 골다공증, 구루병, 골절, 충치, 퇴행변성 관절증 등의 치료, 고혈압, 동맥경화증, 설사, 당뇨의 예방, 알레르기 질환, 감기예방, 불면증, 신경과민의 치료에 필요하며, 체액에서 이온화된 칼슘은 철분을 세포막 내로 운반, 혈액응고 작용의 촉진, 심근 수축력의 증강, 신경 및 근육의 적당한 흥분 등의 작용을 한다. 세포질의 칼슘이 증가하면 면역기능이 저하하여 병에 걸리기 쉬워진다. 하루 칼슘의 필요량은 성인 0.6g, 임산부 0.7~1.4g, 수유부 1.7g, 어린이 0.4~0.6g이지만 우리나라 식생활에서 칼슘의 섭취량은 하루 약 0.3g에 불과하다.

### (1) 칼슘 결핍 시 나타나는 질병

① 골다공증 : 골조소증 또는 골취약증이라고도 불리우며 유아기 및 성장기에 칼슘 보급이 제대로 이루어지지 못했을 경우 또는 갱년기 이후에 나타나는 골격 대사 이상 또는 칼슘 대사의 불균형으로 인한 질환이다. 뼈의 화학적 조성은 크게 변하지 않았으나 골질량 또는 골밀도가 현저히 감소하여 외부의 조그만 충격에도 쉽게 골절이 발생하고 등이 굽고 키도 작아진다.

② 골연화증 : 일명 성인 구루병이라고도 하며 뼈의 절대량은 크게 변하지 않지만 뼈의 미네랄 함량이 감소하여 뼈가 물러지는 현상이 나타난다.

③ 구루병 : 보통 성장기에 주로 비타민 D의 결핍으로 인해 칼슘의 흡수가 저해되어 다리가 구부러지고 뼈의 발육부진 및 뼈의 기형현상이 나타난다.

④ 티타니병 : 혈중 칼슘이온의 농도가 저하하여 근육경련과 고통 및 전신성 경련이 나타나는 질환을 말한다.

⑤ 당뇨병 : 당뇨병이란 췌장에서 분비되는 인슐린의 양이 감소하거나 그 활동이 감소함으로

써 생기는 질병인데 이 때 인슐린이 분비되기 위해서는 칼슘이 필수적이다.

⑥ 동맥경화 및 고혈압 : 칼슘섭취가 부족하게 되면 부갑상선 호르몬(PTH)의 작용에 의해 뼈 속에 저장되어 있던 칼슘이 빠져나와 혈액내의 칼슘 수준을 유지되도록 되어 있다. 만일 칼슘의 부족이 계속된다면 뼈로부터 계속 빠져나온 칼슘이 혈관 벽에 달라붙어 동맥경화가 생기고 따라서 혈압도 높아지기 쉽다.

### (2) 칼슘 흡수 증진 요인

① 비타민 D3 : 활성형 비타민 D3는 소장에서 칼슘 흡수를 촉진하고 뼈로의 칼슘 침착을 증가시키며 소변으로의 칼슘 배설을 감소시켜 혈중 칼슘 농도를 증가시킨다. 따라서 소아기에 비타민 D3가 부족하면 뼈의 성장이 더디고 쉽게 부러지게 된다.

② 유당, 아미노산 : 유당이 소장에서 칼슘이온 농도를 유지시키며 칼슘 흡수를 촉진한다. 아미노산 중 아르기닌, 라이신, 트리프토판 등도 칼슘 흡수를 촉진시킨다.

③ CPP II : CPP는 강한 이온 흡수력을 지니고 있기 때문에 소장 내에서 칼슘이온과 결합하여, 칼슘이온이 인과 함께 불용성염을 생성하여 그대로 배설되는 것을 막아 준다. 즉, 칼슘 이온 농도를 높게 유지하여 칼슘의 장내 흡수를 촉진한다. CPP는 칼슘 뿐 아니라 철분의 흡수도 높여 준다.

### (3) 칼슘 흡수 저해요인

① 과잉 인산 : 칼슘과 인은 흡수 또는 대사과정에서 칼슘과 인의 섭취비율이 1 : 1에서 2 : 1의 범위일 때, 소장에서의 흡수 및 뼈의 석회화가 잘 일어난다. 그러나 과잉의 인산이 존재할 경우 칼슘과 불용성염을 형성함으로써 칼슘의 흡수를 저해한다.

② 과잉 지방 : 과잉의 지방섭취는 소화관 내에서 칼슘과 지방산이 불용성 물질을 형성하여 칼슘이 지방을 배설한다. 이 때 지방의 흡수도 저해되므로 지용성 비타민의 흡수도 저해받게 된다. 따라서 칼슘대사도 영향을 받는다.

③ 수산(oxalate), 피틴산, 섬유소(fiber) : 수산, 피틴산, 섬유소 등은 각각 소화관내에서 칼슘과 결합함으로써 소화되기 어려운 불용성 복합체를 형성하여 칼슘의 흡수를 저해한다.

### (4) 식품에 이용되는 칼슘 종류

① 젖산칼슘과 유청칼슘

젖산칼슘은 탄산칼슘과 젖산을 반응시켜 제조하며 물에 쉽게 용해되며 가격이 저렴하기 때문에 요구르트, 김치, 우유, 주스 등에 많이 사용되고 있다. 젖산칼슘이 함유된 음료를 많이 섭취하면 분리된 젖산이 포도당보다 빨리 흡수되어 젖산 과다 공급이 일어나 쉽게 피로해지고 혈당수치를 높여 당뇨병, 고혈압, 비만환자 등에게 치명적이 될 수도 있다. 따라서 적당량 섭취하여야 한다. 현재 이용되고 있는 L형 발효 젖산칼슘은 녹황색야채에서 전분질을 추출하고 이를 유산균으로 발효시켜 얻는 칼슘으로 물에 대한 용해율이 매우 높고 무미무취이며 흡수율도 좋은 편이다.

유청칼슘은 우유의 유청에서 분리 추출한 칼슘으로 비타민 D3, CPP II, 마그네슘 등이 함께 존재하므로 체내 흡수율이 높은 편이다.

② 난각칼슘, 해조칼슘과 모려칼슘

난각칼슘(계란껍질)은 난각분을 전기로에서 회화시켜 얻는 칼슘으로 강알칼리성을 띄므로 이온화시켜 이온화칼슘으로 제조하여 사용한다. 해조칼슘은 산호, 홍조류, 불가사리 등에서 얻어지는 칼슘으로 홍조류로부터 제조한 것은 칼슘 흡수율이 높은 편이다. 모려칼슘은 굴껍질에서 얻어지는 칼슘으로 비릿한 냄새와 맛이 강한 것이 흠이다.

## 4) 아연의 기능

### (1) 정의와 흡수

아연(Zinc, Zn)은 철과 함께 중요한 필수 무기질로 대부분 유기아연(아연과 아연보조제)형태로 존재하고 있다. 식품으로서의 유기아연 자체는 대부분 안전할 뿐만 아니라 과잉흡수를 억제하는 negative feedback system이 인체에 자동적으로 작용하기 때문에 경구 섭취하여 소화기관으로 흡수되는 한 안전하다. 아연은 다른 무기질보다도 다량 체외로 배출되므로 충분한 양을 섭취하여야 한다. 아연의 체내 함유량은 연령과 함께 상당량 감소하며 특히 50세가 지나면 급격히 감소하게 된다. 아연은 식품에 들어있지만 가공이나 조리에 의해서 상당량 소실되고 음식물 내에 함유된 유기아연의 인체 내 흡수율도 10-20%정도이다. 또 식품 중 많은 성분이 아연과 결합하여 난용물로 바꾸는 피틴산과 칼슘을 다량 함유하고 있어, 아연의 흡수를 방해하는데 대두, 완두콩, 현미 등에는 아연을 가지고 있지만 피틴산과 고농도의 칼슘의 영향으로 난용물을 형성하여 활용도가 크게 떨어진다. 그러나 식물 또는 해산물 속에는 천연 아연보조제(천연형 글루콘산아연, 피코린산아연)가 들어 있어 아연의 흡수율이 80%이상으로 높아진다. 만약 체내의 아연보유량이 많아 혈청 아연농도가 높을 때는 장벽에서의 아연흡수가 억제되고, 반대로 혈청 아연농도가 낮을 때는 장벽에서의 흡수가 촉진된다. 건강한 사람의 혈청 아연

농도는 80 140ppm이며 유기아연을 장기간 대량 섭취해도 혈청 아연농도는 200ppm 이상으로는 올라가지 않는다.

### (2) 기능과 효능

아연은 모든 동물조직에 들어 있는데 특히 간장, 췌장, 장점막에 특히 많이 들어 있고 등과 같은 효소의 보조인자로 함유되어 있다(DNA polymerase(간), RNA polymerase(간), thymidine kinase(결합조직, 태아), alcohol dehydrogenase(간, 망막, 고환), carbonate dehydra-tase, uricase, carboxypeptidase A(췌장), alkaline phosphatase(혈장), superoxide dismuta-se, retinene reductase, lactate dehydrogenase). 아연의 주요 기능은 생식 기능 증강, 세포단백질인 DNA/RNA 합성, 면역기능 강화, 항산화작용, SOD형성, 세포의 암화억제, 호르몬(인슐린 · 성호르몬 · 성장호르몬)생성 등인데 철이나 구리가 산화-환원반응 작용을 하는데 비해, 아연은 인체 내의 가수분해 반응에 관계하고 있다. 따라서 다수의 금속산소나 금속단백질을 구성하고 있기 때문에 다른 무기질로는 대신할 수 없는 중요한 성분이다. 특히 출산 직후의 유아에게 면역력과 성장력 증강을 위해 분유에 유기아연의 첨가를 인정하고 있을 정도이다.

혈장 중의 비타민 A 농도를 정상화하는 작용을 하며 손상된 조직에 축적되어 섬유아세포(fibroblast)의 복제와 콜라겐 합성과 가교형성에 기여하여 상처를 치유하는 작용도 가지고 있다. 아연이 부족하면 성장이 늦어지고 체모의 발생이 저해되며 흉선의 발육부전을 가져온다.

또 아연은 세포분열과 생성에 깊은 관련이 있다. 세포 안에는 핵과 인이라 불리는 물질이 있어 유전정보를 전하는 유전자로 채워져 있는데 세포가 분열될 때 폴리메라아제(polymerase)라고 하는 효소(체내에서의 화학변화를 촉진하는 물질)에 관여하는 활성단백질이 아연 없이는 합성되지 않는다. 만약 이 단백질이 부족하여 DNA가 분열되지 않고 도중에 잘려 버리면 암이 되거나 노화촉진 현상이 일어난다. 또 지나치게 많은 활성산소를 제압하는 SOD(sup-eroxide dismutase) 등의 체내 항활성효소 작용 시 아연이 필요한데 이와 같이 아연은 SOD를 비롯하여 약 300개의 효소의 활동에 관계하고 있다. 또 체내에 세균과 병원균이 침입했을 때, 먼저 백혈구의 초기 예방세포(마이크로퍼신, 호중구, 호산구 등)만으로 병균을 물리치지 못한 경우에는 강한 능력을 가진 림파구 내의 면역 T세포가 항체 생산을 지시하게 되는데 이 면역 T세포가 생성될 때 아연이 필요하다. 따라서 아연이 부족하면 강한 면역력을 가질 수 없다. 백혈구내 아연농도의 저하는 SOD의 활성을 저하시키며 이화작용의 저하에 의해 체액성 면역기능도 함께 감퇴된다.

또 아연은 혈당의 조절 기능이 있는데 췌장의 $\beta$-세포에서는 인슐린이라고 하는 혈당치를 내려주는 호르몬이 만들어 지고 있는데 인슐린은 아연과 복합체를 형성하여 췌장의 세포에서 분비되거나 저장된다. 즉 인슐린은 세포외벽의 인슐린 수용체와 결합하고, 혈액 안의 당분을 세포내로 보내는 역할을 한다. 혈액 안의 당분이 정상적으로 세포 내에 전화하기 위해서 이 역할은 매우 중요하다. 아연은 혈당치를 저하시켜 주는 인슐린 호르몬을 축적하여 혈액의 당분을 정상으로 유지시켜 준나.

### (3) 아연 부족 시 나타나는 현상

미각을 느끼지 못하면 우선 아연부족을 의심하게 되는데 다음과 같은 증상도 아연부족에서 나타난다.

① 피부와 손톱에서의 문제 발생

아연이 부족하면 세포의 분열이나 재생이 잘되지 않게 되고, 피부가 거칠어지고 기미나 주근깨가 눈에 잘 띄게 된다. 또 아연 결핍으로 단백질의 합성이 잘 안되므로 손톱의 성장이 늦거나 자라도 깨지기 쉽거나, 혹은 손톱에 세로 줄이 늘어나기도 한다. 경우에 따라서는 손톱이 거무스름해지거나 반월(손톱의 뿌리 쪽의 흰 반월형의 부분)이 없어지게 된다.

② 탈모와 현기증

아연이 결핍되면 머리털의 성장이 늦어지거나, 얇아져서 머리카락이 잘 끊기며 빠지게 된다. 또 아연이 부족하면 빈혈이 생기기 쉽고 혈압조절이 잘 되지 않아 결과적으로는 현기증을 유발하게 된다.

③ 찰과상이 잘 낫지 않고 야맹증 유발

상처가 회복될 때에는 세포의 분열과 재생이 활발하게 이루어지는데 이 때 아연의 역할이 중요하다. 만약 아연이 부족하면 상처의 회복이 늦어진다. 또 아연은 눈에 필요한 영양소인데 아연이 부족하면 야맹증이 되는 것 외에 망막에 있는 빛을 느끼는 힘이 약해져 눈이 쉽게 피로해진다.

④ 숙취와 생리불순

알코올을 분해하는 알코올 탈수소효소는 아연이 없으면 작용하지 못한다. 따라서 아연이 부족하면 쉽게 취하고 숙취가 잘 생기게 된다. 또 여성의 난자에는 아연이 풍부하게 함유되어 있어 아연이 결핍되면 임신하기 어려워지거나 생리불순이 잦아진다.

⑤ 정력 약화와 피로

아연은 성욕을 담당하는 남성호르몬(테스토스테론)의 합성과 정자를 생성하는데 관계되고 있어 이것이 결핍되면 임포텐스와 같은 생식 능력의 저하를 초래한다. 여성의 경우에도 아연부족에 의해 정력이 저하된다. 또 근육의 아연이 줄어들면 근육의 수축력이 약해지거나 저항력이 저하되어 피로가 심해진다.

⑥ 건망증과 신경질적 증상

기억을 담당하는 뇌인 '해마'라고 하는 부분에는 아연이 많이 함유되어 있는데 아연이 부족하면 기억력이 떨어진다. 또 칼슘이 결핍되면 신경이나 뇌의 정상적인 활동을 유지할 수 없게 되고 정신적으로도 불안정하게 되어 짜증이 나거나 때로는 피해망상이 보여질 수도 있는데 그러한 칼슘을 세포 내에 받아들이기 위해서는 아연이 필요하다.

⑦ 감기 걸림

아연이 부족하면 면역 T세포(혈액성분인 림프구의 일종)의 작용이 잘 이루어지지 않게 되어 감기를 비롯한 각종 감염증에 걸리기 쉽다.

# 6. 천연색소의 기능

## 1) 천연색소의 정의 및 특징

천연색소는 천연의 물질에서 추출하고 정제한 색소로서 인공 합성색소와는 달리 안전성과 신뢰성이 높고 색조가 자연스럽다. 그러나 천연색소는 특유의 냄새와 맛을 가지며 합성색소보다 품질의 균일성이 부족하고 변색이나 탈색이 잘 되는 단점을 가지고 있다. 그러나 이러한 천연색소 성분이 기능적으로 우수하여 현재 기능성식품의 원료로 사용되고 있다.

| | |
|---|---|
| 카라멜 색소 | 전분이나 설탕류를 열처리(상압법과 가압법)하여 카라멜화 반응을 일으켜 얻어지는 색소이다. 과자, 음료 빙과, 수산가공품 등에 사용된다. |
| 안나토 색소 | 안나토색소는 중남미의 베니노키과 베니노키 종자로부터 얻어지는 것으로 주성분은 빅신과 노르빅신이다. 이 색소는 황색, 주황색을 나타낸다. |
| 파프리카 색소 | 파프리카로부터 추출한 주황색–적색소로서 주성분은 캡사이신이다. 내열성은 좋으나 내광성이 좋지 않아 색의 안정화를 위해 항산화제를 첨가하기도 한다. |

| | |
|---|---|
| 코치닐 색소 | 패각충과 연지벌레(코치닐)의 건조체로부터 추출하여 얻어진 주황색 – 적자색 색소로 주성분은 안트라퀴논계의 카르민산이다. |
| 락 색소 | 패각 충과 락패각충(Laccifer Lacca KERR)의 유충이 분비하는 수지상물질을 추출하여 얻어지는 색소로서 주성분은 안트라퀴논계의 락카인산(Laccaic acid)이다. |
| 모나스커스(홍국) 색소 | 모나스커스속의 균은 균체를 포함하는 배양물로부터 알코올로 추출하여 얻는다. 주요성분은 모나스콜부린과 루블로판크틴이다. 내열성, 염착성이 우수하지만 내광성, 내산성이 좋지 않다. |
| 치자 색소 | 치자나무 과실로부터 황색, 청색, 적색의 3종류 색소를 얻을 수 있는데 일반적으로 사용되는 것은 황색이다. 주 색소는 카로티노이드계통의 클로신과 클로센틴이다. |
| 홍화황 색소 (잇꽃색소) | 잇꽃은 물로 추출해서 얻을 수 있는 황색소와 황색소를 제거하고 약 알칼리에서 추출한 적색소가 있다. 황색소는 주색소가 플라보노이드계 사후로민 이다. |
| 적양배추 색소 | 유채과 붉은 양배추의 잎으로부터 물로 추출하여 얻어지는 적색과 적자색의 색소로 주색소는 안토시아닌 이다. |
| 고량(수수) 색소 | 벼과 고량(수수)의 열매의 껍질로부터 얻어지는 색소로서 주성분은 후라보노이드계의 아피게닌(Apigenin) 이다. 아이스크림, 소시지, 캔디류에 사용한다. |
| 포도껍질 색소 | 포도과 포도(껍질, 과실)색소에는 껍질과 과즙으로부터 얻어지는 것이 있으며 모두 주색소는 안토시아닌 계통이다. |
| 심황 색소 | 생강과 심황에서 얻어지는 색소로 주색소는 쿠르쿠민(Curcumin)이며 pH에 따라 색이 변하며 열에 대해 비교적 안정하나 빛에 대해 조금 불안정하다. |
| 비트레드 색소 | 명아주과 비트(Beta Vulgaris L.)의 건조 근경을 에틸알코올, 유지 또는 유기용제로 추출하여 얻으며 주성분은 베타인계의 베타닌 이다. |
| 오징어먹물 색소 | 갑오징어과 동고오징어(Sepia officiralis L.)등의 먹물 주머니의 내용물에서 얻어지는 색소이다. |
| 카카오 색소 | 벽오동과 카카오나무(Theobroma cacao L.)의 종자를 발효 배소시킨 다음 물로 추출해 얻어지는 색소이다. |

색소에는 천연색소와 인공색소가 있으며 천연색소는 식물성색소와 동물성색소로 분류할 수 있다(표 6-7). 식물성색소에는 식물의 엽록소인 클로로필, 녹황색채소의 색소인 카로티노이드 그리고 안토시아닌, 플라보노이드, 탄닌 등이 있으며 동물성색소로는 사람이나 동물의 혈액 속에 있는 붉은색 색소인 헤모글로빈이나 근육 속의 적색색소인 미오글로빈, 카로테노이드계(난황, 갑각류) 등이 있다. 미생물 색소에는 모나스커스(홍국색소. Monascus) 등이 포함되며, 항균성(抗菌性) 물질 가운데에도 유색인 것이 많이 있다.

## 2) 플라보노이드계 색소의 기능

식품에 널리 분포하는 황색 계통의 색소로 그리스어로 황색을 의미하는 플라부스(flavus)에서 유래된 말로, 플라본(flavone)을 기본 구조로 갖는 식물색소를 일컫는다. 비타민 P(투과성 비타민) 또는 비타민 C2(비타민 C의 상승제)라고도 하는데 동물에는 비교적 적고 식물의 잎·꽃·뿌리·열매·줄기 등에 많이 들어 있다. 특히 건조된 녹차잎의 경우 플라보노이드가 녹차잎 무게의 30% 정도 함유되어 있는 것으로 알려져 있다. 넓은 의미의 플라보노이드는 안토크산틴류(anthoxanthins)와 안토시아닌류(anthocyanins), 카테킨류(catechins) 등을 말하는데 좁은 의미에서는 안토크산틴류 만을 말한다. 안토크산틴은 꽃잎이 노란색을 띠게 하고, 가을에 잎이 자색이나 적자색을 띠게 하는 주원인이 된다. 예로부터 색소의 성분으로 알려지면서 염료 및 식용색소로 이용되었다.

플라보노이드는 페닐기 2개가 C3사슬을 매개하여 결합한 C6-C3-C6형 탄소골격구조로 되어 있으며, 이것이 여러 당류와 에테르(ether) 결합을 통해 배당체(配當體, glycosides)의 형태로 존재하는 경우가 많다. 그러나 가열하여 당이 분리되면 색깔이 더욱 진해지는데, 감자, 고구마, 옥수수의 경우가 그 예이다. 산성에서는 안전하여 색이 더욱 선명해지지만, 강한 알칼리에서는 그 구조가 변하여 짙은 황색이나 갈색으로 변한다. 또 구리(Cu), 철(Fe) 등의 금속과 결합하여 흑갈색의 복합체를 형성하는데, 감자 등을 썰었을 때 칼에 닿은 자리가 청록색으로 또는 흑갈색으로 변색되는 것이 그 예이다. 플라보노이드의 일반적인 기능은 항균, 항암, 항바이러스, 항알레르기 및 항염증 활성을 지니며, 독성은 거의 없다. 또한 모든 질병의 원인이 되는 생체 내 산화작용을 억제한다는 사실이 알려지면서 플라보노이드계(系) 물질의 개발 및 활용에 관한 관심이 커지고 있다.

### (1) 안토크산틴

안토크산틴은 라틴어로 노란색이란 말에서 유래되었으며 식물의 황색색소를 이룬다. 이 색소는 카로티노이드계 색소와는 반대로 수용성색소로서 식물세포의 액포 중 배당체의 형태로 존재한다. 이 색소는 산에는 안정하지만 알칼리에는 불안정하여 밀가루에 탄산수소나트륨을 섞어서 빵을 만드는 경우 황색으로 변색한다든가 삶은 감자, 삶은 양파, 양배추 등이 노랗게 변하는 것을 비롯하여 식물체의 절단면에 수산화나트륨용액이나 암모니아수를 떨어뜨리면 노란색, 주황색, 갈색으로 변하는 것도 이 때문이다. 그러나 일반적으로 플라보노이드를 함유한 식품을 가열조리하면 그 배당체가 가수분해되어 당류가 분리되어 노란색은 사라진다.

### (2) 안토시아닌

안토시아닌계 색소는 수용액의 pH에 따라 색이 변하는 불안정한 색소로 꽃, 과실, 야채류에 존재하는 빨간색, 자색, 청색의 수용성 색소로서 화청소(花靑素)라 부른다. 이 색소는 과일 등의 아름다운 색깔을 나타내나 가공 중에 쉽게 변색된다. 또한 안토시아닌은 각종 금속이온들과 여러 가지 색깔을 나타내는 복합체를 형성한다. 이들 복합체의 색깔은 빨간색, 회색, 갈색 등으로 원래의 안토시아닌의 색이 변색된 것이나 경우에 따라서는 금속의 첨가로 아름다운 색을 그대로 유지시킬 수 있다. 그리고 안도시아닌계 색소를 지니고 있는 채소나 과일을 통조림으로 하면 캔의 성분 중 주석에 의해 회색으로 변하므로 주의해야 한다.

### (3) 탄닌

탄닌은 식물의 잎, 줄기, 뿌리에 널리 함유되어 있으며 덜 익은 과일과 식물의 종자에 많이 함유되어 있다. 탄닌은 원래 무색이나 산화에 의해 갈색, 흑색, 붉은색을 나타낸다. 또한 탄닌은 떫은맛과 쓴맛을 갖고 있어 식품의 맛에도 영향을 미친다. 탄닌도 안토시아닌과 마찬가지로 여러가지 금속이온과 염을 형성하며 그 색깔은 회색, 갈색, 흑청색, 청녹색 등을 띠게 된다. 차나 커피를 경수(硬水)로 타게 되면 액체표면에 갈색 또는 적갈색으로 침전을 형성하게 되는데 이는 경수(硬水)속의 금속이온과 불용성염을 형성하기 때문이다. 또한 탄닌을 함유한 과일이나 야채의 통조림은 깡통에서 녹아나온 철성분에 의해 회색의 염을 만들고 통조림 내부에 소량의 산소가 포함되어 있는 경우 흑청색, 청녹색의 염을 만들어 변색된다. 보통 탄닌은 과일이 익어감에 따라 산화되어 안토시아닌이나 안토크산틴으로 변하면서 쓴맛이나 떫은맛은 사라진다.

### (4) 천연 플라보노이드계 색소의 종류

① 홍화황색소

국화과의 홍화(잇꽃)에는 물로 추출하여 얻어지는 황색소와 황색소를 제거하고 약알칼리에서 추출한 적색소가 있다. 황색소는 플라보노이드계의 카사무스 옐로우(Carthamus yellow)이며 천연계의 황색소 중에서 내산성이 특히 강하고 음료, 과자, 면 등에 사용되고 있다.

② 고량색소

벼과 수수의 열매에서 얻어지는 색소이며 주성분은 플라보노이드계의 아피게닌(Apigenin)이다. pH 변화에 색조가 변하지 않으며 내열, 내광성이다. 아이스크림, 코코아우유, 캔디류 등에 사용하며 색조는 햄, 소시지 등에 누른 이미지를 부여한다.

## 3) 안토시아닌계 색소의 기능

### (1) 안토시아닌의 정의와 기능

안토시아닌은 꽃, 과실, 줄기, 잎, 뿌리 등에 함유되어 있는 적색, 청색, 자색의 수용성의 플라보노이드계 식물색소의 일종으로 식물체내에서는 세포질 혹은 액포 내에 배당체로 존재하고 있는 성분이다. 안토시아닌은 주로 적자색으로 대표되는데 천연물 중에서 가장 불안정한 화합물에 속하고 또한 그 결정화도 곤란한 색소성분이다. 안토시아닌은 산소 혹은 산으로 가수분해하면 당과 아글리콘(aglycone)으로 분리되는데, 이 aglycone을 안토시아니딘(anthocyanidin)이라 부른다. 안토시안에서는 가지의 색소인 나수닌과 검은콩의 크리산테민이 있고 차조기 · 딸기 · 붉은 양배추 · 비트의 색소도 여기에 속한다.

안토시아닌은 여러 가지 생리활성을 나타내는데 강한 활성산소 제거 작용으로 혈관을 넓혀 혈행을 개선하고 위궤양과 위장장애, 스트레스에 의한 혈행장애를 제거해 주며 백내장 예방에도 효과가 있다고 한다. 그리고 노화억제작용, 항균작용, 돌연변이성 억제작용, 콜레스테롤 저하작용, 시력개선효과, 혈관보호기능, 항궤양기능 등이 있으며 최근에는 발암성, 간독성이 우려되는 합성착색료을 대신한 안전한 천연착색료로서 주목받고 있다. 특히 항산화 활성면에서는 천연 항산화제인 토코페롤보다 5~7배의 강한 활성을 나타내는 것으로 알려지고 있다. 또 안토시아닌은 심장병과 암 등을 예방하는 효과가 있으며 항당뇨 활성의 효과를 가지고 있다. 성인들에게 나타나는 제 2형 당뇨병의 발병을 예방하고, 이미 당뇨병이 발생한 환자들의 경우 혈당치를 조절하는데 도움을 준다. 이것은 안토시아닌이 인슐린 생성량을 증가하기 때문으로 보고 있다.

안토시아닌 색소는 꽃 이외에도 채소, 과실 등(특히 체리, 블루베리 등)에 많이 함유되어 있어 각종 과일의 색채를 결정하는 식물색소로 이미 식품착색료로서 음료 등의 착색에 실용화되고 있는데 채소, 과실, 포도주, 청량음료수, 잼, 음료수 및 사탕 등의 가공식품 생산에 첨가하고 있으며 향장공업, 염료공업 및 의약품 개발 등에도 활용하고 있다.

### (3) 천연 안토시아닌계 색소의 종류

① 적양배추 색소

십자화과의 적양배추에서 얻어지는 색소이며 주성분은 안토시아닌계의 루브로브라시신(rubrobrassicin)이고 pH 변화에 따라 색조가 변하며 산성에서는 적색을, 중성에서는 자주색, 알칼리성에서는 암녹색을 나타낸다. 열, 빛에 대해서는 비교적 안정적이고 음료, 과자, 빙과, 잼, 캔디, 절인음식 등에 이용되고 있다.

② 포도과피추출 색소

포도과의 포도과피에서 얻어지는 색소로 주성분은 안토시아닌계의 오에닌(oenin), 델피니딘(delphinidin)이다. pH 변화에 따라 색조가 변하며 열, 빛에 대해 비교적 안정적이다.

## 4) 카로티노이드계 색소의 기능

### (1) 카로티노이드의 정의

동식물계에 널리 분포하는 노랑 · 주황 · 빨간색을 가진 색소군(色素群)을 말하는데 분자 속에 많은 이중결합이 있어서 공기 속에서 산화되기 쉬운 불안정한 물질이다. 노란색을 가지는 카로티노이드는 트랜스 베타카스텐(trans-β-cathtene), 크산토필(xanthophyll), 크립토산틴(cryptoxanthin), 메틸비키신(methyl bixin) 등이 있으며 빨간색을 가지는 카로티노이드는 라이코펜(lycopene), 캡산틴(capsanthin), 아스타산틴(astaxanthin) 등이 있다. 분자 속의 이중결합의 수는 색과 밀접한 관계를 갖는데 물에 녹지 않는다. 고등식물에서 카로티노이드는 엽록체의 틸라코이드(단백질과 지질로 된 편평한 주머니 모양의 구조)에 엽록소와 함께 함유되어 있고, 과실 · 꽃 · 뿌리 등에서는 색소체 속에 결정으로 존재한다. 엽록체 속에 존재하는 카로티노이드는 광합성 때 보조색소로서 빛에너지를 흡수하여, 이것을 엽록소 a로 옮기는 역할을 한다. 또 카로티노이드는 세포가 빛에 의해 해를 받는 것을 막는 작용을 하고 있다. 동물은 카로티노이드를 체내에서 만들 수 없으므로 동물에 존재하는 카로티노이드는 음식물로 섭취한 식물 속에 함유된 카로티노이드에서 유래한다. 사람 등 많은 동물은 카로틴류나 크산토필류 모두 섭취, 흡수할 수 있는데, 말 등은 카로틴류만, 닭이나 많은 어류 · 갑각류 등의 해산(海産) 무척추동물 등은 크산토필류 밖에 섭취하지 못한다.

카로티노이드는 1831년 H. 바켄로더가 최초로 당근의 뿌리에서 적자색 결정으로 분리하여 이것을 carotenoid라고 하였다. 녹황색채소가 카로티노이드의 보고(寶庫)인데 당근, 호박, 시금치, 상추, 쑥갓, 냉이, 피망, 고추, 토마토, 귤, 레몬, 토마토, 살구, 오렌지, 달걀노른자, 새우, 연어, 옥수수, 당근, 감 등에 많이 들어 있다. 카로티노이드는 고등식물에서는 엽록체에, 과실에서는 단백질에 부착되어 존재하며 감귤류는 세포전체가 아닌 미세구조 및 색소체에 농축된 상태로, 당근 카로틴은 색소체에 결정형태로, 동물은 지방에 용해된 형태로 존재한다. 카로티노이드는 지용성으로 미세한 콜로이드상태로 존재하는데 색은 분자내 공액이중결합의 발색단 때문이다. 특히 β-ionone환을 가지고 있는 것(α, β, γ-카로틴, cryptoxanthin, β-apo-8'-carotenal)은 비타민 A 활성을 가지고 있다.

### (2) 카로티노이드의 구조상 분류

카로티노이드 가운데 분자 속에 탄소와 수소만으로 된 일종의 탄화수소를 카로틴류, 수소원자가 산소원자나 수산기(OH)로 치환된 것을 크산토필류로 구별한다. 카로틴류는 화학구조 적으로 볼 때, 양끝에 β-이오논고리 또는 기(基)를 갖는 빨간색 또는 적자색 결정으로 많은 이성질체가 있다. 주된 것으로는 α-카로틴, β-카로틴, γ-카로틴, 라이코펜 등이 있다.

① 카로틴류

카로틴은 광학적 특성에 따라 α-카로틴 β-카로틴, γ-카로틴 등으로 나뉘는데 가장 중요한 것이 β-카로틴이다. β-카로틴과 같은 β-이오논고리를 가진 카로틴류는 동물이 섭취하여 장벽(腸壁)에서 흡수되면 화학변화를 일으켜 비타민 A가 되어 간장으로 운반된다. 비타민 A는 망막의 감광물질인 시홍(視紅 ; 로돕신) 성분으로서 시각에 관계하고 있다. 비타민 A의 활성을 갖는 카로틴류 중, β-카로틴이 가장 효력이 크며, 다른 것은 그 반 정도의 활성밖에 없다. 토마토의 리코펜은 비타민 A의 효력이 전혀 없다. 카로티노이드는 화학구조상으로는 테트라테르펜이라고도 하며 테르펜 등의 이소프레노이드(이소프렌을 구성단위로 하는 천연유기화합물)의 하나이다. 따라서 생체 내에서는 테르펜류에 공통인 생합성 경로(메발론산 경로)를 통해서 만들어진다.

β-카로틴은 당근 뿌리의 빨간 색소에 가장 많이 함유되어 있으며, 양적으로도 많이 볼 수 있다. α-카로틴과 γ-카로틴도 녹색 잎이나 당근 속에 β-카로틴과 함께 함유되어 있다. 리코펜은 토마토와 과실에 함유되어 있는 빨간색 색소이다.

② 크산토필류

크산토필류는 카로틴류에 히드록시기(hydroxyl group) 등이 결합된 것으로, 옥수수 종자의 노란색 색소인 제아크산틴, 고추의 빨간색 색소인 캡산틴, 난황(卵黃)이나 버터의 노란색 또는 카나리아 깃털색깔의 색소인 루테인이 있다, 새우나 게의 껍데기에 함유된 아스타크산틴, 갈조류(褐藻類)의 갈색 색소인 푸코크산틴 등도 여기에 속한다. 처음 생성된 카로티노이드는 카로틴류이며 공기 중의 산소와 결합하여 크산토필류로 변한다. 가을에 나뭇잎을 노랗게 물들이는 색소는 크산토필인데 일반적으로 식물이 노화하면 카로틴류가 산화하여 크산토필류로 변한다. 크산토필은 해로운 자외선으로부터 세포를 보호해 주는 방어용 색소로 바이올라산틴, 안세라산틴, 크립토산틴, 루테인, 제아산틴 등이 있다.

### (3) 천연 카로티노이드계 색소의 종류

① 안나토 색소

안나토 종자로부터 추출하여 얻어지는 색소이며 주 색소는 비신(bixin)이다. 옛날 서양에서 버터, 마가린, 팝콘오일, 샐러드드레싱의 착색료로 사용되어 왔다. 황색을 나타내며 비타민 A 활성은 없다. 그렇지만 서양에서는 치즈, 버터, 아이스크림, 소세지 착색에 사용하여 왔으며 마가린에 0.0025%, 버터크림에 0.02% 정도 첨가한다.

② 파프리카 추출 색소

파프리카에서 추출하여 얻어지는 색소로 파프리카추출액(paprika extract, oleoresin), 즉 올레오레진은 파프리카의 유지 추출액으로 캡산틴(capsanthin)과 캡소루빈(capsorubin)이 주요 성분이다. 적색을 띤 카로티노이드계 색소의 일종으로 카로틴보다 진한 붉은색을 띠며 카로티노이드 색소 중에서는 붉은색이 가장 강하다. $\alpha$-카로틴과 $\beta$-카로틴(3 : 2)이 주성분이며 프로비타민 A원으로 아이스크림, 과자류, 면류, 청량음료 등의 착색에 이용되고 있다.

③ 치자 색소

치자((梔子, Gardenia jasminoides Ellis)에는 원래 carotenoids, iridoids, flavonoids 등의 색소가 존재하여 청색, 적색, 황색을 나타내는데 보통 사프론(saffron)이라 부르는 황색색소를 가장 중요하게 취급하고 있다. 카로티노이드계 황색색소는 물에 잘 녹고 알코올에는 난용이며 내광성, 내열성이며 금속이온에 대해서 안정하며 pH 변화에도 매우 안정하다. 착색력도 좋고 색깔이 아름답고 비교적 오래 염착되므로 옛 부터 천연색소로 많이 이용되어 왔다. 치자황색소는 치자의 열매에서 추출하여 얻어지는 색소이며 주성분은 크로신(crocin)과 크로세틴(crocetin)으로 수용성이며 pH변화에도 색이 변하지 않고 열에는 비교적 안정적이나 빛에 대해서는 약간 불안정하다. 치자청색소는 치자의 열매로부터 추출하여 베타 글루코시데이스를 작용시켜 얻어지고 pH변화에도 색이 변하지 않으며 열, 빛에 대해서 비교적 안정적이다.

### (4) 카로티노이드의 기능

카티노이드는 체내에서 1/6의 효율로 비타민 A로 전환되는 만큼 비타민 A라고 불릴 정도로 비타민 A(레티놀)와 같이 항산화작용을 가지고 있다. 카로티노이드는 천연에서 직접 추출한 것을 섭취해야 효과가 있다는 게 정설로 되어 있다. 공업적으로 인공 합성한 것은 흡수율이 낮아 효과가 그리 크지 않다는 것이다. 그 이유는 분자구조가 서로 다르기 때문이다. $\beta$-카로틴을 예로 들면 인공 합성한 것은 모두 트랜스폼(trans)으로 결합돼 있는 반면 과일과 야채에 존재하는 카로티노이드는 9번 탄소가 시스폼(cis)으로 이뤄져 있기 때문이다. 이 미세한 차이가 흡수율을 변화시킨다. 실제 지용성 색소물질인 카로티노이드 중 β-카로틴이 체내 흡수율이 가장 우수하며 따라서 암, 동맥경화 등 성인병 예방과 노화억제 등에 효과를 발휘한다. 루테인과 제아크산틴과 같은 카로티노이드는 물론 β-크립토크산틴(β-cryptoxanthin) 등은 폐 기능 향상에 효과가 있다. 이것은 카로티노이드의 효능이 산화로 인한 세포조직 손상을 저해하는 항산화 보호 효능의 축적에 의한 것으로 해석된다.

#### (5) 함유식품과 기타

녹황색 채소는 겉과 속이 녹황색 색소를 머금은 채소를 말하는데 당근, 호박, 시금치, 상추, 쑥갓, 냉이, 피망, 고추, 토마토, 귤, 레몬, 감 등의 채소나 과일이 이에 속한다(그러나 색소가 열게 배어있는 배추, 양배추, 양파, 오이, 무, 콩나물 등은 엄밀히 말해 담색채소다. 양배추나 오이 등만을 즐긴다면 카로티노이드의 유익한 기능은 절반이하 밖에 얻지 못함). 매일 5가지 이상의 녹황색채소를 먹는 게 바람직하며 하루에 최소 100g 이상의 녹황색채소를 먹으면 좋다. 많이 먹어도 비타민 A 과잉축적에 의한 부작용은 거의 없는데 그것은 체내에 저장된 β-카로틴은 인체가 필요로 할 때 비타민 A로 전환돼 사용되기 때문이다. 루테인과 제아크산틴 같은 카로티노이드 물질은 시금치나 양배추의 일종인 케일(kale), 콜라드 그린(collard greens)과 같이 짙은 녹색을 띠는 채소에 특히 많이 함유되어 있다.

### 5) 클로로필의 기능

#### (1) 정의 및 종류, 구조

광합성을 하는 생물이 가지는 동화 색소의 일종을 엽록소(chlorophyll, chlorophylline)라고 한다. 엽록소의 기본적인 구조는 1913년에 독일의 화학자 R. 빌슈테터와 A. 슈톨에 의해 밝혀졌으며, 1930년대에 H. 피셔 등에 의해 확정되었다. 페오포르비드 a에 Mg와 피톨을 첨가하여 엽록소 a를 만드는 것은 이미 1930년대에 밝혀져 있었지만 1960년에 R.B. 우드워드 등이 간단한 피롤유도체에서 페오포르비드 a를 합성함으로써 엽록소 a의 인공합성을 가능하게 하였다. 엽록소 a는 정제하면 청흑색의 왁스상태인 고체로 얻어지며 용액은 청록색이고, 엽록소 b는 녹흑색을 띠며 용액은 녹색이다. 엽록소 a의 생합성은 δ-아미놀레불린산의 합성(최근에 이 화합물은 색소체에서 글루타민산으로부터 합성된다고 생각)으로 시작되며 모두 색소체(에

티오플라스트 또는 엽록체) 안에서 일어나는데 반해 엽록소 b 합성은 아직 합성경로가 잘 알려지지 않고 있다. 녹색식물에서는 하루 중 엽록소의 약 10%가 대사경로에 의해 새로 합성된다. 결론적으로 엽록소는 porphyrin핵을 갖고 있으며 porphyrin핵의 중심에 Mg원자가 들어있는 구조를 하고 있다(그림 6-10).

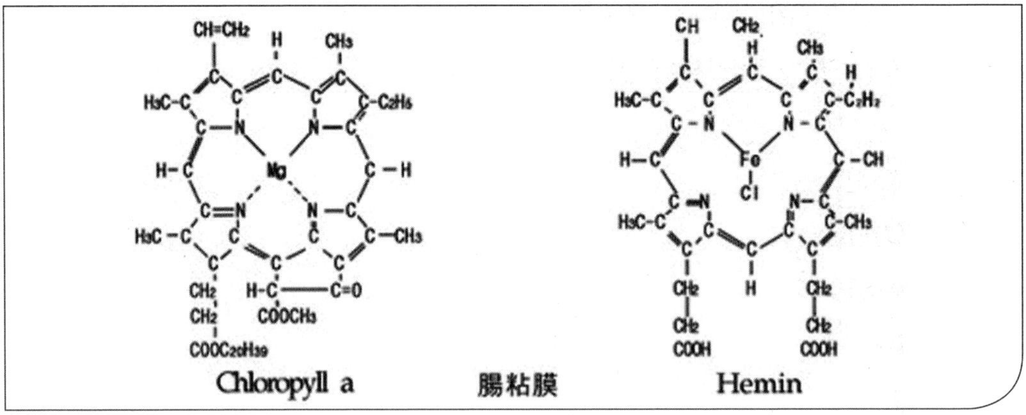

Chloropyll a 腸粘膜 Hemin

〈그림 6-10〉 클로로필의 구조

이와 관련된 유사한 구조로는 hemoglobin이 있다(그림 6-11). 이것도 포르피린(porphyrin)핵을 가지고 있는데 다만 차이는 포르피린핵 중심에 있는 Mg 위치에 Fe원자가 있다는 것 뿐 이다.

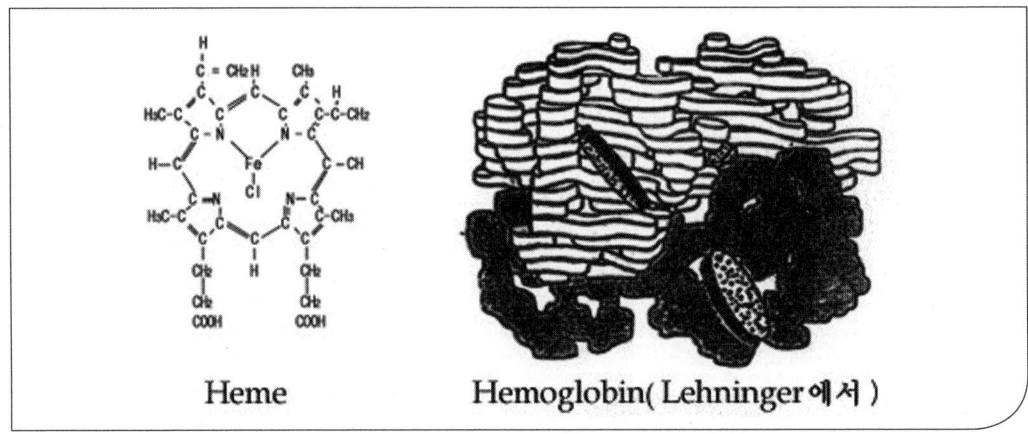


〈그림 6-11〉 헤모글로빈의 구조

### (2) 특성

엽록체 자체는 식물체 세포내의 엽록체(chloroplast)에 존재하며 식물 광합성에 중요한 역할을 담당한다. 보통 식물체에는 클로로필 a(청록색, bluish green)와 b(황록색, yellowish green)가 3 : 1 정도로 분포되어 있으며 자연상태에서는 단백질 또는 인단백질과 결합되어 있다, 엽록소의 구조적 특징은 마그네슘이 중요 색소그룹인 포르피린고리와 2개는 공유결합, 나머지 2개와는 배위결합을 하고 있는 소위 테트라피롤(tetrapyrrole) 유도체이다. 물에는 녹지 않고 유기용매에는 녹으며 산에 의해서 포르피린과 결합하고 있는 마그네슘이 수소이온과 치환되어 갈색의 페오피틴(pheophytin)이 형성되고 산의 작용이 계속될 때에는 chlorophyllide나 pheophorbide를 생성하며 완전 치환될 때는 갈색으로 변한다. 알칼리에 의해서도 선명한 녹색을 띠며 구리, 철이온 또는 염과 반응하면 엽록소 분자 중의 마그네슘은 이들의 금속이온과 치환되어 선명한 색깔을 띤 동엽록소, 철엽록소 등을 형성한다.

### (3) 기능

엽록소의 생체내 작용으로는 세포 자극작용, 조직성장 촉진작용 그리고 약간의 세균발육 저해작용이 있다. 동물이 풀을 먹게 되면 그 동물의 장 융모에 많이 존재하는 철(Fe)이 풀 속의 엽록소 중심 금속인 마그네슘(Mg)과 바뀌는 치환현상이 일어나게 되는데 소나 말이 풀만 먹고도 생명을 유지하는 것은 바로 이 치환현상으로 엽록소가 혈색소를 만드는 조혈작용을 하기 때문이다. 이런 관점에서 엽록소를 푸른 혈액이라고도 부른다. 식물에 함유된 엽록소는 깨끗한 혈액을 만들 뿐만 아니라, 소염기능을 가지고 있어 손상된 세포를 재생시키고, 암세포나 바이러스 발생을 억제하고 해독작용, 항 알레르기 작용, 혈압강하작용. 항궤양작용, 항암작용, 항콜레스테롤 작용 등을 가진 것으로 알려져 있다. 이와 같이 엽록소는 다양한 기능을 가지고 있는데 이것을 다시 정리하면 소염작용, 강간(強肝)작용, 혈액순환 촉진작용이 있다고 볼 수 있다.

#### ① 세포 부활 작용

장기 기능 증진, 조직 저항력 증진, 피로에 의해 움직일 수 없는 신경과 근육에 엽록소를 공급한 후 수축 운동의 재시작, 심장수축의 강화, 이완기의 연장 및 심장 말초혈관의 확장 작용 등이 현저하게 나타났으며 혈압도 조절되는 것으로 알려져 있다. 또 소화기관의 기능 정상화에도 효과가 있는데 위장의 산도를 정상화시켜 위궤양, 위산 과다를 방지하는 기능을 가지고 있다.

#### ② 치유 촉진작용과 항암 및 항궤양작용

엽록소는 환부의 빠른 치유 효과를 가지고 있는데 이것은 세포 부활작용 때문이다. 또 엽록소는 암의 치료 및 예방, 발암물질 제거 및 중화 기능이 있으며 위. 십이지장궤양, 위산과다, 만성위염, 췌장염 등의 예방과 치료에 효과가 있다.

#### ③ 콜레스테롤 저감, 조혈작용과 기타

엽록소는 콜레스테롤 저감기능을 가지고 있어 특히 심장질환, 순환기질환 등의 예방과 치료에 유효하다. 또 조혈작용에 관여하면서 빈혈, 혈액청정작용도 함께 할 수 있는 기능을 가지고 있다. 따라서 혈압을 강하하여 혈관관련 질병의 예방과 치료에 도움을 준다. 또 엽록소류는 비타르계 색소류로 분류되는 것으로 수용성, 안정성을 높이기 위해 간단히 화학 처리하여 철, 동클로로필린(chlorophylline) 등을 만들어 식품첨가물로 사용되고 있다.

## 7. 향기와 허브의 기능

### 1) 허브의 정의와 사용역사

허브(Herb)는 푸른 풀을 의미하는 라틴어 '허바(Herba)'에 어원을 두고 있으며 원래 사람에게 이로운 식물의 통칭이지만, 주로 "향기나는 식물"을 일컫는다. 고대 국가에서는 향과 약초라는 말을 사용할 정도로 건강유지 및 병의 치료를 위해 허브를 약초. 음료, 차, 방부제, 해충구제 등으로 이용하였다. 기원전 4세기경의 그리스 학자인 데오프라스토스(Theophrastos)는 식물을 교목, 관목, 초본으로 나누면서 처음 허브라는 말을 사용하였는데 현대에 와서는 방향자극성이 있는 꽃과 종자, 줄기, 열매, 잎, 뿌리 등은 약, 요리, 향료, 살균, 살충 등에 사용되며, 음식물에 첨가하여 식욕을 촉진시키는 역할 등을 하는 소위 인간에게 유용한 초본식물을 허브라고 부른다. 사전적 의미로서는 '잎이나 줄기가 식용과 약용으로 쓰이거나 향과 향미(香味)로 이용되는 식물'을 허브로 정의하고 있는데 결국 향이 있으면서 인간에게 유용한 식물은 모두 허브이다. 원산지가 주로 유럽, 지중해 연안, 서남아시아 등인 라벤더(Lavender), 로즈메리(Rosemary), 세이지(Sage), 타임(Thyme), 페퍼민트(Peppermint), 오레가노(Orega-no), 레몬밤(Lemonbalm) 뿐만 아니라 창포, 마늘, 파, 고추, 쑥, 익모초, 결명자 등도 모두 허브라고 말할 수 있다. 지구상에 자생하면서 유익하게 이용되는 허브는 약 2,500종 이상 있으며, 관상, 약용, 미용, 요리, 염료 등으로 사용되고 허브의 엑기스는 향장료, 부향제 등으로 사용하고 있다.

허브는 치료목적 이외 숭배의 대상이 되기도 하였는데 인도에서는 홀리바질(Holly basil)을 힌두교의 크리슈나신과 비슈누신에게 봉헌하는 신성한 것으로 여겼고 힌두교에서도 허브를 성스러운 뜻이 있는 '툴라시(Tulasi)'라 하였다. 현재도 이 허브가 '천국으로 가는 문을 연다'고 믿어 죽은 사람 가슴에 홀리바질 잎을 놓아둔다.

고대 로마시대의 학자 디오스코리데스(Dioscorides)가 기원전 1세기에 저술한 약학, 의학, 식물학의 원전인 "약물지"에는 600여 종의 허브가 적혀 있다. 히포크라테스(Hippocrates)

는 그의 저서에 400여 종의 약초를 수록하였는데 특히 타라곤(Tarragon)을 뱀과 미친개에게 물렸을 때 사용하는 약초로, 치커리(Chicory)를 학질(말라리아)이나 간장병을 고치는 약초로, 로즈메리를 산뜻하고 강한 향을 이용하여 악귀를 물리치는 신성한 힘을 가진 것으로 기술하였다. 특히 로즈메리는 두통에 뛰어난 치료 효과가 있고 그 향은 집중력과 기억력 증진에 좋다고 기록하였다. 12세기경의 약제사이자 식물학자였던 허벌리스트(Herbalist)들이 저술한 식물지 『허발(Herbal)』은 동양의 『본초강목』과 같은 것으로 각종 약초가 그림으로 잘 나타나 있고 특히 허벌리스트 존 제라드(John Gerard)가 1597년에 저술한『식물의 이야기(The Herbal of General History of Plants)』는 오늘날까지 허브의 역사를 전하는 귀중한 자료가 되고 있다. 고대 로마인들이 유럽 전역을 지배하게 된 다음부터는 지중해 연안에서 유럽 각지로 허브가 확산되었고 '아로마테라피(Aromatherapy)'라는 방향 요법이 정착되었다. 한 중세의 수도원에서는 정원에 약용식물, 과수류와 함께 허브를 재배하였는데 이것이 허브 가든의 시초라고 할 수 있다. 또 허브 가든은 처음에는 단순히 실용 목적이던 것이 점차 보고 체험하기 위한 '플라워 가든(flower garden)'이나 식용을 목적으로 한 '키친 가든(kichen garden)'으로 세분화되었고 뒤에는 식물원인 '보태니컬 가든(botanical garden)'으로 발전하였다. 또 한편 약용으로 이용되던 허브도 점점 사치용품으로 발전하기 시작하여 향 마사지, 향 목욕을 위해 사용되기도 하였다. 이렇듯 기원전 유럽의 고대 국가에서부터 이용되기 시작한 허브는 현대의 선진국 여러 나라에서도 약효, 건강, 미용, 방향, 장식품 등으로 다양하게 생활에 이용되고 있으며 최근에는 우리나라에서도 자주 접할 수 있게 되었다

### 2) 허브의 분류와 기능성

허브의 기능적 성분은 허브의 종류에 따라 각각 다르므로 일괄적으로 단정하기는 어렵다. 일반적으로 허브에 함유된 성분은 주 영양소 이외 사포닌, 탄닌, 알카로이드, 배당체, 수지, 펙틴을 비롯하여 각종 향기성분, 맛성분, 색깔성분 들이 들어 있다. 특히 방향성 휘발성 성분을 가진 정유성분에는 테르펜계 화합물이 많이 들어 있다. 따라서 이러한 성분들의 기능은 허브의 복합적인 성분에 의해서 나타나며 이러한 성분들이 경우에 따라서는 약용 또는 치료용으로 사용되기도 한다.

#### (1) 딜과 라벤더

딜(dill)은 톡 쏘는 듯한 매운 맛, 산뜻한 향기, 비린내 제거를 비롯하여 진정효과, 건위제, 구취제거, 동맥경화 예방, 진통효과, 당뇨와 고혈압 진정, 불면증 등과 관련된 것에 사용한다.

라벤더는 향의 여왕으로 불리는데 꽃, 잎, 줄기 등 식물 전체에 방향이 있어 관상용은 물론 정유성분은 화장용(피부 긴장 완화, 피부 세정, 피부 연화 등에 사용)으로 사용한다. 또 정신안정의 효과가 있어 베개에 넣어 숙면을 위해 이용되며 차로 끓여 마시면 진정작용에 효과가 있고 진통과 두통을 없애 주며 기분을 전환시켜 숙면에 도움을 준다.

### (2) 레몬밤과 로즈마리

레몬밤은 강한 레몬향을 가지고 있어 샐러드나 수프, 소스, 오믈렛, 육류나 생선 요리 등에 이용하고 있다. 질산칼륨과 함께 잎을 복용하면 독버섯 해독이나 복통에 좋고 소금과 함께 복용하면 궤양에도 효과가 있다. 생리통을 억제해 주고 생리촉진에도 효과가 있다. 오일을 린스로 쓰면 탈모 방지에 도움이 되고 목욕제로 쓰면 원기가 회복되어 몸이 따뜻해지며 피부의 세정 효과도 높여 준다. 차를 끓여 마시면 진정과 건위효과, 강장 작용이 있고 신경을 고양시켜 우울한 기분을 상쾌하게 만든다.

로즈마리는 줄기, 잎, 꽃 등 모두 특유의 강한 방향을 가지고 있어 요리나 차, 입욕제, 화장수 등에 널리 쓰이며 꽃이나 잎에서 발산하는 성분에는 항균작용이 있어 욕실이나 실내 벽걸이로 걸어 두면 좋다. 강하고 상쾌한 향은 두뇌를 명석하게 하고 기억력을 증진시키며 집중력을 높이는 효과가 있어 수험생들이 많이 사용하고 있다. 차를 만들어 마시면 원기 회복의 효과가 있으며 소화 불량, 항균 작용, 혈액순환 촉진 등에 도움이 된다. 또, 에센셜 오일은 피부의 노화를 방지하는 효과가 있어 미용, 화장수로서 인기가 높고 목욕제로 사용하면 피로 회복에 좋다.

### (3) 민트와 바질

민트는 잎을 스치기만 하여도 상쾌하고 청량감이 느껴지는 허브인데 오드콜론민트(Eau de cologne mint), 애플민트, 페니로열민트(Pennyroyal mint), 페퍼민트, 스피아민트, 블랙페퍼민트(Black pepper mint) 등 재배종만 해도 약 20종이 있고 야생종까지 포함하면 그 종류가 매우 많고 다양하다. 과일향, 박하향 등 품종에 따라 각기 다른 고유의 향을 지니고 있어 용도에 알맞게 적절히 이용할 수 있다. 애플민트는 청량감이 있는 민트류의 일종으로 특히 육류 요리의 소스를 만드는 데 많이 쓰이며 산뜻한 맛과 향으로 야채나 과일 샐러드에 뿌려서 사용거나 탄산수로 만든 음료, 칵테일 등의 풍미를 내는데 이용되고 있다. 민트류는 종류에 따라 다소 차이는 있지만 살균, 소화 촉진, 건위 작용, 구내 소취제, 치약, 위약 등의 원료로 쓰인다. 차를 끓여 마시면 식후 소화 불량에 효과가 있고 위통, 감기, 인플루엔자에도 약효가 있다. 페퍼민트는 민트류 중에서도 특히 살균, 구충 효과가 뛰어나며 구취를 방지하는 효과가 있어

치약 등에 사용된다. 잎을 갈아 습포제로 쓰면 피부의 염증이나 타박상 치료에 효과를 볼 수 있다. 피부염이나 가려움증에도 약효가 있고 화장실에 놓아두면 악취 대신 박하향이 오랫동안 지속된다. 스피아민트라고 불리는 녹색 박하는 페퍼민트와 함께 요리에 많이 이용되는데 페퍼민트보다 향이 달콤하며 피부 조직에 탄력을 준다. 상쾌한 향은 정신을 맑게 해주고 뇌를 자극시켜 집중력과 기억력을 고양시키며 스트레스 해소에 효과적이다. 껌, 치약, 습포제에 쓰인다. 애플민트는 사과와 같은 달콤한 향이 나며 신선한 잎은 생선, 고기, 계란 요리나 젤리, 음료수, 소스, 비니거 등을 만드는 데 이용된다. 페니로열민트는 상쾌한 박하향이 나며 파리, 벼룩, 개미 등의 유해 곤충을 물리치는 데 뛰어난 효과를 발휘하고 구충제로도 사용되고 있다.

'바질'은 '왕자'를 뜻하는 그리스어 '바질레우스(basileus)'에서 유래되었는데 이탈리아나 남프랑스요리에 빠질 수 없는 재료이다. 향기와 풍미가 각각 독특한데 스위트 바질이 대표적으로 알려져 있으며 주로 줄기와 잎을 이용한다. 키친 허브라고 할 정도로 요리에 다양하게 이용된다. 위장이 약한 사람에게 좋고 코막힘과 두통에 효과적이며, 여드름을 억제하고 피부 개선에 효과가 있으며 식욕증진, 소화촉진에도 좋다. 두뇌의 움직임을 활발하게 하는 동시에 두통 증상을 개선한다. 근육통의 완화에 효과가 있어 마사지 오일로 많이 이용한다.

#### (4) 보리지와 베르가모트

보리지는 샐러드, 설탕절임과자, 닭이나 생선요리에 사용하지만 습진이나 피부병에 효과가 있고 진통, 피로회복, 해열, 발한, 이뇨 등에 좋은 것으로 알려져 있다. 또 간장과 방광염증에 효과가 있으며, 잎이나 종자로 만든 차는 산모의 젖을 내는데 매우 좋다. 입욕제로 이용하면 피부를 부드럽고 청결하게 하며 심신의 긴장을 풀어준다. 최근에는 보리지 종자에서 기름을 짜내어 마사지 오일, 화장용 크림 등으로 이용하고 있다.

베르가모트는 오렌지를 닮은 방향과 쓴맛을 가지며 차, 샐러드, 편안한 잠을 유도하거나 피부병이나 거친 피부의 치료에 사용된다.

#### (5) 세이지와 아티초크

세이지는 그리스, 로마시대부터 만병통치약으로 이용되어 왔는데 향료, 약, 요리, 염색 등에 이용된다. 세이지는 강장, 진정, 소화, 살균 효과 등이 있으며 고기나 생선의 지방분을 중화시켜 냄새를 제거하므로 요리에 매우 긴요하게 쓰인다. 세이지 차는 기분을 맑게 하고 흥분을 진정시키며 구강염이나 잇몸의 출혈과 구취 방지에 효과가 있으나 효력이 강하므로 연속하여 마시는 것은 피한다. 또한 세이지는 소화 촉진, 해독 작용, 위약, 거담, 구풍, 이뇨, 구충, 방부 작용으로도 사용하며 입욕제는 피로 회복 효과가 있으며 냉증, 갱년기 장애에 큰 효과가 있다.

아티초크는 중세에 간장이나 위장의 기능을 높이는 약초로 소중하게 취급되었는데 뿌리나 잎은 간장, 폐, 신장에 효과가 있고, 류머티즘, 천식에도 효과가 높다.

### (6) 제라늄과 차빌

원예종으로 알려져 있는 제라늄 가운데 허브로 이용되는 것은 잎과 줄기 등에 정유분이 있는 방향성의 센티드제라늄이다. 관상용 외에 샐러드, 아이스크림, 케이크나 젤리, 과자 등에 향료로 사용하며 방향유를 이용하여 향수, 화장품, 비누에 사용한다. 또 기분을 맑게 하는 효과가 있어 잎을 넣은 목욕물에 몸을 담그면 피로가 풀린다. 또 모기를 물리치는 효과가 있으며 피부염과 동상에 쓰이는 마사지 오일의 재료로도 쓰인다.

차빌은 미나리과에 속하며 파슬리보다 섬세한 향이 있는데 수확 때 나오는 즙은 피부를 맑고 깨끗하게 보존하는 효과를 갖고 있다. 프랑스 요리에서 야채나 어패류의 수프 등 미세한 맛을 내는데 사용하며 차빌 즙은 진통 완화, 소염작용, 피부의 세정용으로 사용한다. 종종 탈모, 주름살 방지용으로 사용하기도 한다.

### (7) 캐모마일, 타임과 콘플라워

캐모마일은 국화과에 속하며 건조한 꽃은 미용 효과가 뛰어나 목욕제로 이용하고 있다. 또 피로회복, 저염증, 방부, 구충약, 경련을 가라앉히는데 좋으며 냉증이 있는 사람에게는 몸을 보온하는 효과도 있다. 향은 정신적 긴장을 완화시켜 준다.

타임은 '향기를 피운다'는 뜻이며 풀 전체에 강한 향이 있다. 요리나 포푸리, 입욕제, 염료 등으로 이용하며 요리에도 사용되고 있다. 감기 예방, 인후통 완화, 우울증 완화, 살균작용 등을 가지고 있다.

콘플라워는 이뇨 작용 등 약리 효과를 가지며 화장수, 안약, 기관지염이나 기침해소 등에 이용하고 있다.

### (8) 포트마리골드와 페니로얄

포트마리골드는 주로 약용, 착향료, 식용에 이용되며 신선한 꽃잎은 샐러드. 수프 등에 사용하고 꽃은 황색을 내는 염료로 쓰이고 있다. 잎과 꽃을 먹거나 복용하면 소화 촉진, 소화 불량의 해소, 위궤양, 십이지장궤양의 치료 효과가 높은 것으로 인정되고 있으며 수렴성, 항균성, 항염증성, 살균효과가 뛰어나 피부염과 모든 상처, 염증, 종기, 지혈에 효과를 가지고 있다. 침출액은 간단한 피부 보습제로, 꽃의 액은 외상, 화상, 가벼운 동상의 습포제, 도포제로 이용되며 미용제로도 사용된다. 베이비유에 넣은 것은 햇빛에 탄 피부를 부드럽게 해 주며 생리통 완화 작용을 해 준다.

페니로얄(pennyroyal)은 꽃, 잎을 이용하며 민트와 비슷한 향을 낸다. 로마시대에 벼룩, 모기퇴치와 집안의 해충을 막는데 이용하였고 말린 것은 침대 밑이나 카페트 속에 넣어 해충 방지에 사용하였다.

#### (9) 탄지, 히솝과 펜넬

탄지는 국화과의 상록 다년초로 꽃의 형태가 단추를 닮았다고 하여 '학사님의 단추'로 불리고 있다. 이 꽃은 오래 전부터 '불사(不死)'라는 뜻의 그리스어 '아타나시아(Athanasia)'로 알려져 있는데 진녹색 잎에는 강렬하면서도 산뜻한 방향이 있다. 중세에 탄지는 가정용 허브로 중요하게 쓰였는데 약용 이외에 실내의 방향제, 육류의 부패 방지, 방충제, 염료, 차, 빵과 푸딩 등에 향기를 첨가하기 위해 사용되었다. 건조한 잎은 살충, 살균효과가 있기 때문에 향 주머니에 넣어 해충제로 이용한다. 특히 파리가 싫어하므로 잎으로 고기를 싸서 향을 내면 파리가 달려들지 않는다.

히솝은 강하고 상쾌한 향을 가지고 있다. 따라서 기름기가 많은 육류 요리나 냄새나는 생선 요리에 사용하였다. 히솝은 유럽에서 옛부터 약초로 이용하였는데 소화 흡수를 돕는 작용이 있으며 감기나 기관지염 등의 호흡기 계통의 질환에 효과가 있다. 박하향 나는 산뜻한 차를 끓여 마시면 건위 작용과 초기 감기, 정신적 불안감과 가벼운 히스테리의 치료에 도움이 된다. 또 줄기를 욕탕에 넣은 후 목욕을 하면 피부의 청결함과 냉증개선에 효과가 있고 세정약이나 습포약으로 사용하면 좌상이나 외상에도 매우 유효하다. 향수나 화장수의 원료로도 쓰이고 있다.

펜넬은 다이어트 허브라고도 불리는, 미나리과의 상록 다년초로 종자, 잎, 줄기, 뿌리 등 어느 부분을 씹어도 강렬한 향을 느낀다. 잎과 줄기를 그대로 샐러드로 이용하며 마리네이드 소스와 혼합하기도 한다. 특히 생선 요리에서는 생선의 뱃속에 넣고 줄기와 잎으로 감싸서 굽는 등 그 이용 범위가 매우 다양하다. 종자는 갈아서 빵이나 케이크의 향료로 쓰며 잎을 씹으면 입안의 냄새를 제거해 준다. 특히 여성병에 효과가 높은데 차를 만들어 마시면 갱년기의 여러 증상을 완화시킨다. 식욕증진, 건위, 체한 데 효과가 있으며 향을 맡으면 스트레스가 해소되고 심신의 긴장을 풀어 주어 숙면에 도움을 준다.

### 3) 향신료의 기능

향신료는 일반적으로 가공식품이나 조리 시 향미를 주기 위해 사용되는 재료인데 종류에 따라 다양한 기능을 가지고 있는 것으로 알려져 있다. 초밥의 와사비나 매운 카레가 입안을 화하게 하고 땀을 흘리게 하거나 또는 고추의 캡사이신 성분이 지질의 분해촉진을 비롯한 각종 기능을 가지고 있는 등 향신료는 인체 생리에 영향을 주기도 한다. 최근의 연구에 의하면 향신료 등의 자극성 물질은 특유의 향기, 색, 맛 등으로 조미와 맛을 좋게 하고 그 결과 식욕을 항진하는 작용을 하므로 식욕부진이 되기 쉬운 환자에게는 식욕을 촉진하고 체력을 증진시켜 병의 회복에 도움이 된다는 것이다. 일상 사용하는 향신료로는 고추, 겨자, 후추, 와사비, 생강, 산초, 카레가루 등이 있다.

## 8. 에스트로겐의 기능

에스트로겐(estrogen)은 동물에서 발정(estrus)을 일으키는 일종의 여성호르몬으로 발정호르몬, 난포호르몬, 여포호르몬이라고도 한다. 에스트로겐은 우리 몸의 뇌, 소화기관, 난소, 고환, 부신피질 등 여러 기관에서 생산되고 있는 호르몬으로 생명유지에 절대적으로 필요한 물질이다. 특히 에스트로겐은 난소에서 많이 분비되며 그 분비는 LH(황체형성호르몬)에 의해 자극되며 다른 스테로이드호르몬과 마찬가지로 표적세포(標的細胞)의 세포질 속에 있는 수용체와 결합하여 핵으로 옮겨져 세포의 기능을 제어한다.

에스트로겐의 작용으로는 자궁의 발달, 자궁내막과 젖샘의 발달, 그 밖의 2차 성징의 촉진, 지방합성의 증가, 간기능 향상 등이 있다. 남성의 경우에도 고환에서 극히 조금이지만 에스트론이 합성되고 있으며 부신피질에서 분비된 안드로스텐디올이 에스트론으로 조금 변환되지만 그 양은 아주 미비하다. 또 에스트로겐은 월경주기의 변화에 큰 역할을 하며, 여드름의 발현, 수분과 염분의 보류(保留) 작용도 가지고 있다. 따라서 에스트로겐은 폐경기의 여러 장애, 월경곤란, 기능성 자궁출혈, 난소기능장애, 골다공증과 젖분비 억제 등의 치료에도 사용되고 있다.

동물체내에서 분비되는 에스트로겐은 모두 스테로이드이며 사람의 난포 속에는 에스트론(estrone), 에스트라디올-17$\beta$(estradiol-17$\beta$), 에스트리올(estriol) 등이 있으나 그 중 에스트라디올-17$\beta$가 가장 많이 분비되고 생물활성 또한 가장 높다. 에스트라디올-17$\beta$는 생체 내에서 산화되어 만들어지는 에스트론과 상호 가역적으로 전환되며 수산화에 의해서 에스트리올로 변한다. 에스트라디올-17$\beta$는 에스트로겐 중 여성호르몬으로서의 활성이 가장 크며 임신 중에는 태반에서 다량으로 생성된다. 에스트론은 FSH(난포자극호르몬)에 의해서 합성되며 이때 환상(環狀) AMP(아데노신일인산)가 관여한다. 에스트리올은 에스트로겐으로서의 작용이

에스트론보다 약하지만 임신부의 요속에 대량으로 배출되며, 태반과 태아의 부신피질의 상태를 반영하므로 그 배출량으로 태아 태반의 기능을 검사하기도 한다.

식물성 에스트로겐은 '파이토 에스트로겐'이라고 부르는데 이는 화학 구조가 여성호르몬 에스트로겐과 비슷해 체내에서 에스트로겐과 유사한 작용을 나타내는 물질로 받아들이고 있다. 대표적인 것은 콩에 많이 들어 있는 것으로 알려진 이소플라본(isoflavone)이며 이 외에도 승마, 달맞이꽃, 석류 등에서 추출한 성분이 여기에 해당한다. 안면홍조, 우울증 같은 갱년기 증상을 완화시키는 효과는 에스트로겐과 같지만 식용 식물에서 추출했기 때문에 안전한 편이다. 보통 비타민 E와 함께 섭취하면 상승효과가 있는 것으로 알려져 있다. 여성의 경우 갱년기를 즈음하여 에스트로겐이 장기적으로 결핍되면 골다공증 등 각종 성인병에 노출되기 쉬우며 신체의 균형이 어긋나기도 한다.

고대 페르시아에서 "생명의 과일" "지혜의 과일"로 알려져 있는 석류는 에스트로겐 함량이 많은데 특히 흑석류 종자(씨)에는 일반 석류보다 더 많은 성분의 에스트로겐이 함유되어 있는 것으로 알려져 있는데 석류에는 6종의 식물성 에스트로겐 및 에스트로겐류가 들어 있다고 한다(다이드제인, 퀘세친, 카테킨, 제니스테인과 2,3-di-meo 에스트라디올과 에스트라디올 -17$\beta$ 등).

최근 식물성 에스트로겐에 대한 관심이 높아지면서 연구가 활발히 이뤄지고 있지만 아직까지는 그 효능이나 안전성에 대해서 확실하게 밝혀진 것은 없다. 효모, 호프, 메밀, 보리, 맥아 등에서 추출한 성분을 혼합해 만든 E 에스트로겐(호르몬)으로 유통되고 있다.

# 9. 기타 기능성 성분의 기능

## 1) 폴리페놀과 카테킨의 기능

### (1) 정의와 종류

폴리페놀(polyphenol)은 과실류나 다(茶)류 등에 많이 함유되어 있는 성분으로 식물 유래의 피토케미칼(phytochemical)로 주목받고 있으며 방향족 하이드록시화합물 가운데 하이드록실기(基)를 2개 이상 가진 화합물로 벤젠환에 여러 개의 페놀성 수산기를 가지고 있는 화학구조를 가진 다가(多價)페놀을 총칭한다. 종류에는 모노머(monomer)와 폴리머(polymer) 폴리페놀로 구분하는데(그림 6-12) 차의 쓰고 떫은맛을 내는 폴리페놀류에 대해서는 1927 1935년에 걸쳐 Tsujimura가 차잎에서 3종의 카테킨(EC, ECG, EGC)을 분리하여 차의 폴리페놀류가 카테킨류의 혼합물로 구성되어 있다는 것을 처음으로 밝혀내었으며, 그 후 Bradfield가 EGCG(epigallocatechin gallate)를 분리해 내었다. 그 종류는 다음과 같다.

### (2) 기능성

폴리머 폴리페놀(polymer polyphenol, 탄닌)은 주로 야채나 과실의 갈변이나 쓴맛 또는 음료의 혼탁형성에 관여하는 성분인데 그 중 프로안토시아니딘(proanthocyanidin)*은 열과 산에 안정적이고 물에 잘 녹으며 생체흡수성이 높다(이에 반해서 카테킨, 플라보노이드, 탄닌류는 생체 내에서 흡수되기 어려움).

* 폴리페놀의 주성분으로 적포도주와 포도씨에 들어 있는데 기미의 원인이 되는 멜라닌 색소의 생성에 관계하는 tyrosinase의 활성을 저해, 멜라닌 색소의 생성을 억제하고 자외선으로 생성된 활성산소에 의한 피부의 DNA 산화장애를 감소시켜 멜라닌 세포의 과잉증식을 억제한다.

- 모노머 폴리페놀
  - 플라보노이드
    - 플라본 : 자소종자추출물
    - 플라보놀 : 카카오추출물, 메밀추출물
    - 플라바논(나리딘, 헤스페리딘) : 감귤과피추출물
    - 플라바노놀
    - 이소플라본(다이제인, 제니스테인) : 대두 이소플라본
    - 안토시아닌 : 불루베리추출물
    - 플라바놀(카테킨) : 녹차추출물
    - 카르콘
    - 오론
  - 클로로겐산 : 커피추출물
  - 몰식자산 : 달맞이꽃추출물
  - 에라그산 : 달맞이꽃추출물
- 폴리머 폴리페놀(탄닌)
  - 축합형 – 프로안토시아니딘 : 우렁차추출물
    - 올리고메릭 프로안토시아니딘 : 포도종자추출물, 사과추출물
  - 가수분해형 – 가로탄닌
    - 에라그탄닌 : 첨차추출물, 유칼리추출물, 과바추출물

〈그림 6-12〉 폴리페놀의 종류

모노머 폴리페놀(monomer polyphenol) 중 색소로는 플라본류(flavones)와 안토시아닌(anthocyanin)이 있는데 양파, 감귤류의 흰색과 황색 색소성분인 플라본류는 다갈색 색소 또는 황색인데 산성에서는 희게 변한다. 모노머 폴리페놀 중 무기질 성분으로는 녹차에 함유된 카테킨과, 커피콩, 우엉, 머위 등에 함유된 클로로겐산(chlorogenic acid)이 있는데 공통적으로 쓴 맛을 가지고 있다. 녹차의 쓴맛과 떫은맛에 크게 기여하고 있는 플라바놀류(flavanols)는 모세관 강화력, 항동맥경화증 효과, 항암 효과 등의 생리학적인 효과와 유리 라디칼 소거제 또는 항산화제 및 갈색화반응 억제제로서의 작용 등을 가지고 있다. 홍차 제조 시에 플라바놀류의 대부분은 폴리페놀산화효소(polyphenol oxidase)에 의해 쉽게 산화되어 데아플라빈과 거대분자량을 가진 성분으로 변화되며, 차잎의 연령에 의존되는 여러 플라바놀류의 함량과 비율은 최종 음료의 질과 직접적으로 관련이 있다고 한다. 차의 어린 새순으로부터 제조된 가장 좋은 차는 가장 높은 플라바놀류를 함유하고 있다. 한편, 차의 플라보놀 중 미량은 아글리콘(aglycones)으로 존재하는데 대부분은 수용성의 배당체로서 존재한다(그림 6-13). 이들 배당체는 아글리콘인 미리세친(myricetin), 쿼세틴(quercetin), 캠프페롤(kaempferol)로부터 유도되며 이들의 구조식은 아글리콘에 포도당, 갈락토오스, 람노오스(rhamnose) 등이 결합되어 있다. 차 성분으로 극히 소량 존재하는 플라본배당체는 모세관 강화효과가 있는 비타민 P 활성의 생리적 효과를 가지고 있다.

사과, 바나나, 우엉, 연근 등의 갈변반응은 이 식품에 함유된 폴리페놀산화효소(polyphenol oxidase)의 작용으로 멜라닌 형태의 물질을 만들기 때문이다. 이 갈변반응은 산이나 농도가 낮은 식염 용액에 담궈 두거나 비타민 C 등 환원제를 사용하면 효소의 작용을 정지시킬 수 있다.

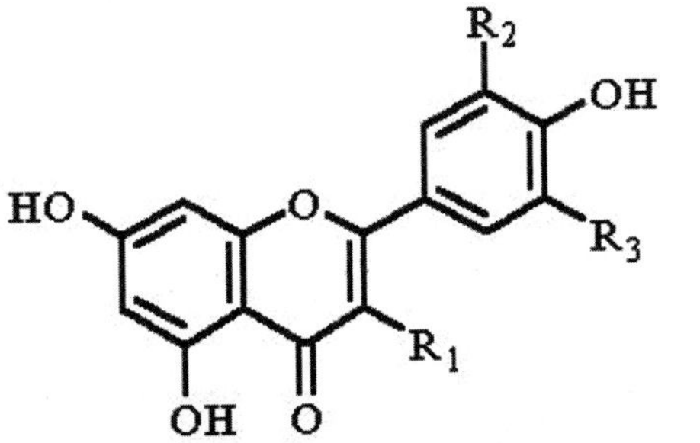

〈그림 6-13〉 차에 함유되어 있는 플라보놀, 플라본 아글리콘의 구조

kaempferol ; R1, =OH, R2, R3=H quercetin ; R1, R2=OH, R3=H

myricetin ; R1, R2, R3=OH apigenin ; R1, R2, R3=H

폴리페놀류는 항알레르기, 항산화, 항종양, 발암의 과정에 관여하는 변이원성 억제작용(암 유전자 착상, 세포의 암세포화, 종양의 악화와 전이(轉移) 등 암 발생의 3단계 모두 억제), 노화와 피로 등을 초래하는 "활성산소"의 피해로부터 몸을 지켜주는 항산화 작용(활성산소 제거 작용), 치석형성 효소의 저해 및 구강내 세균에 의한 유기산 생성억제(충치 억제 효과) 등을 비롯하여 동맥경화, 항혈소판 응집억제, 혈당상승억제, 고혈압에 관계되는 안지오텐신 전환효소 저해작용, 뇌혈관 장애 계통의 치매에 대한 예방효과, 혈중 콜레스테롤 저하, 알레르기증상 억제, 멜라닌생성 억제, 냄새제거, 여성 특유의 기미 개선, 눈 건강 등의 예방 또는 증진에 효과가 있는 것으로 알려져 있다. 또 SOD(super oxide dismutase)와 유사한 효과를 나타내어 산화를 억제해 주어 피부 노화나 유연 기능, 미백 기능을 수행하며 장관 내 헬리코박터균(Helicobactor pylori)이라는 궤양을 일으키는 주요 원인균을 사멸하는 능력과 뼈 성분의 소실을 예방한다. 또 신경세포(synapse)가 활성산소에 의해 산화되거나 혈액이 충분히 순환되지 않아서 신경세포가 죽어 버리는 소위 치매를 예방하거나 산화방지 작용, 항혈전 작용, 협심증과 심근경색 예방, 혈행 촉진 작용 등 뇌의 신경세포활성화는 물론 아토피성 피부염, 알레르기성 피부염, 천식 등 알레르기병의 억제 효과 등의 기능도 가지고 있다. 차와 참깨, 코코아, 그리고 사과와 딸기 등의 과일에도 있지만 포도에는 과일 중에서 가장 많이 들어 있으며 화장품, 식품, 의약품 원료로 사용되고 있다.

본 장에서는 폴리페놀 중 가장 기능성 재료로 많이 사용되고 있는 카테킨에 대해서 설명하고자 한다.

### (3) 카테킨

맛이 떫고 텁텁하며 쌉쌀한 카테킨(cathechine)은 차의 맛, 색, 향 등에 가장 큰 영향을 주는 성분인데 제조과정에 따라 성분이 변한다. 차의 성분중 제일 많이 차지하는 성분이며(우려낸 녹차 한 잔에는 50 60mg, 건조차에는 10 18% 정도의 카테킨이 함유) 화학구조상 수산기 -OH를 많이 가지고 있어 여러 가지 물질과 결합을 쉽게 하는 물질이다. 산화되면 홍갈색의 색을 내는 성분인데 광합성에 의해 형성되므로 어린잎보다는 늦게 딴 찻잎일수록 카테친 함량이 더 많다. 찻잎을 전혀 발효시키지 않고 엽록소를 그대로 보존시켜서 만든 녹차는 찻잎을 반쯤 발효시킨 우롱차나 완전 발효시킨 것보다 더 많은 카테친을 함유하고 있다. 카테킨은 하루에 500mg 섭취하는 것이 적당하다. 카테킨의 기능은 매우 다양한데 그것을 정리하면 다음과 같다.

① 항산화 작용과 항암

카테킨의 가장 중요한 기능은 항산화 기능이다. 항산화기능은 활성산소의 제거와 관련이 있는데 지질 과산화에 의한 생체의 순환기능 장애와 노화 등을 억제하고 생체조절 물질로 각종 질환의 예방과 치료에 이용된다. 카테킨은 산화적 DNA 손상, 비정상적 세포증식, 세포의 돌연변이, 세포간 정보전달억제 등 발암과 관련된 과정에 항암(anti-promoting)효과를 가지며 단백질과 결합하여 신체대사에 관여하는 효소활성을 변화시키거나 화학물질의 독성 제거를 위한 유전자 발현을 촉진하는 등의 작용을 한다.

② 혈중 콜레스테롤의 감소와 고혈압 저하 효과

인체에 좋은 작용을 하는 HDL-콜레스테롤을 상승시키는데 비해 몸에 해로운 작용을 하는 LDL-콜레스테롤을 감소시키는 선택적 작용으로 혈중 콜레스테롤 함량을 조절해 준다. 또 카테친에는 안지오텐신Ⅱ의 생성효소를 저해하는 성분이 있어서 고혈압을 예방하는 기능을 가지고 있다.

③ 해독작용, 살균효과와 정장효과

알코올이 체내로 들어오면 간으로 보내져 아세트알데히드로 바뀌고 이것은 다시 초산으로 분해되어 몸 밖으로 배출되는데 술을 너무 많이 마시면 분해작용이 원활하지 못해 아세트알데히드가 다 배출되지 못하고 혈액에 남게 된다. 이 때 두통, 구역질 등 숙취가 생기는데 카테킨은 아세트알데히드의 분해를 촉진하므로 두통과 구역질을 없애 주고 숙취를 방지해 준다. 또 과다한 알코올은 뇌에 영향을 미치는데 카테킨은 지질 산화를 억제함으로써 중추 신경계의 손상을 막아준다. 또 만성 카드뮴 중독 시 일어나는 신장 기능의 저하를 완화하고 카드뮴을 체외로 배출시킨다. 기타 금속이온 봉쇄작용을 가지므로 체내 중금속 제거에도 도움이 된다.

카테킨은 식중독 세균인 포도상구균, 장염 비브리오균, 황색포도상구균, 웰치균, 콜레라균 등에 대해서 보통 차를 마시는 농도의 1/10 ~ 1/2정도의 극히 낮은 농도에서도 살균효과를 보인다. 또 몸속에서 정장작용을 하며 몸에 이로운 장내 비피더스균의 생육을 도와준다.

④ 심혈관계 질환의 예방과 혈당-지질대사의 조절 효과

카테킨은 고혈압, 동맥경화증, 뇌경색, 뇌혈전, 심근경색증 등 심혈관 질환의 예방과 치료에 도움을 준다. 또 카테킨은 혈당치를 낮추고 구갈(口渴), 빈뇨, 신경통 등의 자각증상을 경감시키고 소장에서 전분분해효소와 당분분해효소의 활성을 저하시켜 이들의 소화흡수를 억제, 당질의 소화 흡수를 지연시키는 작용을 하여 포도당이 혈액 중으로 흡수되는 것을 지연시켜 급격한 혈당치의 상승을 억제시킨다. 또 카테킨은 지방분해효소의 작용을 강화시켜 주기 때문에 지방축적억제 기능과 체내 지질대사를 활발하게 해 지방축적을 막아 준다. 또 소장과 임파에서의 콜레스테롤 흡수를 억제하고 대변 배출량을 증가시켜 변비에 식이섬유 섭취와 같은 효과를 나타낸다. 카테킨은 동맥경화지수도 낮춰 주는 효과가 있는데 이것은 카테킨이 중성지방과 총콜레스테롤 수치를 감소시키기 때문이다.

⑤ 감기 예방 및 피부 미용 효과

두통의 경감과 혈행의 개선 그리고 이뇨작용을 증가시켜 감기를 예방하거나 퇴치하는 작용을 하며 인플루엔자 바이러스의 작용을 약화시키는데 효과적인 성분으로 알려져 있다.

흔히 피부의 적이라고 하는 과다한 자외선은 피부 진피까지 영향을 미치고 탄력섬유(엘라스틴)와 콜라겐을 붕괴시켜 피부 탄력 감소, 조기 노화, 모세혈관의 확장으로 인한 홍조 현상 및 기미를 유발하며 심할 경우 피부암을 일으키기도 한다. 이 때 카테킨은 피부를 자외선으로부터 지켜 주며 색소 침착을 방지해 피부 미백에 탁월한 효과가 있을 뿐만 아니라 손상된 세포의 노화를 늦춰 주는 것은 물론 새로운 세포의 재생 속도도 빠르게 하여 멜라닌 색소가 모이는 것을 막아준다. 또 항산화 및 항암작용으로 이미 생성된 피부 종양의 성장을 저해한다.

⑥ 충치 예방, 환경호르몬의 체외 배설 촉진과 기타

카테킨은 치아 표면의 불소 코팅 효과, 치석 형성의 억제, glucosyl transferase 활성의 억제, 충치 세균에 대한 살균작용 등의 효과를 가지고 있다. 또 카테킨은 환경호르몬을 제거하는 효과가 있으며 다이옥신에 의한 부고환 및 전립선 중량의 증가 억제 효과도 가지고 있다. 카테킨은 뇌 속에 알츠하이머형 치매를 유발하는 $\beta$-아밀로이드 펩티드 단백질의 축적을 억제, 치매의 발병을 예방한다. 또 혈소판 응집 억제작용, 항알레르기 효과, 에이즈 바이러스 역전사 효소에 대한 억제 효과, 담배의 해독효과, 알칼리성 체질개선 효과, 염증치료 효과, 기억력 및 판단력 증진 효과, 변비개선 효과, 방사능 해독작용 등 기능을 가지고 있다.

### 2) L-카르니틴의 기능

L-카르니틴(carnitine)은 체내의 뇌, 심장, 간, 신장 및 골격근에 존재하는 천연 아미노산 일종으로 간과 신장에서 아미노산인 라이신(lysine)과 메티오닌(methionine)으로부터 합성된다. 조성분으로 비타민 C, 비타민 B6, 나이아신, 철 등을 필요로 하는 화합물이며 체내의 지방산과 결합, 지방을 연소시켜 에너지원으로 바꿔 주는 생체물질이다. 가끔 비타민 BT라 부르고 있다. 간의 신진대사에 필요한 에너지의 상당량을 지방 연소에 의하여 얻는다. 지방산이 대

사되어 에너지를 생성하기 위해서는 세포질에 있는 지방산을 미토콘도리아로 운반해야 한다. 이 때 L-카르니틴이 지방산과 결합하여 지방산을 세포질로부터 간의 미토콘드리아로 운반시켜 주는데 이 때 카르니틴 아실트란스퍼라아제(acyltransferase)라는 효소가 관여한다. 골격근과 심장근육은 이 반응을 통하여 대사에너지를 얻는다. 그러나 단백질의 섭취량이 부족한 경우에는 카르니틴 합성에 필요한 아미노산의 공급이 부족해지므로 지방산 대사에 지장을 초래하게 된다. 미토콘드리아에서 대사산물인 유기산이 많이 생성, 축적될 경우에도 카르니틴은 이를 제거해 준다.

또 카르니틴은 뼈에 필요한 칼슘 저장을 촉진시키며 운동 전 L-카르니틴을 섭취할 경우 지방과 당을 이용하여 운동효과를 증진시키며, 젖산의 축적을 감소시켜 피로가 나타나는 시간을 연장시키고 근육통에 대한 운동 후의 회복시간을 단축시킨다. 그러나 인체 내에 카르니틴이 결핍되면 지방산이 산화되지 못하고 다시 중성지방으로 전환되어 이것이 체내에 축적되면서 근육약화, 근위축, 피로, 심근경색, 뇌질환, 저혈당증 등이 나타나게 된다. L-카르니틴의 주요 기능을 정리하면 다음과 같다.

### (1) 뇌기능 향상 효과

L-카르니틴은 뇌와 뇌신경에 작용하여 집중력, 기억력 및 학습능력 등과 같은 인지 능력을 발달시키며 뇌조직의 재생을 촉진시킨다. 또 신경전달물질 리셉터(수용체)의 손상을 억제하고 뇌의 노화를 억제, 알츠하이머병(Alzheimer's disease)과 노인성 치매를 완화시킨다. L-카르니틴은 유리기(free radicals) 즉 활성산소와 같은 환경 독소들로부터 세포를 보호하는 작용을 하는데 활성산소는 우리 몸이 만들어 내기도 하고, 음식이나 환경 내에 다양하게 존재하여 질병을 유발하는 물질이다.

#### ① 신경전달 물질 형성 촉진 / 뇌세포의 젊음 유지

L-카르니틴이 뇌세포로 들어가 뇌의 기능을 향상시키기 위해서는 아세틸 L-카르니틴(acetyl-L-carnitine)으로 전환 되어야 한다. 아세틸 L-카르니틴은 뇌와 신경세포에 많이 존재하며, 강력한 산화방지제로 작용하여 뇌세포가 항상 젊어지게 하고, 신경전달물질인 아세틸콜린의 형성을 촉진시킨다. 또 아세틸 L-카르니틴은 뇌의 피질신경에서 신경전달물질로 작용하고 신체가 아세틸콜린을 필요로 할 때마다 아세틸 L-카르니틴은 콜린에 아세틸 그룹을 즉시 제공할 수 있는 에너지 저장고로서의 역할을 한다. 즉 아세틸 L-카르니틴은 아세틸 그룹을 전달하면서 뇌에서 아세틸콜린의 형성을 촉진한다. 아세틸 L-카르니틴은 신경세포(뉴런: neuron)

를 건강하고 활력이 넘치게 하고 신경세포로 하여금 정보를 전달하고 받게 하며 스트레스에 의해 가해지는 손상으로부터 신경세포와 리셉터(수용체)를 보호한다.

Acetyl-coenzyme A + L-carnitine ↔ Acetyl-L-carnitine + Coenzyme A

② 뇌기능 최적화와 손상 예방

아세틸 L-카르니틴은 뇌기능이 최적화되게 하는 특별한 능력을 갖고 있는 L-카르니틴의 또 다른 형태인데 사람은 나이를 먹어감에 따라 뇌에 존재하는 아세틸 L-카르니틴의 양도 줄어들게 된다. 따라서 뇌기능을 최적화하기 위해서는 아세틸 L-카르니틴을 보충해 주어야만 한다. 아세틸 L-카르니틴은 스트레스를 받는 기간에 발생되는 뇌기능 손상을 예방하고 뇌에 산소가 부족할 때 발생할 수 있는 신경세포의 손상을 예방하는 기능을 한다. 따라서 뇌졸중 환자가 아세틸 L-카르니틴을 하루에 1,500mg씩 먹으면 뇌졸중으로부터 회복된다고 한다. 또 아세틸 L-카르니틴은 강력한 항산화제로 작용하며 매우 중요한 정보전달물질인 아세틸콜린(acetyl-choline)의 수치를 높이고 뇌 세포손상 시 빠른 회복을 가져다 줄 수 있는 복구에너지를 제공해 준다. 뇌세포에 에너지를 공급해 주지 못하면 뇌세포는 죽게 되고 더구나 죽은 뇌세포는 다른 부위의 세포와는 달리 재생되지 않기 때문에 뇌세포에의 원활한 에너지 공급은 매우 중요하다. 실제 아세틸 L-카르니틴은 아세틸콜린과 기능적으로 비슷한데 이것은 아세틸 L-카르니틴이 포유동물의 뇌에서 아세틸콜린의 합성을 자극한다. 아세틸콜린의 합성은 아세틸 L-카르니틴에 의해 영향을 받는 미토콘드리아 대사와 관련이 있다.

### 3) 프로폴리스의 기능

프로폴리스(propolis)란 식물의 새순 또는 상처가 난 곳에서 분비하는 진으로 이를 살균력이 강한 피톤치드(pytocide)라고 한다. 이것은 꿀벌이 알 또는 유충의 보호를 위해 이 물질을 어금니로 따서 꽃바구니에 간직한 후 돌아와 벌통 안에 있는 벌들로 하여금 그것을 약 20-30분간 씹게 하면 그것이 효소화되어 벌들의 자체보호용 물질이 된다. 프로폴리스는 수천년 전부터 고대 희랍에서 인간의 질병을 치료하는데 사용되었다. 프로폴리스는 라틴어의 프로프(PROP: 기둥)와 그리스어의 폴리스(POLIS:도시)의 합성어로 '벌들의 도시를 지탱하여 주는 기둥' 또는 "도시앞에서 도시전체를 수호한다."는 뜻을 가지고 있다. 유럽에서는 피부질환과 감염증의 치료약으로 또 산화억제작용 및 부패균방지, 미이라의 보존, 전쟁터에서의 필수 상비약, 진통제, 항생제 등 민간 항생의약으로 사용되어 왔다. 프로폴리스는 꿀벌이 만드는 천연 항균물질로 1개의 벌집에서 연간 100-200g 정도의 소량만 채취 가능하다. 따라서 보통 순수한 것 이외에는 나무, 꽃, 벌의 타액(효소)으로 구성되어 있으며 성분은 수지(50%), 밀랍(30%), 정유, 유성(10%), 화분(5%), 유기물과 미네랄(5%)로 되어 있다. 화학적인 성분은 유기산류, 페놀산류, 방향족 알데히드류, 쿠바린, 플라보노이드, 미네랄류, 비타민류, 지방산, 아미노산 등이다. 보통 화상, 상처 치료, 인후통, 피부 부스럼, 입술, 잇몸 염증, 감기, 인플루엔자, 비염 등의 치료에 이용된다.

프로폴리스의 유용성은 바로 플라보노이드(flavonoides)에 있는데 플라보노이드는 각종 세균와 바이러스 증식억제 및 살균작용, 세포막 강화, 세포의 작용 원활, 면역력 강화, 항알레르기, 진통-소염작용, 해로운 효소의 작용 억제, 알레르기 유발 원인물질인 히스타민 방출 억제 등의 작용을 가지고 있다. 또 노화원인인 과산화지질의 생성을 억제하며 세포막 파괴물질의 제거로 아름다운 피부 유지에도 도움을 준다. 그 외 담배나 석유 등에 의하여 발생하는 타르화합물의 생성을 억제하고 과로한 스트레스에서 오는 유해 활성산소를 포착하여 제거하는 작용을 한다. 프로폴리스의 주요 기능을 정리하면 다음과 같다.

① 면역력 강화와 노화방지 작용 - 면역세포의 기능을 강화하고 활성산소를 제거하여 세포의 노화를 방지한다.

② 천연 항균, 살균작용, 항염작용 - 천연 항생제로서 바이러스, 박테리아, 곰팡이균 등 각종 미생물을 불활성화시켜 무력하게 만들며 이로 인해 발생하는 질병의 예방과 치료에 효과가 있고 특히 유해 대장균, 플르오레센스균(Fluorecense), 로이코노스톡균(Leuco-nostoc), 고초균, 디프테리아균 등에 효과가 있다.

③ 혈액정화, 항산화 작용 - 혈관강화, 과산화지질 생성방지, 혈전억제 작용을 한다.

④ 항암에 관한 작용 - 암세포 또는 바이러스에 감염된 세포는 피브리나라는 막으로 둘러싸이게 되는데 세포가 암화되기 전에 효소로 피브리나라는 막을 분해시켜야 한다. 또 프로폴리스의 피톤치드, 플라보노이드의 테르펜계 물질이 항암작용을 수행한다. 프로폴리스는 건강한 세포에는 피해를 주지 않고 암세포에만 작용을 하며 NK(natural killer)세포의 기능을 활성화시키고 암에 대한 면역력을 강화, 치료효과를 높여준다.

⑤ 항당뇨 작용 - 췌장의 베타세포는 인슐린을 분비하는 기능을 가지고 있으나 바이러스에 의한 염증으로 베타세포가 파괴되면 인슐린의 생산저하를 초래하여 당뇨병이 생기게 된다. 이 때 프로폴리스는 바이러스의 활동을 억제하여 인슐린의 생산기능을 회복시켜 준다.

⑥ 항알러지 작용 - 세포의 증식강화로 인한 체질개선으로 항알러지 작용을 한다.

⑦ 유전자 강화 작용 - 외부영향으로 손상된 유전자의 회복에 효과가 있다.

⑧ 기타 - 그 외 위염의 원인인 헬리코박터 파이로리균(Helicobacter pylori)을 억제하고 진정작용, 조직재생작용, 세포막 강화작용, 백혈구증가작용, 항히스타민작용, 혈관강화작용, 골석회화작용, 자궁근의 수축과 이완, 통증 및 발열 억제 등의 작용을 한다.

#### 4) 루틴의 기능

루틴(rutin : 2-phenyl-entahydroxy benzopyrone)은 황색 또는 담황색의 카로티노이드의 일종으로 자유기에 의한 세포파괴를 방지해 주는 항산화 성분이다 쿼르세틴-3-루티노이드 또는 비타민 P 라고(5,7,3',4'-tetrahydroxy flavone) 부르는데 3위치에 루티노오스(rutinose ; 글루코오스와 람노오스로 이루어진 이당류)가 결합된 배당체이다(그림 6-14).

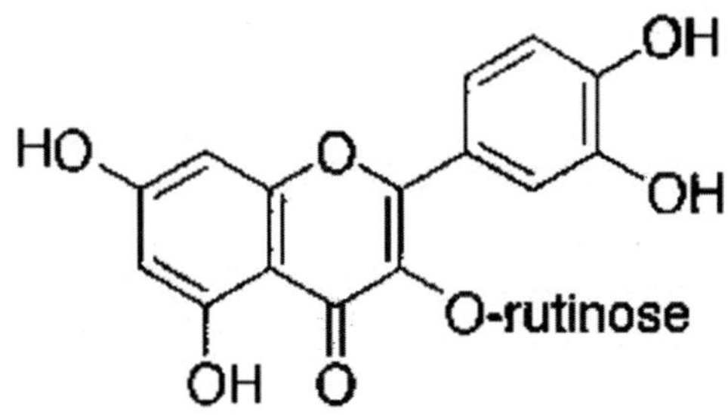

〈그림 6-14〉 루틴의 구조

콩과의 회화나무(Sophora japonica)의 꽃봉오리, 마디풀과의 메밀(Fagopyrum esculentum) 등 많은 종류의 식물에서 분리되는 바이오플라보노이드(bioflavonoids)의 일종이다. 바이오플라보노이드(bioflavonoids)는 사실상 모든 식물성 식품에 들어 있는 물질로서 루틴(rutin), 쿼르세틴(quercetin), 헤스페리딘(hesperidine), 시트린(citrin) 등이 있다. 바이오플라보노이드는 다음과 같은 인체에 유익한 많은 작용을 하며 관절염에도 도움을 준다.

① 비타민 C의 작용을 증강하고 산화를 예방하고 콜라겐의 능력을 강화시킨다. 따라서 연골조직에 염증이 있을 때 콜라겐의 파괴를 막아 준다.

② 모세혈관을 튼튼히 하고, 모세혈관 투과성을 정상으로 유지시켜 준다.

③ 유리기 산소에 의한 손상을 방지하고 염증 반응을 지연시키며 감염증에 대한 저항력을 높여 준다.

루틴은 인체에서는 합성이 안 되어 반드시 외부섭취를 해야 하며, 메밀, 감자, 아스파라거스, 살구, 앵두, 토마토, 무화과, 감귤류, 팥 등 야채와 과일에 많이 함유되어 있고 메밀순은 메밀 종자보다 27배 더 많은 루틴을 함유하고 있다. 이 배당체는 가수분해에 의해 당과 비당성분인 아글리콘으로 나뉘는데 아글리콘은 페놀유도체이다.

루틴은 모세혈관을 강화시켜 동맥경화, 고혈압, 뇌출혈과 같은 심장계 질환을 예방하고, 항돌연변이, 당뇨병, 비만 그리고 간암, 유방암, 대장암 등에 대한 광범위한 항암효과를 갖고 있으며 산화방지, 자외선 흡수, 색소 변색방지 등의 효과가 있다. 루틴 등 비타민 P 계통 플라보노이드계 화합물들은 강력한 항산화 효과를 나타내며 비타민 C와 특이적으로 상승작용을 하여 모세혈관을 강화시켜 뇌일혈을 예방하며 고혈압 치료에 효과가 있고 혈관의 지나친 투과성을 억제시켜 주는 약리작용을 가지고 있다. 카로티노이드계 색소를 비롯한 많은 천연색소에 대해 퇴색방지 효과가 있으며 산화방지 효과도 우수하다. 또한 녹내장, 암과 치근막염, 잇몸출혈, 구취제거 등에도 탁월한 효과가 있고 위장질환, 간질환, 신장질환을 예방한다. 루틴은 특히 신체 중 손상된 부위에만 집중적으로 작용하여 손상된 세포를 복원한다.

## 5) 글루코사민과 콘드로이친의 기능

### (1) 글루코사민

글루코사민(glucosamine)은 체내에서 천연적으로 만들어지는 아미노산 일종으로 소화기, 순환기 내의 기초점막, 뼈, 관절부위의 활액, 인대, 연골, 손톱, 피부, 머리카락, 안구, 그 외에 다른 신체조직의 구조를 이루는 중요한 물질이다. 아미노당(aminosugar)의 일종으로 뮤코다당(mucopolysaccharide)의 구성성분이기도 하다. 글루코사민은 콜라겐의 생성을 도와주며 연골의 쇠퇴를 늦추고 골관절염이나 상해로부터의 손상을 보수하기 위해 필요한 물질을 관절에 제공하며 연골 세포를 형성, 회복시키고 연골의 생성을 자극, 통증을 감소시키며 퇴행성 관절염 환자의 관절기능을 향상시켜 준다. 또 연골의 활액 유지와, 관절기능의 운동성 향상 등의 효과도 있다. 글루코사민을 이야기할 때 키틴물질과 함께 언급하는데 그것은 키틴을 분해시켜 효과적으로 흡수되도록 한 것이 글루코사민이기 때문이다. 특히, 갑각류의 껍질에는 키틴질로서 많이 포함되어 있고, 따라서 이들 껍질이나 동물의 연골을 먹으면 글루코사민이 보충된다고 생각하기 쉬우나 그것은 섭취한 것이 그대로 흡수, 이용되는 것은 아니다.

글루코사민은 체내에서 합성되지만 나이가 들수록 합성되는 량이 분해되는 량보다 적어 체내 결핍이 일어나며 특히 관절 내에 결핍이 일어나면 관절 세포의 신진대사에 장애를 주게 된다.

### (2) 콘드로이친

콘드로이친(chondroitin)은 proteoglycan(뮤코다당체+단백질)에 속하는 점액성이 강한 뮤코다당체(mucopolysaccharide)인데 여러 개의 당단위체로 이루어져 있는 콜라겐 생성촉진 물질이다. 콘드로이친은 연골의 구조를 제공하는 중요한 연골구성성분인데 관절속의 혈액이 연골에 머물도록 도와주는 역할과 연골 파괴효소의 작용을 막아 기존 연골이 일찍 파괴되는 것을 막고 관절의 기능을 복귀시키는데 중요한 역할을 담당한다. 콘드로이친황산(chondroitin sulfate)은 뮤코다당단백질(muco-polysaccharide-protein) 즉 산성뮤코다당의 일종으로, 1861년에 Fischer와 Boedicker에 의해 연구가 시작되어, 1891년 Schmiedelberg에 의해 명명되었고, 1951년에는 Meyer와 Rapport에 의해 3종류의 콘드로이친황산-A, B, C의 구조가 밝혀졌다. 현재 A와 C형태가 의약품, 기능성식품 및 식품첨가물로서 이용되고 있다. 콘드로이친황산은 콘드로이친과 매우 유사하게 작용하는데 오래된 연골이 일찍 파괴되는 것을 막고 새로운 연골의 생성을 촉진시키며 피부, 근육, 장기 등의 생체 각 조직에 수분과 영양분을 축적하는 역할을 한다. 또 콘드로이친황산은 스트레스 등에 의해 일어나는 불쾌, 어깨 결림, 두통, 등의 심신장애에 효과가 있다. 사람이 나이를 먹으면 그 양이 감소하여 노화와 미용(피부윤기, 싱싱함) 등이 좋지 않게 되는데 이 때 이 물질을 보충할 필요가 있는 것이다.

만약 글루코사민과 콘드로이친을 함께 복용하면 상승작용이 있어 관절연골의 생성기능이 빨리 강화되며 혈액이 연골 내로 흡수되어 충격 완화 기능이 더욱 강화된다. 그리고 관절연골을 파괴하는 효소반응을 억제하여 관절의 통증을 완화되고 활동성을 향상시킨다. 또 콘드로이친은 관절 외에도 동맥경화, 콜레스테롤 조절, 신장결석 예방 등의 기능을 보조하는 기능이 있는 것으로 알려져 있다.

## 6) Probiotics와 Prebiotics의 기능

### (1) Probiotics

Probiotics는 생균활성제(生菌活性劑)라 부르는데 개념은 1900년 초기부터 있었으나 1965년 Lilly와 Stillwell이 처음으로 probiotics란 용어를 만들었고 그리고 1989년 Fuller에 의해 개념이 정립되었다. 그리스어의 "for life"의 의미를 가지고 있으며 숙주의 장내 세균총의 균형을 개선하고 장내에 존재하는 토착 균총의 성질을 향상시켜 숙주에게 유익한 효과를 주는 생균제를 말하는데 대부분 유산균이 여기에 속한다. 식품을 통하여 소화계로 들어 올 수 있는 유익한 세균은 건강한 생활을 유지하도록 질병을 예방하고 건강을 증진시켜 준다. 일반적으로 probiotics가 구비해야 조건들을 보면 다음과 같다.

① 타액에 있는 라이소자임(lysozyme)과 기타 효소에 저항성이 있어야 하고 산성 위액(pH 2-3)과 십이지장액(pH 8.5-10)에 대하여 내성이 있어야 한다. 위액의 펩신(pepsin)과 이자에서 분비하는 키모트립신(chemotrypsin)효소에 내성이 있어야 한다.

② 숙주의 체온에서 증식할 수 있어야 하며 장의 담즙산에 내성이 있어야 한다.

③ 생성된 박테리오신(bacteriocin)은 장내에서 분해되어야 하고 장의 점막에 잘 부착하여 장운동에도 생존하여야 한다. 그리고 면역계를 촉진할 수 있어야 한다.

섭취된 대부분의 생균들은 위(渭)의 산성조건 때문에 죽어 버린다. 그러므로 probiotics는 위액, 담즙, 췌장액에 저항성이 있어야 하고 장벽에 부착하여 증식하며 유해균과 싸워서 유익균과 유해균간의 균형을 유지해야 한다. 따라서 probiotics는 건강한 소화계를 유지하고 항생제 처리 중이나 또는 후에 유익하게 생존해야 한다. 대부분 생균제는 면역계를 강화시키고 급성 설사, 기타 위장관의 장애를 완화시키는 기능을 가지고 있으며 유당의 소화를 증진시키기도 한다. Probiotics로 사용된 미생물들은 Lactobacillus L.acidophilus, L. plantarum, L. casei, L. casei subsp. rhamnosus, L. delbreuckii subsp. bulgaricus, L. fermentum, L. reuteri, L. sakei subsp. sakei, Lactococcus L. lactis subsp. lactis, L. lactis subsp. cremoris, Bifidobacterium B. bifidum, B. infantis, B. adolescentis, B. breve, Streptococcus S. salivarius subsp. thermop, Enterococcus E. faecalishilus, Pediococcus P. pentosaceus, Saccharomyces S. boulardii 등이 있다.

### (2) Prebiotics

Prebiotics(pre는 "before" 또는 "for"라는 의미를 가짐)는 활성촉진제(活性促進劑)라고 부르는데 1995년 Gibson과 Roberfroid에 의해 장에 유익한 미생물의 대사와 성장을 선택적으로 활성화하여 숙주의 건강을 개선하는 비소화성 식품성분으로 정의되었다. 이 물질은 소화되지 않고 위장관 내의 정상세균의 성장을 촉진하는 식품성분인데 대부분 유익한 미생물이 동화할 수 있는 탄수화물(이당류로부터 다당류에 이르기까지 종류가 다양) 예를 들면 inulin, lactulose, galacto-, fructo-, xylo-oligosacharides, lactitol, xylitol 등이 있다. 프락토올리고당은 짧은 기간 사용하여도 내인성 비피더스균의 성장을 촉진시켜 대변에서 우세균총을 이룬다. 많은 기능식품들은 probiotics와 이의 생장을 촉진하는 기질로 prebiotics를 조합하여 사용하고 있는 즉 synbiotic food(유산균 음료와 치즈, 김치, 된장, 청국장, 간장, 고추장 등의 전통적인 발효식품 등)로 이용되고 있다.

Prebiotics의 기능은 장관의 연동작용 촉진, 만성변비 완화 등 배변습관을 좋게 하고 혈청지질을 감소시키며 음식의 미량원소(철, 칼슘, 마그네슘, 아연 등)의 흡수를 증가시켜 골밀도(骨密度)를 증가시키고 뼈의 골격화를 촉진시킨다. 또 대식세포의 작용을 증진시켜 장에서의 면역글로블린 A의 분비를 촉진시키고 인터페론 감마의 분비촉진, 균에 대한 내성증가 등을 좋게 하여 면역 증강 효과를 준다. 또 콜레스테롤 수치 감소, 중성지방의 감소, 항암에 대한 효과 등도 좋게 한다. Prebiotics와 관련된 음식으로는 모유와 분유, 발효유와 치즈, 김치, 장류 등이 있다. Prebiotics의 부작용으로는 지나친 가스 배출, 복통, 설사 등이 있을 수 있으며 소아에게는 성장, 질소평형, 미량원소의 생체이용율 저하, 탈수 등이 있으나 비교적 안전하다고 생각하고 있다. 다만 그 효과가 확실하게 정립된 것이 아니므로 더 연구가 진행되어야 한다.

### 7) 멜라토닌의 기능

멜라토닌(melatonin)은 중뇌의 중심부에 위치한, 완두콩 크기의 납작한 솔방울 모양을 한 기관인 뇌의 송과선(松果腺, pineal gland)에서 분비되는 호르몬으로 "제 3의 눈"이라 불리우는 호르몬이다. 송과선은 유년기에 최대 크기에 이르렀다가 나이가 듦에 따라 석회질로 침전되어 수축된다. 송과선은 받아들이는 빛의 양에 따라 멜라토닌의 분비량을 결정하는데, 빛에 대한 민감도로 인해 매일 기상시간과 수면시간을 조정하는 인체의 '시계' 역할을 한다. 밤에 잠자는 동안, 인체는 대량의 멜라토닌을 분비한다. 보통 밤 11시-새벽 2시 사이에 분비량은 최대치에 이르고 새벽 이후로는 급격히 떨어진다. 멜라토닌의 생성량 역시 연령과 관계가 깊어 보통 생후 3개월부터 증가하기 시작해 6세 때 최대에 이르고, 사춘기 이후로는 감소하기 시작한다. 이와 같이 멜라토닌은 명암환경에 따른 확실한 생체주기리듬(또는 일일리듬, circadian rhythm)과 나이 리듬을 가진, 중요한 생리적 역할을 수행한다. 낮 시간, 의식 활동이 감소한 때, 빛을 인식할 때는 멜라토닌의 분비량이 감소하는데 정신병 치료를 받는 환자들, 유아돌연사병(SIDS)으로 사망한 유아들의 멜라토닌 수위는 정상인에 비해 현저히 낮다고 한다.

최근의 연구에서는 멜라토닌이 성기능에 대한 영향 뿐만 아니라 수면, 각종 암에 대한 억제 작용(특히 유방암 세포의 증식을 억제) 등의 다양한 작용이 있는 것으로 알려져 있는데 보통 멜라토닌이 많으면 여성호르몬인 에스트로겐의 분비가 많아져 다양한 영향을 미치게 된다. 또 멜라토닌은 우리가 잠을 자야 할 때인지, 깨어나야 할 때인지를 알려주는 기능과 수면의 질을 향상시키며 신체의 생물학적 시계를 조정해 시차로 인한 피로를 풀어 주는 기능에 관여한다. 심근경색 크기의 감소, superoxide 음이온의 생성, 호중구 침윤(neutrophil infiltration)과 관련이 있으며 세포 사멸(apoptosis)을 감소시킴으로써 뇌 국소 허혈을 예방한다. 또 멜라토닌은 체내 각종 분비선과 기관의 활동을 감시하고 호르몬 분비를 조절하는 등 신체 기능상 중요한 역할을 수행한다. 멜라토닌은 생체주기리듬 조절에 중추적인 역할을 하는데 이것은 강력한 항산화(antioxidant) 활성과 자유 라디칼(free radical)을 직접 제거하는 능력과 관련이 있다. 또 교감신경의 지나친 흥분을 억제하여 혈압을 내리고 심장 박동수를 낮추는 등 심장의 충격을 완화시키며 정신적인 스트레스를 완화하고 면역력 강화, 세균 및 바이러스에 대한 신체 저항력 증가, 암과 노인성 치매 예방, 유방 종양 억제, 패혈 쇼크 등의 예방 기능을 수행한다.

멜라토닌은 음식 중 귀리, 옥수수, 쌀, 생강, 토마토, 바나나, 보리 등에 비교적 많이 함유되어 있고 그 외 다시마, 콩, 호박 씨, 수박 씨, 아몬드, 땅콩, 효모, 맥아, 우유 등의 식품은 멜라토닌의 합성을 돕는 것들로 알려져 있다. 따라서 멜라토닌이 풍부하게 함유된 것들은 물론 대뇌의 멜라토닌 생성에 필요한 트립토판(tryptophan)이 함유된 식품을 섭취하면 도움이 된다. 특히 담배, 술. 커피는 도움보다 해가 되므로 절제하는 것이 좋다. 이미 설명한 바와 같이 멜라토닌의 생성은 밤시간에 많이 촉진되므로 밤 10시 이전에 취침하고 아침 일찍 일어나는 생활습관이 도움이 된다. 또 명상을 하면 뇌 송과선의 활동이 증진돼 멜라토닌 분비가 늘어난다.

나이가 들고 유해산소, 석회화(石灰化)작용 등이 관여하면 칼슘이 과다하게 축적되면서 송과선이 시들게 된다. 야채위주의 식사와 비타민 B3와 B6의 섭취는 멜라토닌의 생성 촉진에 도움이 된다. 이것은 이 비타민들이 트립토판을 멜라토닌의 전단계인 세로토닌으로 변하게 하는데 관여하기 때문이다. 전자파는 멜라토닌의 생성체계를 완전히 파괴할 수가 있기 때문에 전자파 노출을 가급적 줄이고 전기담요나 PC 복사기 등을 사용해야 할 때는 전자파 차단 장치를 설치하는 것이 좋다. 고지방-고칼로리 음식은 멜라토닌의 생성을 저해한다(저칼로리식은 멜라토닌 생성을 촉진). 멜라토닌은 졸음, 두통, 머리가 무거워지는 느낌, 위장장애, 우울증 혹은 숙취 등 부작용을 동반한다고 한다. 따라서 이 문제는 계속적인 연구가 필요하다.

### 8) 가르시니아 캄보지아의 기능

가르시니아 캄보지아는 인도 등 남아시아에서 자생하는 식물인데(Guttifera과 Garcinia 종) 과피에는 HCA(hydroxy citric acid)가 10~30%(건조중량) 정도 함유되어 있다. 오렌지나 다른 밀감류에 존재하는 구연산(citric acid)과 매우 비슷한 물질인 HCA는 오랫동안 돼지고기 및 생선의 산미료(souring agent)로서 남부 인디아 해안지역에서 사용되어 왔으며 전통적으로 이것의 추출물이 소화를 돕는 기능을 가진 것으로 알려져 있었다. 많은 식물에서 발견되는 구연산(citric acid)과는 달리 HCA는 자연계에서 극히 드물게 발견되는데 제약회사인 Hoffmann-Roche사가 1970년 HCA의 생리적 효과를 조사하여 생리활성효과가 있다는 것을 알게 되었다. HCA는 4가지의 이성체(수소원자와 산소원자가 네 가지의 다른 배치를 취하고 있음)가 있는데 그 중 하나가 체내 탄수화물과 지질대사를 방해하는 다이어트 기능을 가지고 있는 것으로 알려져 있다 HCA의 주요 기능을 정리하면 다음과 같다.

### (1) 지방합성의 블록과 지방의 분해촉진

HCA의 첫 번째 기능은 비만의 억제이다. 비만은 체내에 있는 구연산(citric acid)이 ATP 구연산리아제(ATP citric acid lyase)라는 효소에 의해 분해되어 지방산이 됨에 따라 일어나는데 HCA가 ATP구연산리아제와 결합하므로서 구연산이 분해되지 않아 지방합성이 이루어지지 못하게 된다. 이와 같이 HCA의 존재에 의해 구연산이 분해되지 않기 때문에 그것에 의해 생산되는 마로닐 CoA(malonyl CoA)의 양이 감소하게 된다. 마로닐 CoA는 지방산의 합성과 분해의 양쪽 작용을 동시에 가지고 있는데 농도가 저하하면 지방합성보다도 분해작용이 활발해져 결과적으로 지방분해가 촉진된다. 따라서 전체적으로 비만억제 또는 다이어트 효과를 가져 올 수 있게 된다.

### (2) 에너지 생산의 증가/기초대사의 항진과 식욕억제

지방합성에 사용되지 않게 된 구연산은 그대로의 형태로 체내에 축적되어 글리코겐의 생성에 사용된다. 그 결과 글리코겐에서 에너지 생산이 장기간에 걸쳐 이루어져 전체 에너지 생산량은 뚜렷하게 증가하게 된다. HCA의 존재 하에 당질의 에너지화, 글리코겐의 축적, 지방의 에너지화가 어느 정도 동시에 진행하는데 이것은 생체에너지의 낭비이지만, 축적된 지방을 소비하는 데는 효과적이다. 즉 에너지 소비에 의한 기초대사의 항진(亢進)이 일어난다. 특히 HCA의 존재에 의해 글리코겐 축적이 증가하면 당질의 과부족이 그대로 뇌의 시상하부에 전달되고 이것이 결과적으로 식욕을 억제하게 된다.

### (3) 체내 단백질의 보호

체내의 당질이 감소하면 그것을 채우기 위해 지방과 단백질을 원료로 당을 만들어 내는 신당생(新糖生) 작용이 일어난다. HCA가 존재하면 당질이 지방산으로 변화하지 않고, 그대로 에너지가 글리코겐(glycogen)으로 변화하기 때문에 체내의 단백질은 분해되지 않는다, 그 결과로 단백질은 보호된다.

가끔 가르시니아 캄보지아(HCA)의 안전성에 관해서는 논란이 되고 있는데 지금까지 알려진 것으로는 극히 안전한 물질로 취급하고 있다. 임신과 수유 중인 여성과 성장기의 어린이(비만아는 제외), 간장, 신장, 심장 등의 기능에 이상이 있는 사람 이외에는 HCA의 섭취에 별다른 문제가 없는 것으로 보고 있다. 만약 HCA을 많이 먹으면 지방의 과다 배출로 인하여 체지방이

너무 감소하기 때문에 인체를 해칠 수도 있다고 한다.

### 9) 가바의 기능

1950년 유젠 로버트(Eugene Roberts)가 발견한 가바(GABA)는 γ-아미노낙산(gamma amino butyric acid, GABA, 그림 6-15)인데 보통 줄여서 가바(GABA)라고 부른다. 배아미, 녹차 및 뽕잎 등에 존재하며 글루타민산(glutamic acid)에서 glutamic acid decarboxylase(GAD) 효소의 활성을 통해서 만들어진다. 물에 용해성이 좋고 생리학적인 pH 값에서는 양쪽 이온성을 가지고 있다. 탄소수 4개의 비단백질 아미노산으로 포유류에서 단일세포까지 동식물계에 널리 분포돼 있는데 특히 포유류의 뇌와 척수에 존재하는 신경전달물질이다. 인체 내에서 특히 뇌에 고농도로 존재하는 신경전달물질로 혈관의 운동을 활성화해 혈압을 저하시키고 뇌대사 촉진 및 기억력 향상, 간, 신장 대사 촉진 외에도 숙취 해소, 비만 억제 등의 효능이 밝혀지고 있다.

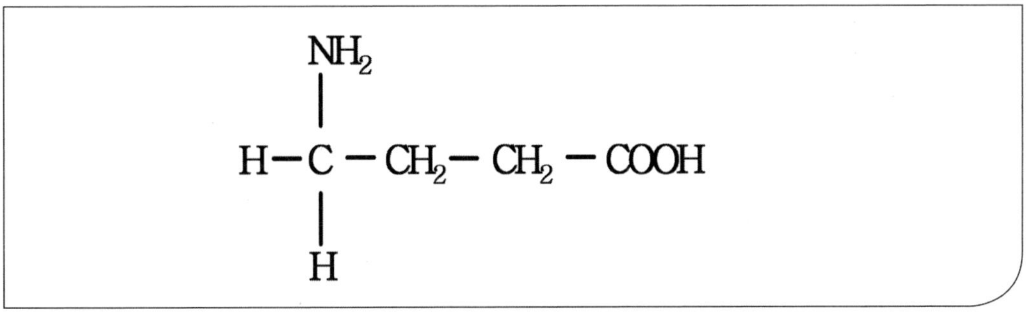

$$\begin{array}{c} NH_2 \\ | \\ H-C-CH_2-CH_2-COOH \\ | \\ H \end{array}$$

〈그림 6-15〉 가바의 구조

가바는 뇌에서 신호를 바꾸는 가장 흔한 신경전달물질인데 신경흥분 억제작용 즉 진정효과를 가지며 뇌의 α파를 50% 이상 증가시키고 스트레스를 받을 때 생성되는 도파민(dopamine)을 억제하는 등 항스트레스 효과를 가지고 있다. 따라서 정신 집중력 강화, 기억력 증진, 불안감 해소, 자율신경 실조증 방지, 불면과 우울증 해소에 도움을 준다. 또 뇌혈류를 증가시켜 산소 공급량을 많게 하고 혈관을 강화하고 혈압저하 작용을 하며 뇌세포 대사 기능을 활발하게 하여 알코올성 뇌질환 유발 가능성을 저하시키며 중풍, 치매, 간질 발작, 뇌졸중 후유증이나 동맥경화 후유증 등으로 인한 두통, 이명, 기억장애, 의욕저하 등을 개선하는 효과 등이 있다.

가바는 신장 기능을 촉진하며 신장의 활성을 도모하는 기능을 가지고 있는데 간기능 활성과 알코올 대사 촉진 기능과 함께 숙취를 제거하기도 한다(에탄올 대사 속도를 증가시켜 혈액 중 알코올 수치가 15% 감소, 아세트알데하이드는 10% 감소 등의 효과를 보임). 또 간장내의 중성지방 저하작용으로 간과 혈액의 중성지질(triglyceride, TG) 함량을 급격히 감소시켜 비만해

소에 도움을 준다. 또 가바는 식욕을 증진시키고 성장호르몬(HGH, human growth hormone)

*분비를 자극하여 청소년 성장 및 발육 촉진에도 도움을 준다.

* 성장호르몬은 세포내의 대사작용 촉진, 지방질과 노폐물의 제거, 근육강화(DNA, RNA, 단백질, 탄수화물, 당 등 세포내의 물질들의 강화), 피부발달(콜라겐과 엘라스틴 증장) 손상된 뇌세포의 치료와 회복, 항체의 생산증가, 시력개선, 콜레스테롤의 안정, 소화력 개선, 산소섭취량 증가, 상처의 빠른 회복, 성욕의 증가, 규칙적인 수면 등을 좋게 해 준다.

또 가바는 고혈압 개선효과가 있는데 이것은 콩팥의 기능을 활발하게 하여 이뇨작용을 촉진, 고혈압의 원인이 되는 체내 과잉염분을 몸 밖으로 배설하는 작용을 갖고 있기 때문이다. 혈액에 있는 안지오텐시노젠이란 물질이 콩팥에 있는 레닌이란 효소의 작용을 받아 안지오텐신 I 이라 불리는 물질로 바뀌는데 이 물질은 다시 안지오텐신 변환효소의 작용을 받아 안지오텐신 Ⅱ로 변하게 된다. 이 안지오텐신Ⅱ가 강력한 혈관수축작용을 하여 혈압이 올라가게 되는데 가바(GABA)가 안지오텐신 변환효소(ACE, angiotensin converting enzyme)의 작용을 저해하여 안지오텐신Ⅱ의 생성을 못하게 하므로 결국 혈압상승을 막아주게 된다. 혈압을 낮추거나 고혈압을 예방하기 위해선 하루에 가바를 30mg 정도 섭취하면 좋다고 한다. 이는 발아현미를 백미에 20~30% 혼합하여 지은 밥을 아침, 점심, 저녁으로 먹었을 때 섭취할 수 있는 양이다. 그 외 가바는 항산화효과, 항암작용, 콜레스테롤 저하 효과 등을 비롯하여 학습 능력의 향상 등의 효과도 있는 것으로 알려져 있다.

### 10) CoQ10의 기능

CoQ10(코엔자임 Q10)은 식물과 동물세포 내에 널리 존재하고 있기 때문에 유비퀴논(ubiquinone)이라고도 하며, 인체를 구성하고 있는 세포 성분 중 주로 미토콘드리아에 존재한다. CoQ10은 1957년 미국 위스콘신대학의 크레인 교수가 최초로 발견하였으며 피터 미첼은 세포내에서의 CoQ10의 작용 원리를 입증하였다. CoQ10은 본래 신체 내에서 만들어지는 물질이며 우리 몸에 필요한 에너지를 만드는데 사용되는 보효소(coenzyme)이다. 우리 몸에서 가장 에너지 대사가 활발히 이루어지는 각 세포내의 미토콘드리아에서 전자전달계에 관여, 에너지원인 ATP(아데노신 3인산) 생성을 하게 하는 물질이다. 만약 코엔자임 Q10이 부족하게 되면 에너지 생성이 원활하지 못하여 신체 활력이 저하되는 현상이 발생한다.

CoQ10의 주요 기능은 항산화작용이다. 활성산소는 환경오염과 화학물질, 자외선, 혈액순환장애, 스트레스 등으로 과잉 생산되어 몸에 축적된 나머지 세포를 노화시키고 암을 유발하는데 보통 일반산소에 비해 전자가 부족한 구조를 갖고 있기 때문에 정상적인 세포막, DNA 등으로부터 전자를 뺏어오는 특성을 가지고 있다. 이에 항산화제는 활성산소에 전자를 전달, 이를 안정화시킴으로써 활성산소를 제거해 질병의 발생을 막고 세포 노화를 방지하게 된다. 이 역할을 CoQ10이 하고 있다. 이와 같이 세포막에 존재하면서 세포가 원활하게 활동하도록 돕는 CoQ10은 활성산소를 제거, 우리 몸의 밸런스를 지켜주고 노화를 억제하는데 사람에 따라 다르지만 체내에서 하루에 2-20㎎ 정도 생성되고 있다. 또 CoQ10은 에너지대사를 향상시키는 능력, 심장혈관 질환, 암의 예방과 치료에 도움이 되며 허혈상태에서도 심근의 산소 이용효율을 높이고 에너지가 되는 ATP를 생성하는 세포내의 미토콘드리아를 자극하여 높은 에너지 생성 기능을 유지시켜 준다. 또 CoQ10은 허혈 심근조직의 장애를 가볍게 하여 심수축 기능저하를 좋게 하며 심기능이 저하된 노년자의 심장박출량을 증가시키고 운동능력을 높여 준다. 만약 CoQ10가 부족하면 에너지 생산이 잘 되지 않아 심장의 펌프 기능이 떨어져 혈액공급이 제대로 되지 않는 소위 심부전증에 걸리게 된다. 그리고 치주질환 예방을 위한 치석제로도 사용되고 있다.

지용성인 CoQ10을 많이 포함하고 있는 식품으로는 정어리 등의 등푸른생선, 돼지고기, 소고기, 계란, 땅콩, 브로콜리, 시금치 등이 있으며 기름을 사용하여 조리하면 흡수율이 더 높아진다. 보통 식사를 통한 CoQ10의 하루 섭취량은 약 5 10㎎정도이다.

# 제7장 건강기능식품

## 1. 에이코사펜타엔산(EPA) 및 도코사헥사엔산(DHA) 함유제품

### 1) 정의

#### (1) 에이코사펜타엔산(EPA) 함유제품

식용 가능한 어류, 수서 동물, 조류(藻類)에서 채취한 에이코사엔산을 함유한 유지를 식용에 적합하도록 정제한 것 또는 이를 주원료로 하여 제조 가공한 것을 말한다.

#### (2) 도코헥사엔산(DHA) 함유제품

식용 가능한 어류, 수서 동물, 조류(藻類)에서 채취한 도코헥사엔산을 함유한 유지를 식용에 적합하도록 정제한 것 또는 주원료로 하여 제조 가공한 것을 말한다.

#### (3) 에이코사펜타엔산(EPA) 및 헥사엔산(DHA) 함유제품

식용 가능한 어류, 수서 동물, 조류(藻類)에서 채취한 에이코사펜타엔산 및 도코헥사엔산을 함유한 유지를 식용에 적합하도록 정제한 것 또는 이를 주원료로 하여 제조 가공한 것을 말한다.

### 2) 기능성 표시

EPA 함유제품

① 콜레스테롤 개선에 도움

② 혈행을 원활히 하는데 도움

DHA 함유제품

① 두뇌와 망막의 구성성분

② 두뇌영양공급에 도움

### 3) 기능성 성분과 작용기전

EPA(eicosapentaenoic acid)는 프로스타글란딘(prostaglandin) 및 류코트리엔(leukotriene)의 전구물질로 탄소수가 20, 불포화 결합이 5개의 고도불포화지방산($C_{20}H_{30}O_2$)으로 분자량이 302이며, DHA(docosahexaenoic acid)는 탄소수가 22, 불포화 결합이 6개인 고도불포화지방산으로($C_{22}H_{32}O_2$) 분자량이 328이고 ω-3계(또는 n-3) 직쇄 지방산으로 체내에서 생성되지 않는 필수지방산이므로 음식물을 통해 섭취해야한다. 고등어, 정어리, 참치 등의 등푸른 생선에 많이 함유되어 있고, 어류 양식 사료에 첨가하지 않으면 부화 성장이 저해된다.

EPA와 DHA가 기능성식품으로 관심을 끌게 된 것은 1970년대 초반에 시작된 에스키모인들에 대한 역학조사 결과로 부터이다. 덴마크 Dyerberg 박사가 그린랜드의 에스키모인을 조사한 결과, 육식 중심의 덴마크인에 비해 동맥경화, 뇌경색, 심근경색 질환 등의 발생율이 매우 낮았다. 덴마크인의 사망원인 중 심근경색이 40% 이상을 차지하고 있는 것과는 달리 에스키모인은 발병률이 높아야할 61세 이상만 대상으로 했을 때 겨우 3.6%에 지나지 않아 그 원인을 찾은 결과 생선에 함유되어 있는 EPA와 DHA의 작용으로 밝혀졌다.

에스키모인들의 식생활은 주로 바다생선, 바다표범, 물개 등을 주식으로 하고 있기 때문에 지방의 섭취량이 상대적으로 많음에도 불구하고 동맥경화, 뇌경색, 심근경색 등의 질병 발생률 및 이에 의한 사망률에 매우 낮고 이들이 섭취하는 포유류(바다표범, 고래), 야생조류(해조) 및 여러 생선을 위주로 한 고지방의 전통 에스키모 식이에서는 상대적으로 높은 ω-3 지방산이 들어있어 평균 2115 ㎎/day의 EPA와 DHA를 섭취하고 있는데 이것은 그 양이 130~170 ㎎/day 수준에 머무는 전형적인 북미인 식이와 비교하면 10배 이상 되는 매우 많은 양이다. 에스키모인들의 혈액을 분석한 결과 EPA, DHA 함량이 높았고 HDL-콜레스테롤은 높게, 총 콜레스테롤에 대한 HDL-콜레스테롤의 비는 낮게 나타났다. 이와 같은 지방산들이 에스키모인들의 낮은 심혈관 질환과 깊은 관련이 있는 것으로 알려지게 되었다. 에스키모인들의 경우와 마찬가지로 생선섭취가 많은 일본인의 경우도 심근경색, 허혈성 심장질환, 죽상경화증 발생율이 상당히 낮았다.

DHA와 EPA의 작용기전으로 EPA는 혈소판에서 thromboxane $B_2$ 같은 혈소판 응집유발물질(proaggregatory eicosanoids)을 생성하는 arachidonic acid와 경쟁적으로 작용하므로 등푸른 생선의 섭취를 늘이면 thromboxane $B_2$의 생성을 감소시켜 혈전예방 작용을 나타내고, 또한 fibrinogen, Factor Ⅶ, Willerbrand factor 등과 같은 응집 인자의 형성을 억제하여 궁극적으로 관상동맥성 심장질환의 위험성을 감소시킨다. 이러한 ω-3 불포화지방산은 prostaglandin 유도체인 thromboxane $A_2$ 감소와 $PGI_2$, $PGI_3$ 등의 증가처럼 eicosanoid 생성 대사를 변화하게 한다. IL-1β로 유도된 iNOS(nitric oxide synthetase)와 cycloxygenase 2(COX-2)의 IL-1β의 발현도 조절한다. NO(nitric oxide)와 eicosanoid 생성으로 동맥경화 및 혈전 같은 국소적인 혈행장애를 보호하는 효과를 갖게 된다.

EPA는 TNF-α(tumor necrosis factor-α), IL-6(interleukin-6) 등과 같은 사이토카인의 발생을 억제하여 항염증작용을 나타내고, 혈관부착분자인 VCAM-1(vascular cell adhesion molecule-1)과 E-selectin의 생성을 감소시켜 혈관내 동맥경화유발 플라그 생성을 억제한다. EPA는 혈관에서 NO의 생성을 증가시켜 혈관내피세포의 기능을 강화함으로써 심혈관질환 예방 효과 및 혈압강화 효과를 나타낸다. 또한, 혈관 평활근에서 $K^+$과 $Ca^{2+}$ 이온 채널 활성을 통하여 혈관 평활근 감수성의 억제로 혈관이완 효과를 나타낸다.

DHA는 1989년 영국의 뇌영양화학연구소의 마이클 크러포드(Michael A. Crawford)박사가 「원동력(原動力)」(The Driving Force : Food, Evolution and the Future)이란 저서를 발표함으로써 학계에서 주목하게 되었다. 이러한 결과에서 EPA는 심혈관 질환에 더 효과적이고 DHA는 우울증, 시력장애, 관절염, 당뇨병, 암 등에 효과가 있고 예방도 할 수 있다고 주장하고 있다. DHA는 우리 몸의 모든 부분에 존재하는데 특히 눈, 뇌, 심근, 태반, 신경조직, 정자 등에 많이 존재한다. 특히, 뇌세포의 구성성분으로서 뇌세포 지방산의 10%를 차지한다. 이 물질이 부족하면 뇌세포를 보호하는 뇌세포막을 만들 수 없어 뇌세포가 죽고 뇌의 기능이 약해진다는 연구 결과가 나와 있다.

DHA는 기억력을 관장하는 뇌내 해마(Hippocampus)세포의 25%를 차지하며, 결국 DHA가 부족하면 기억력, 판단력, 집중력이 떨어지는 것으로 알려져 있다. DHA는 뇌간문을 통과할 수 있는 몇 가지 안되는 물질 중의 하나인데, EPA는 뇌 속에 있는 뇌간문을 통과 할 수가 없기 때문에 뇌세포로 들어갈 수 없다. DHA는 스트레스를 받고 있는 사람의 공격적인 행동을 억제하는데 효과가 있으며, 통합운동장애인 소아에 있어서의 운동장애의 개선 유효성이 시사되고 있다. 소규모의 임상시험의 결과 소아환자가 가질 수 있는 운동장애에 객관적인 개선이 보여졌다. 신생아에게서는 DHA 섭취가 생후 시각적 주의력(visual attention)의 향상, 효과가 있음이 나타났고, 독서 장애의 소아에 있어서의 야간 시력의 향상에, 경구 복용으로 유효성이 시사되고 있다. DHA의 고함유 어유를 섭취한 환자는 대조군과 비교해 어두운 곳에 적응력이 향상됐다고 한다.

뇌세포는 인체의 장기 중에서도 매우 특수한 기관으로서 대부분의 인체 세포들은 새로운 세포가 생겨나지만 뇌세포는 그렇지 않다. 하지만 일정한 수의 뇌세포가 늘어나지는 않지만 충실해지고 성장을 한다. 그러므로 유아 때의 뇌중량이 약 0.4*kg*인데 비해 성인의 뇌중량은 1.3~1,4*kg*까지 늘어난다. 따라서 DHA가 부족하다면 인간의 두뇌 발달에 큰 영향을 미칠 것으로 생각된다.

기억력과 관계되는 질병으로 치매를 들 수 있다. 치매는 가벼운 건망증에서부터 중증의 기억력 상실과 판단력 상실의 단계에 이르기까지, 노년에 들어서 나타나는 인식 능력의 장애를 말하는 것으로 뇌 속의 신경세포의 불활성 때문에 생기는 것으로 뇌혈관 장애형과 알츠하이머형으로 구분된다.

뇌혈관 장애의 경우 혈관장애 요소를 없애는 것이 예방책으로 뇌혈관 안에 혈전이 생기는 것을 막고 혈전의 원인이 되는 콜레스테롤을 억제하는 기능이 필요하다. 이 과정에서 DHA와 EPA가 항혈전에 효과가 있는 것으로 알려졌다. EPA는 아라키돈산(arachdonic acid)과 경쟁적으로 작용하여 혈액응집유발물질(proaggregatory eicosanoids)인 트롬복산(thromboxane) B2의 생성을 감소시켜 혈전예방 작용을 나타낸다.

한편, EPA와 DHA는 포유동물의 체내에서 합성이 될 수 있다. 즉 EPA는 α-linolenic acid(18:3 ω-3)로부터 사슬연장과 탈포화과정을 거쳐 생성되며, DHA는 EPA로부터 사슬연장과 탈포화로 생성된다. 그러나, 포유동물에서는 EPA와 DHA의 전구체가 되는 α-linolenic acid와 linoleic acid가 체내에서 합성이 되지 않아 외부로부터 섭취해야하기 때문에 필수 지방산으로 간주되고 있다. 즉 EPA 및 DHA가 합성된 식품을 먹지 않는 경우 ω-3 지방산인 α-linolenic acid를 섭취해야 체내에서 EPA 및 DHA가 만들어진다. 그렇지만 성인에서 α-linolenic acid가 EPA 및 DHA로 전환되는 효율은 매우 낮아 (약 10~15%) EPA와 DHA의 효능을 기대하기 위해서는 α-linolenic acid를 함유한 식품보다는 이를 직접 섭취하는 것이 효과적이라 할 수 있다.

ω-3계열의 불포화지방산인 EPA가 합성하는 PGE3 또한 PGE1과 유사한 생리기능을 나타내므로 지방의 섭취에서 중요한 것은 ω-3와 ω-6계열의 불포화지방산을 균형있게 섭취하는 것이다. 일반적으로 EPA, DHA와 같은 ω-3계열의 불포화지방산은 몸에 좋은 지방(good fat)으로 인식되고 ω-6계열의 불포화지방산은 몸에 나쁜 지방(bad fat)으로 인식되어있다. ω-3계열의 불포화지방산이 우리 몸에 유익한 작용을 나타낸다는 것은 앞에 기술한 바와 같이 틀림없는 사실이다. 하지만 ω-3계열의 불포화지방산을 너무 과도하게 섭취하여 세포막 인지질의 ω-6계열의 불포화지방산이 ω-3계열로 모두 바뀌어 버리면 우리 몸에서 다양한 생리활성을 나타내는 에이코사노이드(prostaglandin, thromboxan 등)의 합성이 저하되어 많은 부작용을 초래하게 된다. 대표적인 ω-6계열의 불포화지방산인 arachidonic acid는 염증반응을 유발하고 혈소판 응집을 촉진하는 PGE2, TXA2, LTB4 등을 합성한다. 이들은 우리 몸에 상처가 났을 때 혈액을 응고시켜 주고, 세균이 침입하였을 때 염증반응을 유발하는 중요한 역할도 하지

만, arachidonic acid가 과량 생성되거나 섭취될 경우 혈전의 생성이 촉진되고, 콜레스테롤이 증가하며 과도한 염증반응이 일어나 심혈관 질환을 악화시킨다.

4) 부작용 및 주의사항

적절하게 이용하면 경구섭취로 안전하지만. 대량 섭취 시에는 위험성이 있어 1일 3g 이상의 섭취로 혈액이 응고되기 어려워지고 출혈경향이 일어나는 것이 보고되어 있다.

EPA함유 어유는 혈당조절에 영향을 주는 것이 있기 때문에 모니터링을 할 필요가 있으며, 혈압을 강하하는 작용이 있어 혈압강하제를 복용시 상승효과가 발생하므로 유의해야한다.

EPA와 DHA 과량의 섭취로 인해 위장관의 불편함, 구토, 메스꺼움, 구강 내 비린내, 연변 등이 있고 과량의 ω-3 지방산에 의한 glycemic control이 나빠져 LDL-콜레스테롤의 약간의 상승, 출혈의 증가이다. 임신 중, 수유 중의 안전성에 대해서는 충분한 데이터가 없기 때문에 사용을 피하는 것이 좋다.

## 2. 로얄젤리 제품

### 1) 정의

#### (1) 생로얄젤리

일벌의 인두선에서 분비되는 분비물로 식용에 적합하도록 이물을 제거한 것을 말한다.

#### (2) 동결건조 로얄젤리

생로얄젤리를 동결 건조한 것을 말한다.

#### (3) 로얄젤리 제품

로얄젤리를 주원료(생로얄젤리 35.0% 이상, 동결건조 로얄젤리 14.0% 이상)로 하여 제조 가공한 것을 말한다.

### 2) 기능성 표시

① 영양보급

② 건강증진 및 유지

③ 고단백식품

### 3) 기능성 성분과 작용기전

로얄제리는 영어로 'Royal Jelly'로 표현하며 '왕에게 바치는 음식물'이란 뜻으로 독일어로는 'Koiginmen-futtersaff'로 '여왕의 술'이라는 의미를 가지고 있다. 로얄제리는 여왕벌이 먹는 음식으로 담황색 유성 물질로써 '왕유'라고도 한다. 로얄제리는 성충이된 일벌이 꽃가루와 꿀을 소화 흡수시켜서 머리의 인두선에서 분비하는 물질로서 벌의 유충에게 먹이는 물질이다. 여왕벌이 산란한 유정란은 6일간 먹이를 먹으면서 자라는데 초기 3일간은 모두 로얄제리를 먹게 된다. 4일째부터 여왕봉으로 우화시킬 유정란에게는 로얄제리를 먹게 하고, 나머지 유정란에는 꿀과 화분만을 먹이게 되는데 이 유정란들이 일벌이 된다. 따라서 마지막 3일간 양식의 차이에 따라 상대적으로 몸집이 작고 45일 밖에 살지 못하는 일벌이 되기도 하고 일벌에 비해 30배 이상 오래살고, 몸집도 2배 이상 크며 일생동안 200만개의 산란능력을 갖는 여왕벌이 되는 것이다.

로얄제리는 전체의 2/3가 수분이고 단백질, 탄수화물, 지방, 미네랄, 칼슘, 나트륨, 철, 아연 등으로 이루어져 있다. 풍부한 단백질 중에는 17종류의 아미노산이 함유되어 있다. 판토텐산과 비타민 B군(B1, B2, B6), 니코틴산, 엽산 등의 비타민류도 함유되어 있다. 암세포의 성장을 억제하는 물질로 알려진 10-HDA(10-Hydroxydecenic acid)이 밝혀져 있지만 아직도 알려져 있지 않은 기능성물질이 많이 남아 있다. 이러한 물질을 로얄제리(Royal Jelly)의 첫 글자를 따서 'R-물질'로 명명하고 있다.

로얄제리를 복용함으로써 혈당치가 내려가고, 당뇨병으로 인한 권태감이나 피로감도 회복된다고 보고되었다. 이는 로얄제리에 함유되어 있는 비타민 B군이 효력을 나타내는 것으로 추측하고 있다. 체내에 흡수된 당분을 에너지화 하는데 필수적인 비타민 B1을 공급한다고 알려져 있다. 로얄제리를 투여 받은 생쥐군과 투여 받지 않은 대조군을 수영능력과 혈청 젖산, 암모니아 및 근육 glycogen을 측정한 결과 로얄제리를 투여 받은 군이 혈청의 젖산 및 암모니아가 감소되었고, 근육 glycogen의 고갈이 감소되었다고 보고 되었다. 따라서 로얄제리의 항피로 효과는 젖산 축적과 glycogen의 고갈을 감소시킴으로써 나타난다.

### 4) 부작용 및 주의사항

로얄제리에 의한 anaphylaxis 또는 두드러기(담마진), 국소혈관성부종, 발성장애, 기관지 경련 등이 발생했다는 보고가 있었다.

# 3. 화분 제품

## 1) 정의

### (1) 화분

벌 또는 인공적으로 채취한 화분에서 이물을 제거하고 껍질을 파쇄 한 것을 말한다.

### (2) 화분추출물

화분을 기계적으로 껍질을 파쇄 또는 효소 처리하여 추출한 것을 농축하거나 분말로 한 것을 말한다.

### (3) 화분제품

화분을 주원료(30.0% 이상)로 하여 제조 가공한 것을 말한다.

### (4) 화분추출물제품

화분추출물을 주원료(고형분으로서 10.0% 이상)로 하여 제조 가공한 것을 말한다.

## 2) 기능성 표시

① 영양공급

② 피부건강에 도움

③ 건강증진 및 유지

④ 신진대사 기능

## 3) 기능성 성분과 작용기전

화분에는 비타민, 미네랄, 단백질, 효소, 보조효소, 지방산, 탄수화물 등 여러 가지의 영양물질이 함유되어 있으므로 피부세포의 건강에 도움을 준다. 특히, 플라보노이드(flavonoid)류가 다량 함유되어 있다. 플라보노이드는 페놀성 화합물로서 식물계에 널리 분포되어 있어서 bee pollen같은 화분 속에 존재하게 된다.

플라보노이드는 항산화제로서 체내에서 작용하지만 수용성인 비타민 C나 지용성인 비타민 E와는 달리 수용성이 큰 것, 중등도인 것, 지용성이 큰 것 등 다양한 극성을 가지고 있다. 따라서 화분 중에 들어 있는 여러 가지 플라보노이드들은 피부세포의 세포질이나 세포막에서 다양하게 흡수되어 작용할 수 있다.

플라보노이드의 항산화작용은 여러 단계에서 이루어질 수 있다. 활성산소종과의 직접작용으로 라디칼들을 소거하여, 전이금속과 결합하여 전이금속으로 촉매 되는 Fenton 반응을 저해하여 생체 반응성이 큰 hydroxyl radical의 생성을 억제한다. 플라보노이드는 세포막의 지질 중에서 산화반응에 의해 연쇄적으로 일어나는 자동산화반응에서 과산화라디칼을 소거하여 반응을 종결시킨다.

또한, 활성산소를 생성시키는 NADPH oxidase, lipoxygenase, cyclooxygenase. myeloperoxidase, xanthine oxidase 등 체내 산화효소들을 억제하여 활성산소의 생성을 막아준다. 이 효소들은 질병상태나 과도한 자외선의 노출시 활성화되어 활성산소의 급증을 초래하고 과잉의 활성산소로 인하여 피부세포들은 산화적 스트레스를 받게 된다. 이 같은 플라보노이드들은 여러 단계의 산화과정에서 항산화 기능을 나타내고 있고 잘 알려진 항산화 비타민(비타민 C, 비타민 E)보다 항산화력이 큰 것도 많다.

한편, 플라보노이드들은 항산화작용 뿐 만 아니라 항염증력을 나타내는 것도 많다. 이같은 항염증효과는 lipoxygenase와 cyclooxygenase 염증반응과 관계된 효소의 억제 뿐만 아니라 아라키돈산 대사에 직접적으로 작용하여 나타난다.

## 4. 스쿠알렌 함유제품

### 1) 정의

#### (1) 스쿠알렌

상어의 간에서 추출한 스쿠알렌 성분을 함유한 유지를 정제한 것을 말한다.

#### (2) 스쿠알렌 제품

스쿠알렌을 주원료(60.0% 이상)로 하여 캅셀에 충전하여 제조한 것을 말한다.

### 2) 기능성 효능

① 산소공급의 원활화

② 피부건강에 도움

③ 신진대사 기능

### 3) 기능성 성분과 작용기전

사람의 피지(sebum)는 피부각질세포의 보습작용, 항균작용 등에 중요한 역할을 하는데 함유성분은 대략 글리세라이드 50%, 왁스 20%, 스쿠알렌 10%, 유리 지방산 5% 순으로 함유되어 있다. 특히 스쿠알렌은 간에서 콜레스테롤 합성과정 시 중간물질로 합성되기도 하나 부족한 경우에는 피부에 있어서 보습작용결핍에 의한 건성이나 주름촉진 등의 피부노화가 유발된다고 알려져 있다. 스쿠알렌은 물과 결합하여 산소를 발생시킴으로서 세포호흡에 활력을 주고 한편 항산화력도 가지고 있어서 자외선이나 환경오염물질 등 피부세포에 손상을 줄 수 있는 각종 활성산소들의 소거제로서 기능도 알려져 있다.

### 4) 부작용 및 주의사항

과다 사용 시 혈중 콜레스테롤 농도의 증가가 우려되므로 고려되어야 한다.

## 5. 효소 제품

### 1) 정의

#### (1) 곡류 효소 제품

건강기능식품의 원료(곡류 60.0% 이상)에 식용 미생물을 배양시킨 것을 주원료(50.0% 이상)로 하여 제조 가공한 것을 말한다.

#### (2) 배아 효소 제품

건강기능식품의 원료(곡물의 배아 40.0% 이상)에 식용 미생물을 배양시킨 것을 주원료(50.0% 이상)로 하여 제조 가공한 것을 말한다.

#### (3) 과채류 효소 제품

건강기능식품의 원료(과 채류 60.0% 이상)에 식용 미생물을 배양시킨 것을 주원료(50.0% 이상)로 하여 제조 가공한 것을 말한다.

#### (4) 기타식물 효소 제품

곡류, 곡물배아 또는 과 채류 이외의 건강기능식품의 원료(식물성 원료 60.0% 이상)에 미생물을 배양시킨 것을 주원료(50.0% 이상)로 하여 제조 가공한 것을 말한다.

### 2) 기능성 표시

① 신진대사 기능

② 건강증진 및 유지

③ 연동작용 및 배변에 도움(식이섬유 다량 함유)

### 3) 기능성 성분과 작용기전

효소는 생명체내 화학반응의 촉매가 되는 단백질로 효소함유식품은 식품에 식용 미생물을 배양시켜 효소를 다량 함유하도록 제조한 것이다. 효소함유식품은 원료에 따라 곡류효소함유식품(곡류의 배아 60% 이상), 배아효소함유식품(곡물의 배아 40% 이상)과 채류효소함유제품(과 채류 60% 이상), 그리고 기타식물 효소함유식품으로 분류된다. 효소함유제품은 효소뿐만 아니라 효소에 의해 생산되는 생체에 유용한 물질들을 포함하게 된다. 특히 필수 영양소인 비타민, 미네랄, 아미노산, 지방산 등은 효소함유제품의 영양학적 기능을 강화시킨다.

효소 함유 식품은 효소의 기능을 통해 음식물이 흡수되기 용이한 형태로 전환시킴으로써 영양소의 흡수를 촉진시키는 작용을 한다. 또한 효소함유제품에 포함된 효소와 식이섬유는 장의 연동운동을 촉진하여 배변을 도움으로써 변비를 호전시킨다. 비타민 C와 E와 같은 항산화물질은 장에서 독성물질이 생성되는 것을 억제하고 비타민 B군은 세포의 신진대사를 촉진하여 위와 장의 항상성을 유지시킨다.

### 4) 부작용 및 주의사항

잘 정제되지 못한 제품이나 과량을 섭취하였을 경우 설사, 구토, 복통 등의 위장관 장애를 유발 할 수 있다.

## 6. 유산균 함유제품

### 1) 정의

#### (1) 유산균

유산간균(L. acidophilus, L. casei, L. gasseri, L. delbrueckii, L. helveticus, L. fermentum 등) 또는 유산구균(S. thermophilus, S. lactis, E. faecium, E. faecalis 등)을 배양한 것으로 식용에 적합한 것을 말한다.

#### (2) 비피더스균

비피더스균(B. bifidum, B. infantis, B. brave, B. longum 등)을 배양한 것으로 식용에 적합한 것을 말한다.

#### (3) 유산균 이용제품

유산균을 주원료로 하여 제조 가공한 것을 말한다.

#### (4) 비피더스균 이용제품

비피더스균을 주원료로 하여 제조 가공한 것을 말한다.

#### (5) 혼합유산균 이용제품

유산균과 비피더스균을 혼합한 것을 주원료로 하여 제조 가공한 것을 말한다.

### 2) 기능성 표시

① 유익한 유산균의 증식
② 장내 유해미생물의 억제
③ 장내 연동운동
④ 정장작용

### 3) 기능성 성분과 작용기전

유산균이란 포도당과 같은 탄수화물을 산소가 없는 조건에서 대사시켜 젖산(lactic acid, 유산)을 생성하는 세균으로 젖산균이라고도 한다. 인체의 장내에는 100종에 달하는 미생물이 장내균총을 구성하여 서로 공생 또는 길항관계를 유지하면서 섭취된 음식물과 분비되는 생체성분을 영양원으로 계속 증식하면서 배설되고 있다. 이들은 대장 내용물의 약 1/3을 차지하고 있으며 숙주인 인간의 건강유지에 큰 영향을 미치는 것으로 알려져 있다. 즉, 당류, 주로 glucose를 에너지원으로 사용하여 다량(50% 이상)의 유산을 생성하면서 사람이나 동물의 장에 해로운 물질인 인돌, skatole, 페놀, 아민, 암모니아 등을 생성하지 않고, 부패를 방지하는 등 사람(동물)에게 유익한 장내 세균을 말한다.

현재 알려진 유산균 중 20여 종류가 주로 발효유 제조 및 유산균사업에 응용되고 있으며 이들을 활용을 중심으로 나누어 보면 다음과 같이 5개 군으로 분류할 수 있다. 유산간균(Lactobacillus)과 유산구균(Lactococcus)은 요구르트, 발효유, 치즈 등의 생산에, 비피더스균

(Bifidobacterium)은 유산과 초산 생산에, 연쇄구균인 Streptococcus는 치즈나 요구르트 등의 제조에, 쌍구균은 Leuconostoc은 발효버터의 생산에 그리고 연쇄구균인 Pediococcus는 절임식품에서 젖산의 발효에 이용된다.

살아있는 유산균을 직접 투여하는 경우와 유산균의 대사산물을 투여하는 경우가 있는데, 장내에 정착한 유산균은 병원성 세균이 소화관 상피에 부착하는 것을 방해하고, 장내 유해 미생물의 증식을 억제하는 반면에 유익한 유산균의 증식을 돕는다. 사람이 나이가 들면 침과 위액의 분비량이 줄어들고, 장의 운동이 약해진다. 이런 이유로 나이가 들어가면서 유산균의 수는 감소하고 유해균의 수는 증가하는데 이럴 때 유산균의 섭취는 장의 벽을 자극함으로써 배변활동에 중요한 역할을 하는 장의 연동운동을 증가시켜준다.

대사산물을 투여하게 되면 장내 정상유산균의 활성을 도와 균의 고착을 촉진하는데, 대사산물로 젖산을 만들어 장을 산성화시켜 주기 때문에 병원미생물의 발육을 저지하고 정상적인 장내 세균총이 자리 잡을 수 있도록 작용한다. 또한 이상발효에 의한 암모니아나 발암물질의 생성을 줄여주는 역할을 하고 있어 정장제로 작용한다. 경구투여 후 위산에 의해 파괴될 수 있으므로 이에 대한 적절한 대비가 필요하며 대장 내에서도 국소적으로 분포한다.

### 4) 부작용 및 주의사항

유산균함유제품의 특이한 부작용은 없다.

## 7. 감마리놀렌산 함유제품

### 1) 정의

#### (1) 감마리놀레산 함유유지

달맞이 꽃 종자(Oenothera biennis, Oenothera daespitesa 또는 Oenothera hooleri), 보라지(Borage) 종자 또는 블랙커런트(Black currant) 종자에서 채취한 감마리놀레산을 함유한 유지를 식용에 적합하도록 정제한 것을 말한다.

#### (2) 감마리놀렌산 함유제품

감마리놀렌산 함유유지를 주원료(50.0% 이상)로 하여 제조 가공한 것을 말한다.

### 2) 기능성 표시

① 필수지방산의 공급원

② 콜레스테롤개선에 도움

③ 혈행은 원활히 하는데 도움

④ 생리활성물질 함유

### 3) 기능성 성분과 작용기전

오래전부터 미국 동부에 살고 있던 아메리카 인디안들은 달맞이꽃을 채취하여 잎과 줄기, 꽃과 열매까지도 환으로 만들어 염증, 발진 등의 상처에 바르거나 종기에 붙이곤 하였고, 기침을 하거나 통증이 있을 때에서 내복약으로 사용해 왔으며, 특히 천식이나 피부질환에 그 효능이 뛰어나 특효약으로 잘 알려져 있다.

그 후 영양 생리학이 발달하면서 달맞이꽃 씨앗에서 추출해 낸 기름속에 다량 함유된 지방질이 우리 몸에 필요한 필수 지방산의 일종으로 체내에서는 합성이 불가능하여 외부로부터 섭취해야만 하는 불포화 지방산인 리놀레산임을 알게 되었다. 그래서 당시에는 비타민 F라고 이름을 붙였지만 오늘날에는 리놀레산(linoleic acid : LA)으로 알려지게 되었다.

리놀레산은 인체 내에서는 합성되지 않으므로 음식물을 통해서만 섭취해야 하는데, 식물성 기름인 콩, 현미, 밀, 목화씨, 해바라기, 옥수수 기름등에 함유되어 있고, 달맞이꽃 종자유와 보레지꽃 종자유에는 리놀레산 외에는 감마 리놀렌산이 천연적인 형태로 존재한다.

1971년 독일의 "융겔"이 처음으로 달맞이꽃 씨앗에서 기름을 추출하였고, 1919년 독일의 "루후트"에 의해 기름의 성분조성이 발표되었으며. 1927년 달맞이꽃에 함유되어 있는 감마 리놀렌산의 화학구조가 발표되었다. 그리고 신진대사의 과정에 대한 오메가-6 지방산 계열임을 확인하게 되었다.

감마리놀렌산(GLA)은 18개의 탄소와 3개의 이중결합을 가지는 $\omega$-3(또는 n-3)계의 불포화 지방산으로서 체내 기관을 조절하는 호르몬 유사물질을 생성하는데 필요한 필수지방산이다. 감마리놀렌산은 전구물질인 리놀산이 delta-6-desaturase에 의해 체내에서 대사되어 생성되는데 당뇨, 알코올, 방사선, 육식 또는 노화 등의 이유로 효소의 활성이 억제되면 호르몬의 불균형을 가져오게 된다. 음식에서 섭취한 GLA는 거의 대부분 homo-γ-linolenic acid (DGLA)로 대사되지만 이를 다시 arachidonic acid로 대사시키는 delta-6-desaturase의 활성은 높지 않다. 따라서 음식물로 섭취한 GLA는 체내에서 대부분 homo-γ-linolenic acid로 대사되는데 이는 TXA2 생성을 억제하고 PGE1을 합성하여 혈소판응집을 억제하고 혈관을 확장시키며 콜레스테롤합성을 억제하여 심혈관 질환을 예방하는 효능을 나타낸다.

즉, 생리기능조절물질인 프로스타글란딘(prostaglandin), 트롬복산(thromboxane), 류코트리엔(leukotriene) 등은 리놀산(linoleic acid)을 기본 물질로 해서 디호모-감마-리놀렌산(dihomo-γ-linolenic acid)으로부터 프로스타글란딘 Ⅰ계열이 만들어지고, 아라키돈산(arachidonic acid)으로부터는 프로스타글란딘 Ⅱ계열이 그리고 에이코사펜타엔산(eicosapentaenoic acid, EPA)으로부터는 프로스타글란딘 Ⅲ계열이 만들어진다.

그러나, delta-6-desaturase 효소의 활성이 저해되면 식품으로부터 쉽게 공급되는 아라키돈산으로부터 프로스타글란딘 Ⅱ계열은 생성되고 디호모-γ-리놀렌산에서 합성되는 프로스타글란딘 Ⅰ계열은 합성되지 못하기 때문에 체내 프로스타글란딘의 균형이 깨지게 되므로 여러 질환들이 생기게 된다.

감마-리놀렌산은 4가지 중요한 역할을 한다. 첫째, 막 구조를 조절하고 둘째 eicosanoid 형성을 조절한다. 셋째, 피부의 물 불침투성과 위장 내부와 뇌관문과 같은 막의 투과성을 조절하고 마지막으로 콜레스테롤 이동과 합성을 조절한다.

감마리놀렌산(GLA)으로 일어나는 4가지 기본적인 메커니즘은 첫째, 세포막의 구조에 디호모-감마-리놀렌산(DGLA)과 아라키돈산 같은 n-6 필수지방산이 증가한다. 둘째, n-6 필수지방산의 생화학적 효과는 구조적인 요소에 결합하거나, eicosanoids에 변화를 일으킨다. 예로, GLA와 DGLA는 cytokine 방출과 활성을 조절한다. 셋째, DGLA의 $PGE_1$으로 변화하는 메커니즘으로 GLA의 처리로 인간의 혈장 $PGE_1$ level은 증가를 일으키고 흰쥐에서는 macrophage $PGE_1$ levels을 증가한다.

$PGE_1$은 혈관을 팽창시키고 혈행을 개선시킨다. 그것은 혈소판 응집을 억제하고 콜레스테롤 생합성을 억제한다. cAMP 형성을 자극한 후 염증 반응 동안 아라키돈산 방출에 중요한 효소인 phospholipase $A_2$ 억제를 일으킨다.

넷째, DGLA의 15-OH-DGLA로 변화하는 메커니즘으로 아라키돈산(AA)의 해로운 유도체는 5- 및 12-lipoxygenase에 의해 형성된다. 이러한 효소를 억제하는 것이 신체의 15-OH- DGLA이다. 이것은 DGLA에서 형성되고 이는 GLA와 DGLA의 처리로 증가된다.

Horrobin은 12주 동안 달맞이꽃 종자유 형태의 감마리놀렌산을 하루에 0.5g 캡슐로 4개, 8개, 12개씩 투여한 고지질혈증 환자(평균연령 42세)에서 그 들의 총 혈중 콜레스테롤치가 평균 14.7%, 17.3%, 22.6% 감소됨을 보고하였다. 혈중 콜레스테롤의 감소는 원래 콜레스테롤치가 5㎖/L 이상인 모든 사람에게서 감소되었으나 정산인 혈액 코렐스테롤치에는 그 자체 작용에 의한 것이 아니고 감마리놀렌산 또는 그 다음의 대사물로 전환되어야만 나타난다는 것을 의미한다. Guivermau 등은 고지혈증환자에게 감마리놀렌산(3g/day)을 투여 시 HDL-콜레스테롤이 22% 증가한 반면, 총-콜레스테롤과 LDL-콜레스테롤 그리고 중성지방은 감소하였음을 보고하였다. 이러한 연구들은 감마리놀렌산이 고혈압, 동맥경화, 심근경색, 협심증 등과 같은 고지혈증으로 발병되는 질환에 유용한 성분이라 할 수 있다.

달맞이꽃 종자유의 특이한 효능 중의 하나는 알러지성 피부질환의 습진을 치료해 준다는 것이다. 이 습진이 발생하는 것은 음식으로부터 지방을 감마 리놀렌산으로 변환을 해 주는 데 문제가 있어서 발생하는 것인데, 습진을 가진 환자들에게 3~4개월 동안의 달맞이꽃 종자유를 복용시킨 결과 가려움증을 경감시켜 줄 수 있었고, 상당한 부작용을 가진 스테로이드크림의 복용을 경감시켜 줄 수 있었다. 이 식물의 종자유에는 PMS(월경전증후군)나 생리통과 자궁내막증과 같은 생리불순에도 효능을 발휘하였으며, 특히 생리통을 유발하는 염증성 프로스타글란딘을 봉쇄해 주었다. 류머티스성 관절염은 관절의 고통과 부종으로 이러한 증상들은 감마-리놀렌산의 보충섭취로서 염증을 유발시키는 신체적 조건을 개선할 수도 있다

### 4) 부작용 및 주의사항

① 이 종자유를 섭취한 참가자의 약 2%의 복부팽만감과 복통을 경험했지만 음식과 더불어 이를 복용할 때 이러한 부작용이 사라진다고 보고되었다.

② 감마리놀렌산을 복용하는 사람은 체내에서 프리산소라디칼로부터 보호하기 위하여 비타민E와 같은 항산화제를 복용하는 것이 권고된다.

③ 임신 및 수유시의 복용에 관한 부작용은 보고되지는 않았지만, 태아에게 해로울 수 있고 조산을 유발할 수 있다.

④ 소아에게 사용 시 유발되는 부작용은 아직 보고되지는 않았다. 다만, 유 소아들에게 감마리놀렌산을 복용시켰을 때 알레르기 반응과 같은 증세를 나타낼 수 있으므로 10세 이하의 어린이는 복용하지 않는 것이 바람직하다.

⑤ 하루 3,000㎎이상 섭취하면 homo-γ-linolenic acid뿐 아니라 arachidonic acid를 생성 할 수 있으므로 이 용량을 초과하면 안된다.

# 8. 배아 제품

## 1) 정의

### (1) 쌀배아

쌀의 배아를 분리 정선하여 가열등 식용에 적합하도록 한 것을 말한다.

### (2) 밀배아

밀의 배아를 분리 정선하여 가열등 식용에 적합하도록 한 것을 말한다.

### (3) 쌀배아 제품

쌀배아를 주원료(50.0% 이상)로 하여 제조 가공한 것을 말한다.

### (4) 밀배아 제품

밀배아를 주원료(50.0% 이상)로 하여 제조 가공한 것을 말한다.

### (5) 배아혼합 제품

쌀배아 및 밀배아를 주원료(합하여 50.0% 이상)로 하여 제조 가공한 것을 말한다.

## 2) 기능성 표시

■ 밀배아(제품)

① 항산화작용

② 생리활성성분 함유

③ 신진대사 기능

■ 쌀배아(제품)

① 영양공급

## 3) 기능성 성분과 작용기전

밀(Triticum vulgare)은 벼과 식물로 서아시아 원산이며 아열대 및 온대 지역에서 널리 재배된다. 밀의 구성은 겨(bran), 밀배아(germ), 내배유(endosperm)로 이루어져 있다. 밀배아는 밀의 2~3%를 차지하여 지방이 상당량 함유되어 있다. 녹말이 주성분인 내배유는 밀의 83%를 차지하여 밀가루를 구성하는 주재료이다. 겨는 전체의 약 14%로 주로 가축의 사료로 쓰인다.

밀배아는 그 성분이 비타민 E, 엽산, 인산, 티아민, 아연, 마그네슘 등으로 그 중에서도 비타민 E를 중심으로 많은 연구가 진행되고 있다. 현재 밀배아가 많이 쓰이는 상품형태는 '밀배아유'인데, 종합대사성제제 등의 약제에 첨가되거나 아로마요법(aromatherapy)에 사용되는 아로마오일 중 캐리어오일(carrier oil ; 자체적으로도 보습 등의 효과가 있고 정유와 혼합하여 유효성분이 피부에 잘 흡수되도록 돕는 역할)에 10% 정도로 부가함으로써 유효기간을 연장시킨다. 종합대사성제제에 사용되는 밀배아유는 갱년기장애나 위장장애, 말초혈행장애, 시력감퇴 등의 증상을 치료하는 데에 있어서 토코페롤, 감마-오리자놀, 레티놀 등의 성분과 함께 쓰이고 있다.

밀을 비롯한 옥수수, 귀리, 벼의 항산화 효과에 기여하는 성분은 phenolic acid, ferulic acid, flavonoid가 있으며, 최근에는 카로티노이드도 곡류의 항산화효과에 기여하는 것으로 알려져 있다. 밀배아의 항산화 효과에 가장 크게 기여하는 성분은 phenolic acid이다. Ferulic acid는 밀의 세포벽에 존재하는 주요 성분이며, 배아의 세포벽에서도 많이 존재한다. Ferulic acid는 구조적으로 phenolic acid의 유도체이며 곡류의 phenolic acid중에 가장 대표적인 물질이다. 밀의 flavonoid는 유리형과 결합형으로 존재하여 각각 총항산화활성의 10%, 90%에 기여한다. 밀의 flavonoid 함량은 귀리나 벼에 비해 높으나 옥수수보다 낮다. 카로티노이드는 레티놀의 전구체로 자유기에 의해 유도되는 지질과산화를 억제하는 효과가 있으며 또한 아라키돈산의 산화를 억제한다.

밀배아의 상품적 이용에 가장 많이 응용되는 것이 비타민 E이다. 밀배아유의 이용은 주로 지용성 비타민인 비타민 E를 활용하고자 하는 것이다.

## 9. 레시틴 제품

### 1) 정의

#### (1) 대두레시틴 제품

대두유에서 분리한 인지질 함유 복합지질을 식용에 적합하도록 정제한 대두레시틴을 주원료(60.0% 이상)로 하여 제조 가공한 것을 말한다.

#### (2) 난황레시틴 제품

난황에서 분리한 인지질 함유 복합지질을 식용에 적합하도록 정제한 난황레시틴을 주원료(60.0% 이상)로 하여 제조 가공한 것을 말한다.

### 2) 기능성 효능

① 콜레스테롤 개선에 도움

② 두뇌영양공급

③ 항산화작용

④ 혈행을 원활히 하는데 도움

### 3) 기능성 성분과 작용기전

1850년 Gobley가 난황(Lekithos)에서 분리하여 레시틴(Lecithin)이라고 불리며 학술용어로 포스파티딜콜린(Phosphatidylcholine)이라고 한다. 레시틴은 난황, 대두, 효모, 곰팡이 같은 종류 등에 포함된 인지질이다. 사람의 체내의 인지질로는 가장 많이, 세포막 등의 생체막이나 뇌, 신경조직의 구성성분으로서 중요하다. 엄밀하게는 포스파티딜콜린, 포스파티딜에탄올아민, 포스파티딜세린, 포스파티딜이노시톨, 트리글리세리드, 지방산, 탄수화물 등을 포함한 것을 레시틴이라고 부르고 있다. 그 함유 성분비는 원료에 따라 다르다. 예를 들면, 난황 레시틴은 포스파티틸콜린을 69%, 포스파티딜에탄올아민을 24% 포함하고, 대두 레시틴은 포스파티딜콜린이 24%, 포스파티딜에탄올아민 22%와 19%의 포스파티딜이노시톨을 포함한다.

레시틴은 계면활성을 저하시키고 생체 내에서 콜레스테롤의 가용화에 관여하여 혈중 콜레스테롤의 양을 감소시킴으로 심근경색의 예방에 효과가 있다. 레시틴 중의 포스파티딜콜린은 막구성 성분의 개선 역할을 하는 것으로 세포막 레시틴의 포화지방산을 불포화지방산으로 치환하면서 혈관벽 세포의 탄력성을 양호하게 해 준다. 그리고 레시틴의 포스파티딜콜린은 세포의 리소좀과 미토콘드리아에 존재하는 콜레스테롤 지방산 에스테르의 가수분해효소(esterase)를 활성화시켜 혈관에 침착되기 쉬운 콜레스테롤 지방산 에스테르를 가수분해시켜, 유리 콜레스테롤과 지방산으로 분해하여 혈관벽의 축적을 저지하기도 한다. 인지질 및 중성지방, 콜레스테롤 등의 지방질은 단백질과의 복합체인 지방단백질의 형태로 혈장에 용해되어 조직이나 장기관으로 운반되므로 세포구성과 에너지대사에 이용된다. 동맥경화증을 유발하는 LDL은 콜레스테롤 에스테르를 40～50% 함유하고 있어 콜레스테롤과 지방산의 분해로 혈관벽 침착을 저지할 필요가 있다. 이를 위하여 레시틴의 에스테롤 가수분해효소를 활성화시켜 콜레스테롤 에스테르의 가수분해를 촉진시킨다. 한편 HDL은 간과 일부 소장에서 만들어지는 것으로 처음에는 레시틴과 유리형 콜레스테롤로 존재하나, 혈액 중으로 들어가면 레시틴-콜레스테롤-아실트랜스퍼라아제(Lecithin-Cholesterol-Acyltransgerase)의 작용으로 콜레스테롤 지방산 에스테르 형태로 간에 흡착된다. 흡착된 콜레스테롤 지방산 에스테르는 간에서 담즙산으로 변하여 담즙으로 분비되는데, 이때 잉여의 콜레스테롤을 제거하는 데는 HDL의 역할이 중요하다. 포스파티딜콜린은 HDL-콜레스테롤 양을 높여 주기 때문에 잉여 콜레스테롤을 용이하게 제거하는 역할을 하고 포스파티딜콜린을 주성분으로 하는 레시틴은 동맥경화의 예방과 치료 효능이 있으므로 심근경색, 협심증, 뇌출혈 등의 예방에 이용되는 것이다.

레시틴은 인지질의 일종으로 인체 내에서 세포막의 주성분을 이루는 핵심물질이다. 모든 세포는 세포막을 통해 영양분을 흡수하거나 노폐물을 배설한다. 이러한 세포의 신진대사는 세포막을 통하여 이루어지고, 세포막은 세포의 신진대사를 위해 필요한 물질을 받아들이고 불필요한 물질을 내보내는 관문인 셈이다. 따라서 세포막의 수명이 세포의 수명을 좌우하게 되는데 이 세포막의 주성분이 바로 레시틴이며, 이 레시틴이 부족하거나 손실되면 그 세포에게는 치명적이 된다. 세포막은 레시틴이 중심이 되어 구성되고 있다. 레시틴이 이중층이 되어 만들어져 있고 그 사이사이에 단백질이나 당지질, 콜레스테롤, 비타민E 등이 끼어있는 구조를 하고 있다. 세포막에 레시틴이 적어지거나 불필요한 물질이 끼어 있든지 하면 근육 속의 세포는 영양소의 흡수나 노폐물배설이 어렵게 된다. 또한 레시틴은 하나하나의 세포내에도 존재하고 있다. 세포막 내부에는 원형질이 있으며 물과 단백질을 중심으로 하여 지질, 당질, 광물질 등으로 구성되어 있다. 그 중 지질부분에 레시틴이 함유되어 있다. 더욱이 원형질 내에 존재하면서 대사를 관장하고 있는 미토콘드리아의 막도 레시틴으로 구성되어 있다.

레시틴으로부터 떨어져 나온 콜린(Choline)으로부터 신경전달물질이 되는 아세틸콜린(Acetylcholine)이 만들어져 두뇌활동을 도와준다. 아세틸콜린은 자극전달물질의 하나로서 특히 신경조직 내에 다량 함유되어 있다. 이 물질은 레시틴을 구성하고 있는 콜린으로부터 합성이 된다. 그래서 콜린이 부족하게 되면 아세틸콜린이 감소되고 신경자극전달이 원활하지 않을 수 있다. 혈중의 콜린 농도가 낮은 사람은 지방간과 관련된 장애가 빈번하며 레시틴의 포스파티딜콜린은 이러한 증상을 경감시킨다. 콜린 섭취의 감소는 포유류에서 암의 발생 위험을 높인다. 생화학적으로 PC는 인지질 및 다른 중요한 분자들의 전구체이며, 또한 in vivo에서 항산화활성을 갖고 있다.

다가불포화레시틴(polyunsaturated lecithin), 즉 폴리에닐포스파티딜콜린(PPC)이 풍부한 대두 추출물이 설치류와 영장류에서 항산화작용이 있음이 보고되었다. 실제로 PPC는 실험동물에서 에탄올로 유도된 간의 손상을 경감시키고 산화적 스트레스를 억제한다. 에탄올섭취는 아라키돈산의 과산화물인 간의 F2-isoprostane(F2-IP)를 증가시키나 에탄올과 함께

PPC를 투여한 경우에는 유리 F2-IP가 감소된다. 에탄올로 유도된 간섬유와 경변증은 PPC에 의해 경감되며 GSH의 감소 또한 PPC에 의해 저하된다. 또한 PPC는 사염화탄소로 유도된 간 손상과 지질과산화를 감소시킨다.

PPC는 in vitro 실험에서 미토콘드리아 cytochrome oxidase와 phosph-atidyleth-anolamine N-metyltransferase(PEMT)의 활성을 회복시키는 것으로 보고되었다. PEMT는 SAM(S-ad enosylmethionine)을 메탈기 공급원으로 이용하여 phospatidyl-ethanolamine를 phosphatid ylcholine으로 전환시킨다. 만성적인 에탄올의 섭취는 이 효소의 활성을 감소시키며 그 결과 간의 인지질의 감소를 초래한다. 실험적으로 PPC의 공급은 PETM의 활성을 회복시키며 에탄올에 의한 간경변증을 경감시킨다.

PPC는 collagenase의 활성을 자극하여 아세트알데히드에 의한 콜라겐 축적을 막는다. 또한 에탄올을 공급한 쥐에서 간비후, 지방간, 고지혈증을 감소시킨다.

비자에서 에탄올에 의해 유도된 산화적 스트레스는 PPC 섭취에 의해 차단된다. 에탄올에 의해 감소된 GSH와 dilinoleoylphosphatidylcholine, oleoyllinoleoylphosphatidyl-choline는 PPC의 공급에 의해 회복된다. 또 에탄올에 의해 증가한 비장의 F2-IP와 4-HNE도 PPC 공급에 의해 정상으로 회복된다.

포스파티딜콜린의 항산화작용은 PPC의 인지질부분이 신속하게 손상된 막과 결합하여 회복시키고 과도한 산소라디칼을 제거하여 산화적 스트레스를 억제하기 때문으로 알려져 있다.

레시틴은 모든 생체막에 존재하나 특히 뇌세포막에 많이 존재하며, 뇌 내지질에 존재하면서 잉여 지방과 콜레스테롤을 분해시키고 부족한 것은 뇌 내로 운반해 옴으로써 보충하는 역할을 한다. 레시틴이 없게 된다면 지방과 콜레스테롤의 원활한 이동이 불가능하게 되어 혈관에 부착되어 동맥경화를 초래하며 혈액순환이 나쁘게 되어 뇌의 산소 요구량이 증가하며, 뇌 내 혈류가 나빠지게 된다.

레시틴은 신경전달물질인 아세틸콜린의 원료가 되는데, 이때 아세틸콜린의 합성과 작용에 있어서 비타민 B군(특히 B12)이 활성효소로 중요한 역할을 한다. 치매처럼 노화의 진행에 따라 아세틸콜린이 고갈되는 것이 한 원인인 질병의 경우 레시틴의 섭취가 예방에 도움을 줄 수 있다.

### 4) 부작용 및 주의사항

① 음식 중의 함유량이라면 경구섭취로 안전하다.

② 의약품으로서 이용한 경우, 적량이라면 경구섭취, 정맥내 투여, 피하 투여 및 외용으로 안전하다.

③ 임신 및 수유중의 안전성에 관해서는 신뢰할 수 있는 정보가 충분하지 않기 때문에 음식 중의 함유량을 초과하는 정도의 섭취는 피하는 것이 바람직하다.

④ 고농도에서 오심, 구토, 실사와 같은 위장관계 부작용과 체중증가, 발진, 두통, 현기증 등의 부작용이 나타날 수 있다.

## 10. 알콕시글리세롤 함유제품

### 1) 정의

#### (1) 알콕시글리세롤 함유유지

상어간에서 채취한 알콕시글리세롤 함유유지를 분리하여 식용에 적합하도록 정제한 것을 말한다.

#### (2) 알콕시글리세롤 함유제품

알콕시글리세롤 함유유지를 주원료(98.0% 이상)로 하여 제조 가공한 것을 말한다.

### 2) 기능성 표시

① 유아성장에 도움

② 생리활성 성분함유

③ 신체저항력 증진

### 3) 기능성 성분과 작용기전

알콕시글리세롤은 상어의 간유에 고농도로 함유되어 있는 ether-linked glycerol이다. 알콕시글리세롤은 일종의 트리글리세라이드(triglyceride) 유도체로서 화학구조상 에테르 지방산이며 1-O-alkyl-2,3-diacyl-sn-glycerol 구조로 글리세롤 분자의 첫 번째 알콜기에 지방산이 에테르결합을 이루고 있다. 알콕시글리세롤은 인체의 초유와 모유, 비장, 골수에 극미량으로 존재하며 모유에는 우유의 10배 정도 함유되어 있다. 상어에는 알콕시글리세롤이 보통 동물의 약 1000배 정도 함유되어 있으며 상어간유 성분 중 약 15%가 알콕시글리세롤이다.

그동안 연구에 의해 밝혀진 바에 의하면 사람과 상어에서 약 20종의 알콕시글리세롤이 밝혀졌는데 알콕시글리세롤의 성분별 구성비율을 보면, 키밀알코올(chimyl alcohol)이 약 18%, 베타알코올(batyl alcohol)이 약 4%, 세라킬알코올(selachyl alcohol)이 약 50%, 기타 성분 약 28%이다.

알콕시글리세롤은 백혈구, 적혈구, 혈소판의 생성 등 조혈작용에 필요한 성분이며 이 세포들은 인체의 면역계에 중요한 작용을 한다.

1998년 Pugloese 등은 알콕시글리세롤이 마크로파지 활성을 증가시킴으로써 면역계를 활성화하고 항암치료와 방사성 치료로 인한 부작용, 즉 백혈구와 혈소판 감소증이 감소되었다고 보고하였으며, 이러한 면역증강 작용으로 감기, 천식, 건선, 염증 및 ADIS 등에 예방적인 효과가 있는 것으로 알려져 있다. 이러한 세포증식억제작용(Antiproliferative)과 면역조절작용(Immunomoudlatory action)의 기전은 아직 정확히 알려져 있지 않다. 세포증식억제작용과 관련하여 항암제로의 사용가능성에 대해 여러 연구들이 진행되었으나 인체에 대한 항암효과에 관한 증거자료는 충분하지 않다. 면역증강작용 또한 동물실험에 근거한 것이다. Alkoxy-glycerol이 혈액세포의 증식이나 인터루킨의 생성에 도움을 줌으로써 면역증강작용을 나타낼 것으로 생각하고 있다.

### 4) 부작용

오심, 소화불량, 설사 등 경미한 소화관 장애가 유발될 수 있다.

## 11. 포도씨 유제품

### 1) 정의

#### (1) 포도씨 유

포도씨에서 채취한 기름을 식용에 적합하도록 정제한 것을 말한다.

#### (2) 포도씨 유제품

포도씨 유를 주원료(98.0% 이상)로 하여 제조 가공한 것을 말한다.

### 2) 기능성 표시

① 항산화 작용

② 필수지방산 공급원

### 3) 기능성 성분과 작용기전

포도(Vitis vinifera)는 갈대나무목(rhamnales) 포도과(vitaceae)에 속하는 덩굴식물로서 주로 열대 및 아열대 지역에 자생하며 일부는 온대지방에까지 분포되어 있다. 현재 우리나라에서 재배되고 있는 포도는 주로 미국종인 Campbell early 품종이며 나머지는 이들 상호간의 교잡종이 대부분 차지하고 있다.

포도씨 유는 지방질 20～30%, 단백질 10～15%, 회분 2～3%, 탄수화물 36%로 구성되어 있다. 이 중 지방질의 경우는 중성지질 95%, 인지질 3%, 당지질 1.5～2% 정도이고, 중성지질의 90%는 트리글리세라이드이며, 주요 지방산으로는 리놀렌산 70～75%, 올레인산 15～20%, 팔미트산 7～10%, 스테아릴산 2～3%로 불포화지방산이 80～90%로 되어있는 우수한 반건성유로 평가된다. 이들 중 생체 내에서 중요한 기능성 물질은 다음과 같다.

레놀렌산은 필수지방산으로 다양한 생리적 기능을 가진 물질이다. 프로스타사이클린 합성에 관여하여 혈액응고를 억제하여 심근경색과 뇌졸중을 예방하며, 또한 혈관확장 효과가 있어 고혈압을 예방한다. 부신피질호르몬의 생성에 관여하여 스트레스를 막아 주는 호르몬과 남성호르몬의 분비를 촉진시켜주는 역할을 한다.

토코페롤(비타민 E)은 강한 항산화활성을 갖는 물질로 포도씨 유에 약 50㎎/100g 정도 함유되어 있어 다른 식용유보다 약 70배 정도로 높은 함량을 갖고 있다. 인체 내에서 여러 가지 영양물질의 대사에 관여하는 중요한 비타민이다.

Stigmasterol, $\beta$-sitosterol, campesterol 등의 식물성 스테롤이 포도유에는 다량 함유되어 있다. 특히 혈청콜레스테롤 수치의 감소에 가장 효과적인 $\beta$-sitosterol의  량이 스테롤류 중에서 70%이상을 차지하고 있기 때문에 고혈압 예방에 효과적이며, 고지방식으로 야기되는 각종 질환의 예방에도 효과적이다. 또한 항산화, 항균, 항암작용, 동맥경화 방지, 항콜레스테롤 작용을 보유하여 성인병 예방과 치료, 노화방지, 각종 대사조절, 피부보호 등에 탁월한 효과가 있다.

붕소(Boron)는 포도씨에 다량 함유되어 있으며 여성호르몬인 에스트로겐의 혈중 수치를 높게 유지시켜주는 역할을 하는 무기질이다. 에스트로겐은 칼슘흡수에 필요한 호르몬이고, 칼슘은 갱년기 이후의 여성들의 골다공증을 예방하는 필수무기질이기 때문에 붕소의 함유가 많은 포도씨는 특히 골다공증예방에 좋다.

포도씨 추출물인 catechin류는 (+)-catechin과 (-)-epicatechin이며 혈액순환개선, 모세혈관 및 심장혈관의 강화, 관절염의 예방과 치료, 피부의 탄력과 부드러움의 향상, 손상된 교원질의 회복 등의 작용을 갖는다.

포도 및 포도씨에 많이 함유되어 있으며, 항산화 작용이 있는 성분으로서 분자내에 페놀성 수산기를 여러 개 가지고 있는 화합물의 총칭이다. 포도의 붉은 색소는 안토시안 성분의 cyanidin, peaonidin, delphinidin, petunidin, oenin 외에도 cinnamc acid, flavonol, tannin, catechol. quercetin, propylgallate, procyanidin 등의 페놀성화합물을 주성분으로 하고 있다. 이들 폴리페놀 화합물은 모두 강한 항산화활성을 가지며 혈중 콜레스테롤치 상승억제, 고혈압의 원인이 되는 안지오텐신 변환효소(ACE)의 저해작용에 의한 혈압상승 및 뇌졸중 억제, 항암작용 등을 갖고 있다.

포도씨의 페놀성분은 in vitro, in vivo에서 모두 항산화활성을 갖는다. Grape seed proanthocyanidin extracts(GSPE)는 간과 뇌의 분획에서 $CCl_4$, $H_2O_2$, 철 + 비타민 C로 처리된 간에서 GSPE는 GSH의 소모를 줄일 수 있다.

이 연구결과는 GSPE는 지질과산화를 억제하고 지질과산화에 의해 유발된 간손상으로부터 효과적인 보호작용을 갖고 있음을 보여준다. 몇몇 연구에 의하면 포도씨 추출물은 항산화 효과가 비타민 C보다 20배, 비타민 E보다 50배 가량 강력한 것으로 보고되었다.

GSPE의 가장 핵심적인 항산화 작용은 다가페놀플라보노이드인 proan-thocyanidins에 의한다. 이것은 다양한 생리활성과 자유기와 산화적 스트레스에 대한 보호효과를 갖고 있다. GEPE는 $O_2$-, OH, ROO 등을 제거한다. 또 GSPE는 12-O-tetradecanosylphorbol-3-acetate(TPA)에 의한 간과 뇌의 지질과산화 및 DNA fragmentation, 복강대식세포 활성화 등을 억제한다. 유방, 폐, 위암 세포에 세포독성이 있으나 정상세포의 성장은 촉진하는 것으로 보고되었다. 또 GSPE는 화학요법제 및 기타의 약물에 의한 독성에 뛰어난 보호효과가 있으며 이 모든 작용은 항산화 활성에 의해 매개되는 것으로 보인다.

# 12. 뮤코다당 · 단백 제품

## 1) 정의

### (1) 뮤코다당 · 단백

소, 돼지, 양, 사슴, 상어, 가금류, 오징어, 게, 어패류 등의 연골조직을 분리, 정선한 후 열수 추출 또는 효소 분해하여 여과, 농축, 건조 등의 공정을 거쳐 식용에 적합하도록 정제하여 건조한 것을 말한다.

### (2) 뮤코다당 · 단백 제품

뮤코다당 단백을 주원료(50.0% 이상)로 하여 제조 가공한 것을 말한다.

## 2) 기능성 표시

① 연골의 구성성분

② 건강증진 및 유지

③ 영양공급

## 3) 기능성 성분과 작용기전

황산콘드로이친은 점액성(Mucous) 다당류의 일종으로 척추동물의 연골과 여러 종류의 기질성분으로 뼈 등의 지지조직에 널리 분포되어 있으며, 단백질과 결합되어 수분의 함량을 유지하는 거대 분자로 존재한다. 황산콘드로이친의 뮤코다당은 단백질과 결합된 PG(Protein glycan)의 구조를 가지고 있으며, 핵단백질(Core protein)에 길고 불균일하게 다당이 결합되어 있다. 이 불균일성 다당은 두 종류가 반복된 단위로 구성되어 있는데, 하나는 항상 헥소아민(Hexoamine)의 N-아세틸화합물로 되어 있고, 다른 하나는 질소기를 함유하지 않은 당으로 시작부터 황산기를 가지고 있다. 즉, 반복 단위(2당)로 구성된 글리코사미노글리칸이며 연골의 주성분이다. 또한 피부 탯줄 육아 등의 결합조직에도 함유되어 있다. 예를 들면 돼지코의 연골 건조무게 가운데 약 40%는 콘드로이친황산이다. 또한 상어 지느러미와 어린 소의 코 언저리 물렁뼈에 많이 함유되어 있는 생체 결합조직의 조성물질이다.

콘드로이친황산은 우론산의 종류와 환산기의 결합 위치에 따라 A, B, C, D, E, K 등의 형으로 분류된다. 이들 가운데 콘드로이친 A, B, C의 구조는 반복 단위가 100개 정도 결합되어 이루어진다. 콘드로이친황산은 조직 속에서는 프로테오글리칸(단백질에 글리코사미노글리칸 결사슬이 공유결합된 화합물)이라는 넓은 뜻의 당단백질과 결합한 형태로 존재한다. 실제로는 프로테오글리칸의 한 가락 사슬에 수십 가닥의 콘드로이친황산 사슬이 결합되어 있다. 그리고 이런 상태의 프로테오글리칸은 히알루론산 콜라겐 등과 더불어 거대한 분자 집합체를 구성하고 있다.

연골에는 황산 4콘드로이친과 황산 6콘드로이친과 같이 두 개의 콘드로이친이 있는데 분자량도 다르고 순도도 다르다. 자라나는 포유동물의 연골에는 황산 4콘드로이친이 가장 풍부하다. 나이가 들면서 연골세포는 황산 4콘드로이친을 덜 만들게 되고 다른 글리코사미노글리칸을 만들게 된다. 이러한 현상은 관절염이 있는 연골에서도 나타난다.

사람이 나이가 들면 피부에 윤기가 없어지고 관절부분에서 뼈 맞부딪치는 소리가 난다. 이는 피부를 구성하고 있는 세포의 수분대사감소와 결합조직 중 윤활물질인 황산콘드로이친이 줄어들면서 일어나는 노화의 진행이다. 황산콘드로이친은 나이를 먹으면서 감소된다. 황산콘드로이친의 감소는 세포의 수분대사 조절에 영향을 주어 피부의 노화가 빨라지고 관절부위의 결합조직에 원활함을 상실하게 된다. 황산콘드로이친은 동물성 식이섬유로 분류되어 일반 식이섬유가 생체에 주는 영향을 모두 발휘해 준다. 황산콘드로이친의 생리작용은 다음과 같다.

① 세포 외액의 용량조절과 수분대사로 보수성이 대단히 커서 생체 중 수분을 이용한 영양분의 운반, 흡수에 관여하여 피부의 노화를 저지하고, ② 세포 외액에서의 이온이동과 조절작용을 하는 칼슘, 마그네슘, 칼륨, 나트륨이온 등의 이동을 조절한다. ③ 칼슘이온과 강력하게 친화하고, 뼈형성에 있어 인산칼슘의 침착에 기여한다. ④ 상처치료에 효과가 있는 것으로 결합조직의 기능 중 조직의 보수기능에 가장 특징적으로 작용하고, 조직의 손상 치유하며 육아의 형성을 촉진한다. ⑤ 콘드로이틴 단백복합체와 히알우론산(Hyaluronic Acid)단백복합체가 관절연골에 27~43% 존재하면서 관절조직의 탄성과 원활성을 주게 된다. 또 관절부를 싸고 있는 인대, 힘줄의 탄성유지에도 깊이 관여하고 있다. ⑥ 혈중 지방단백질분해효소(Lipo Protein Lipase : LPL)의 방출로 일어나는 지방단백질의 지방분해에 의하여 유리된 지방산을 혈청알부민과 결합시킴으로써 혈액을 맑게 하고, 헤파린(Heparin)에 비유되지는 않으나 혈액응고저해작용도 한다. ⑦ 안구조직에 대한 작용으로 황산콘드로이친은 각막을 보존하며, 투명도를 잘 유지시키면서 각막의 팽화를 억제한다. 이때 황산콘드로이친과 콜라겐섬유의 결합이 상실되면 투명성이 저하된다. ⑧ 황산콘드로이친은 콜라겐과 공동으로 감염소를 포위하여 세균감염의 확대를 방지한다. 이상과 같이 황산콘드로이친은 체내의 생체조절기능에 없어서는 안되는 물질이다. 특히 체내 성분 중 70%가 수분이라는 점을 감안한다면 수분의 적절한 유지는 노

화를 방지하는 중요한 역할을 하고, 수분의 적절한 보존은 외적이고 시각적인 피부뿐만 아니라 체내 관절부위에 원활함을 유지하게 된다.

실험적 연구에서 쥐에 관절염을 브라디키닌으로 이용하여 유도하고, 14일간 콘드로이친을 먹인 결과, 브라디키닌이 연골에서 프로테오글라이칸을 저하시키는 것을 막는다는 사실을 발견했다. 이러한 결과는 콘드로이친을 먹이면 골관절염에서 보이는 프로테오글라이칸의 감소를 예방할 수 있다는 것을 의미한다. 다른 연구에서는 콘드로이친이 관절연골을 보호한다는 사실을 보여주었다. 또한 콘드로이친이 연골의 퇴행성변화에 관여하는 효소를 억제한다는 사실을 밝히고 있다.

콘드로이친은 분자량이 매우 크므로 분자량이 적은 글루코사민과 달리 위장에서 흡수가 잘 되지 않는 것으로 알려져 있다. 그러나 일부 연구에서는 동위원소를 이용하여 생체흡수율을 측정한 결과 투여한 콘드로이친의 70%가 흡수되는 것이 보고된 바도 있다. 또한 콘드로이친은 활액이나 관절연골에 침착성이 강하며 관절염을 개선하는데 효과가 있다는 것이 밝혀지고 있어 관절염의 진행을 막을 수 있는 가능성이 보고 되고 있다.

## 13. 엽록소 함유제품

### 1) 정의

#### (1) 맥류약엽 엽록소 원말

보리, 밀, 귀리의 어린 싹 또는 어린 이삭 형성 전의 것을 채취하여 잎의 전부 또는 일부를 그대로 또는 착즙하여 건조분말로 한 것을 말한다.

#### (2) 알팔파 엽록소 원말

알팔파의 성숙한 잎, 잎꼭지, 줄기의 전부 또는 일부를 그대로 또는 착즙하여 건조분말로 한 것을 말한다.

#### (3) 해조류 엽록소 원말

엽록소를 함유한 식용해조류를 채취하여 전부 또는 일부를 건조분말로 한 것을 말한다.

#### (4) 기타식물류 엽록소 원말

엽록소를 함유한 케일 등의 식용식물류(단일식물 100%)를 채취하여 전부 또는 일부를 그대로 또는 착즙하여 건조분말로 한 것을 말한다.

#### (5) 맥류약엽 엽록소 함유제품

맥류약엽원말을 주원료(50.0% 이상)로 하여 제조 가공한 것을 말한다.

#### (6) 알팔파 엽록소 함유제품

알팔파원말을 주원료(50.0% 이상)로 하여 제조 가공한 것을 말한다.

#### (7) 해조류 엽록소 함유제품

해조류원말을 주원료(50.0% 이상)로 하여 제조 가공한 것을 말한다.

#### (8) 기타 식물류 엽록소 함유제품

기타 식물류 원말을 주원료(50.0% 이상)로 하여 제조 가공한 것을 말한다.

### 2) 기능성 표시

① SOD함유

② 유해산소의 예방

③ 피부건강에 도움

④ 건강증진 및 유지

### 3) 기능성 성분과 작용기전

엽록소란 녹색식물에 함유되어있는 것으로서 클로로필 a형, b형이 녹색 잎에 주로 함유되어 있다. 가공엽록소로서는 클로로필의 나트륨, 구리염들인 chlorophyllin유도체들이 있으며 이들은 식품첨가물의 천연색소로서 쓰이고 있다.

엽록소 자체가 항산화효과를 가지고 있어서 각종 유해산소라디칼들을 소거하여 피부세포를 보고할 수 있다. 엽록소제품에는 SOD효소(superoxide dismutase)를 함유하고 있어 슈퍼옥사이드음이온을 과산화수소로 전환시키고 catalase에 의해 물로 분해되게 한다. 그러나 경구적으로 섭취 시에는 SOD효소가 분해되기 때문에 효과적으로 작용하기 어려울 것이며 경피적으로 도포 시에도 흡수율 등에 대한 문제가 있다. 제조과정이나 유통과정 중에 분해 또는 변질된 엽록소는 pheophorbide를 생성시켜 일부 사람들에게 광과민성 피부염을 일으킨다는 보고가 있다.

# 14. 알로에 제품

## 1) 정의

### (1) 알로에 겔

식용알로에 품종(베라, 아보레센스(키타치), 사포나리아)의 잎에서 채취한 겔성분(성분질을 제거하거나 또는 제거하지 않은 것 모두)으로 고형분을 0.5% 이상 함유한 것을 말한다.

### (2) 알로에 겔 농축액

알로에 겔을 농축한 것을 말한다.

### (3) 알로에 겔 분말

알로에 겔을 농축하여 분말화한 것을 말한다.

### (4) 알로에 착즙액

식용알로에 품종(베라, 아보레센스(키타치), 사포나리아)의 잎의 착즙액(섬유질을 제거하거나 제거하지 않은 것 모두)을 말한다.

### (5) 알로에 분말

식용알로에 품종(베라, 아보레센스(키타치), 사포나리아)의 잎의 비가식 부분을 제거한 후 건조, 분말화한 것을 말한다.

### (6) 알로에 겔 제품

알로에 겔(70.0% 이상), 알로에겔 농축액(고형분 0.5%기준의 알로에 겔로 환산하여 70.0% 이상) 또는 알로에 겔 분말(고형분 0.5%기준의 알로에 겔로 환산하여 70.0% 이상)을 주원료로 하여 제조 가공한 것을 말한다.

### (7) 알로에 착즙액 제품

알로에 착즙액을 주원료(70.0% 이상)로 하여 제조 가공한 것을 말한다.

### (8) 알로에 겔 분말 제품

알로에 겔 분말을 주원료(고형분으로서 10.0% 이상)로 하여 제조 가공한 것을 말한다.

#### (9) 알로에 분말 제품

알로에 분말을 주원료(50.0% 이상)로 하여 제조 가공한 것을 말한다.

### 2) 기능성 표시

① 장운동에 도움

② 면역력증강 기능

③ 위와 장 건강에 도움

④ 피부건강에 도움(알로에베라)

⑤ 배변활동에 도움(아보레센스)

### 3) 기능성 성분과 작용기전

알로에는 백합과 알로에 속에 속하는 식물로 다년생 상록 다육질 초본으로 분류되며 외국에서는 기원전부터 민간약초로 널리 사용되어 왔으며, 현재까지 약 80여종에 이르는 알로인(안트론 배당체)이나 알로에에모딘, 알로에틴, 알로미틴 등의 유효성분이 확인되었다. 국내에서는 알로에 베라, 알로에 아보레센스, 알로에 사포나리아의 3종을 사용하고 있다. 이들 성분에 대해서 세포재생 및 상처치유, 면역증강작용, 항염증작용, 항암작용, 항균작용, 항궤양 및 위장관보호작용 등이 보고되고 있다.

알로에의 효능을 나타내는 성분으로는 크게 젤리질, 안트론(Anthrone)계, 크로먼(Chromene)계 성분으로 구분할 수 있다. 안트론계는 변비 치료 및 항균 효과를 가진 여러 유효성분들이 함유되어 있다. 크로먼계는 미용적 측면의 장점을 가진 성분이 다량 함유되어 있으며 항균효과가 우수하며 자외선 차단 및 미백 효과가 있다고 한다.

알로에베라는 장의 운동성을 증진시켜 성인의 변비 증상을 개선시킨다. 또한 간장, 췌장, 담낭 등 소화기계의 기능을 강화시켜 소화력을 증진시킨다. 일부 보고에서 위궤양에 치료효과가 보고되었으나 정확한 기전은 현재까지 불분명하다.

알로에는 다양한 면역관련 parameter로 측정한 실험모델을 통하여 생체의 정상적인 면역력을 증강시키고 비정상적인 면역기능을 정상화시키는 등의 면역기능 조절작용이 있다고 알려지고 있다.

Oronzo-Barocio 등은 면역기능이 억제된 마우스에 알로에추출물을 투여한 결과 세포성 면역기능과 탐식능이 회복되었으며, 마우스에 면역억제작용이 있는 방사선을 전신조사하기 전 또는 전신조사 후 알로에를 경구 투여한 결과, 방사선으로 감소된 백혈구 수는 정상으로 회복되었으며, 임파구 수는 방사선 조사군보다 감소율이 낮아지는 효과도 보고되었다.

Klipke와 Strikland는 UV-B조사 시 감소되는 면역세포수가 알로에를 처치 시 그 감소가 현저히 낮아졌으며 UV-B로 발생되는 피부암도 저지시켜 알로에의 면역력 증강작용을 확인하였다. Shida 등은 성인 기관지천식 환자에 있어서 말초혈액 탐식능이 알로에 엑기스에 의해 증가되었음을 보고하였다.

알로에베라는 알로에식물 중에서 가장 유효성이 있는 것으로 알려져 있으며 각종 비타민, 미네랄, 아미노산, 스테롤성분, 안트라퀴논류와 같은 페놀성 성분, 사포닌 등 생리활성물질들을 함유하고 있다. 세포에 영양을 주는 미량필수영양소를 함유하고 있기 때문에 피부세포에 활력을 줄 수 있다. 피부도포 시에는 우수한 천연보습제로서의 기능을 하고 있다. 특히 피부의 상처치유나 sun burn 회복에 효능이 알려져 있다. 또한 항염증효과와 항균작용도 보고되고 있다. 싸이토카인류에 작용하여 면역조절능이 있다고도 하고 임상실험에서 피부도포 시 건선에 효능을 나타내지만 경구투여 시 작용이 없다고 한다.

Aloe속 식물의 일종인 Aloe ferox가 현저한 혈중 알코올 농도의 감소 효과를 나타낸다는 보고에 착안하여 Aloe속 식물로부터 알코올 대사 촉진 내지는 간 보고 작용 성분을 추적하기 위해 일차적인 시도로서 우리나라에서 가장 많이 재개되고 있는 Aloe vera의 추출물들이 알코올 대사에 미치는 작용을 검색한 결과 수용성 고분자 물질 분획에서는 알코올 대사 촉진 작용이, methanol 이용성 저분자 물질 분획에서는 대사 억제 작용이 나타나는 분획에 따라 그 작용이 상반된다는 사실이 보고되었다. 예를 들면 Aloe vera(AV)와 Aloe arborescens(AA) 엑스의 원심분리하여 침전물을 제거한 후, ethanol을 가하여 가용부(LMW)와 불용부(HMW)를 얻어 실험을 한 결과 혈중 에탄올 농도는 AV와 AA를 불문하고 HMW 투여군에서 대조군에 비하여 유의성 있게 감소함을 알 수 있으며 이에 부합되게 ADH 활성도가 대조군에 비하여 유의성있게 증가하였다. AV의 경우에는 LMW에서도 ADH 활성의 증가를 보였다. ALDH의 활성도는 유의성이 나오지 않았으나 대조군에 비하여 21～35% 증가하는 경향을 보였다.

### 4) 부작용 및 주의사항

알로에는 인체에 독성이 전혀 없고 그 즙액을 바르거나 먹더라도 부작용이 없어 안전하다. 또, 오랜 기간 사용해도 약효에 대한 내성이 생기지 않아 일반 약과는 달리 단위를 높이거나 분량을 늘려야 하는 등의 문제가 생기지 않아 인체에 안전하다.

그러나 지나치게 많은 양을 복용할 경우 복통, 오심, 구토, 설사, 전해질 장애가 있을 수 있으며, 체질에 따라 알레르기를 유발할 수 있다. 또한 월경 중인 여성이나 혈우병이 있는 남성이나 기타 출혈성이 있는 사람이 사용하면 과다출혈의 위험이 있으며, 자궁의 수축을 촉진하는 작용이 있기 때문에 임신 또는 수유 중인 여성은 복용해서는 안된다.

## 15. 매실 추출물 제품

### 1) 정의

#### (1) 매실 추출물

매실의 과즙을 식용에 적합하도록 여과, 농축한 것으로서 고형분이 20.0% 이상인 것을 말한다.

#### (2) 매실 추출물 제품

매실 추출물을 주원료(50.0% 이상)로 하여 제조 가공한 것을 말한다.

### 2) 기능성 표시

① 유해균의 번식억제

② 피로회복에 도움

③ 유기산 작용

④ 알칼리성 생성식품

### 3) 기능성 성분과 작용기전

매실은 장미과에 속하는 다년생 식물인 매화나무의 열매이며, 산지는 중국, 한국, 일본 뿐이며, 우리나라의 경우 기후, 토질 관계로 남부지방에서만 생산되는 과실이다. 일본에서는 매실을 매실절임(우메보시), 술, 즙, 엑기스, 잼, 차 등의 식품으로 개발되고 있으며, 우리나라에서도 뿌리, 잎, 꽃 등은 지혈, 해독, 피로회복 등에 효과를 나타내는 약재로 이용한다. 매실은 살구와 비슷한 12~20g의 구형 핵과로 6~7월경에 성숙한다. 매실추출물은 과즙을 식용에 적합하도록 여과, 농축한 것이다. 매실의 주요 성분으로는 유기산(구연산, 사과산, 주석산, 호박산), 카테킨산, 피크린산, 칼슘, 펙틴, 탄닌, 비타민 C 등을 포함하고 있다. 매실은 열매 중 과육이 약 80%인데, 그 중에서 약 85%가 수분이며 당질이 약 10%이다. 무기질, 비타민, 유기산(구연산, 사과산, 주석산, 호박산 등)이 풍부하고 칼슘 인 칼륨 등의 무기질과 카로틴, 카테킨산, 펙틴, 탄닌 등의 성분을 함유하고 있다. 매실의 유기산 성분 중에서 구연산은 우리 몸의 피로 물질인 젖산을 분해시켜 젖산에 의해 유발되는 피로증을 회복시키고 피루브산은 간의 기능을 향상시킨다.

매실의 신맛은 소화기관에 영향을 주어 위장, 십이지장 등에서 소화액의 분비를 촉진하여 소화불량에 효과가 있다. 또한 매실의 카테킨산은 장에 살고 있는 유해 미생물의 번식을 억제하고 장내의 살균성을 높여 장의 염증과 이상 발효를 막고 장의 연동운동을 활성화시켜 변비의 치료에 효과가 있다.

생리활성작용은 피로회복, 장염, 설사개선작용, 정신안정작용, 정장작용 및 신진대사촉진작용을 들 수 있다. 구연산은 인체에서 포도당이 에너지로 대사되는 과정에서 젖산의 생성을 억제하여 피로를 회복시키고 정신을 안정시키며 칼슘의 체내 흡수율을 높인다고 알려져 있다. 카테킨산은 강한 해독, 살균효과가 있어서 장염치료, 설사를 개선시키며, 다량 함유된 칼슘과 구연산이 칼슘의 흡수를 높여 정신을 안정시킨다. 탄닌이 장내 불순물을 수렴하여 장을 정화시키고, 유기산이 혈액을 약알칼리성으로 유지하고 신진대사를 활발히 하여 모든 기관을 정상화 시킨다. 매실엑기스의 구강투여에 따른 유산소성 운동능력의 변화와 매실농축액 복용이 all-out 운동 후 회복효과를 보여준다고 보고되었다. 매실 농축액을 사람에게 투여한 후 남녀에 관계없이 운동 후 휴식시간이 길어짐에 따라 피로물질인 혈중 젖산 농도가 감소하였으며, 피로 회복률의 증가를 보인다.

젖산은 해당 작용과 구연산 회로의 대사적 연계에서 대사의 불균형 상태로 해당 작용의 에너지 요구량이 많거나 산소공급이 부족한 상황에서 생성된다. 체액에 젖산이 축적되면 근육내 pH가 저하되고 등장성 근수축력 감소, myosin ATPase 활성 감소, 근 creatine phosphate 함량 감소, 근육 세포의 근소포체(Sarcoplasmic Reticulum) 내 칼슘 함량 감소 등이 발생하며, 무산소 해당과정의 주효소인 phosphofructokinase 활성의 억제와 troponin과 칼슘의 결합 및 근육세포의 근소포체로부터의 칼슘방출을 억제시킴으로써 근수축력을 감소시켜 운동을 지속 할 수 없게 된다. 따라서 매실 추출물을 복용함으로써 젖산의 축적이 감소되고, 피로회복효과의 개선 및 그 수축력의 증가에 도움이 된다.

### 4) 부작용 및 주의사항

청매의 과육과 매실씨에 들어있는 청산배당체인 아미그달린(amygdalin)이 가수분해에 의하여 방출되는 청산은 독성물질로 작용한다. 청산은 과량 섭취하면 설사 등의 중독증상을 일으키는 물질이다. 청산배당체에 작용하는 효소인 glycosidase는 40℃ 정도의 가열로 불활성화되므로 매실 추출물을 만드는 과정에서 가열하면 독성작용은 나타나지 않는다.

# 16. 베타카로틴 함유제품

## 1) 정의

### (1) 조류추출 카로틴 함유제품

수중에서 증식하는 식용조류(두나리엘라, 클로렐라, 스피루리나 등)로부터 베타카로틴($\beta$-carotene)을 추출하여 식용에 적합하도록 가공한 조류추출카로틴을 주원료로 하여 제조 가공한 것을 말한다.

### (2) 녹엽식물추출 카로틴 함유제품

식용녹엽식물(종자, 과실 포함)로부터 베타카로틴을 추출하여 식용에 적합하도록 가공한 녹엽식물추출 카로틴을 주원료로 하여 제조 가공한 것을 말한다.

### (3) 당근추출 카로틴 함유제품

당근으로부터 베타카로틴을 추출하여 식용에 적합하도록 가공한 당근추출 카로틴을 주원료로 하여 제조 가공한 것을 말한다.

## 2) 기능성 표시

① 비타민 A의 전구체

② 항산화작용

③ 유해산소의 예방

④ 피부건강 유지

## 3) 기능성 성분과 작용기전

베타카로틴은 당근을 비롯한 여러 가지 과일과 채소에 함유된 황색의 색소물질이며, 항산화력을 지니고 있기 때문에 심혈관계 질환 및 일부 암의 발생 위험성을 감소시켜 주는 역할을 하는 것으로 보고되었다. 또한 시력, 뼈의 성장 및 치아의 발달에 있어 반드시 필요한 영양소인 비타민 A의 중요 공급원이기도 하다.

베타카로틴은 소장으로부터 흡수되며 담낭을 자극하여 더 많은 담즙산의 분비를 촉진시킨다. 투여된 베타카로틴 중 약 10~50%가 위장관에서 흡수되면, 이 흡수율은 음식물 중 다른 인자들에 의해 영향을 받는다. 베타카로틴은 장관벽 내의 점막에서 dioxygenase에 의해 비타민A로 전환되며, 이 반응은 체내 비타민A의 농도에 의해 조절된다. 과량 섭취 시 베타카로틴은 체내 지방조직에 축적되어 hypercarotenemia나 피부색의 변화를 일으켜 성인의 경우에는 황색, 어린이의 경우에는 백색을 띄게 된다. 그러나 베타카로틴의 섭취를 중단하면 자동적으로 회복된다. 베타카로틴은 세 가지 경로에 의해 비타민 A 활성형으로 전환된다. 주 대사경로인 carotenoid 15, 15'-dioxygenase에 의해 촉매되는 centraloxidative cleavage, polyene chain의 한쪽 끝에서부터 순차적을 oxidative cleavage가 일어나는 sequential excentric cleavage, 비특이적인 lipoxygenase와 chemical oxidants에 의해 카로틴의 polyene chain이 무작위적으로 끊어지는 random cleavage 과정이 그것이며 특이한 점으로는 산화적인 스트레스 유발 시에는 central oxidative cleavage가 억제되고 나머지 두 반응인 sequential excentric cleavage와 random cleavage가 촉진된다.

베타카로틴은 in vitro에서 singlet oxygen을 효과적으로 제거한다. 베타카로틴은 자외선으로 인한 hemeoxygenase-1 유전자 발현을 억제하고, lipoxygenase 반응에서 lipid peroxyl radical 생성을 억제하며, 지질과산화산물인 MDA의 생성을 억제시키는 등의 항산화작용을 나타낸다. 이러한 베타카로틴의 항산화능력 때문에 많은 연구자들은 암, 자외선에 의한 피부질환, 퇴행성 신경계질환, cystic fibrosis 등 산화적 스트레스와 관련된 질병에 유효할 것으로 주장해왔으며, 역학조사결과도 베타카로틴 섭취증가와 다양한 암발생의 감소가 관련성이 있음을 보여주었다.

그러나 $\alpha$-Tocopherol, $\beta$-Carotene Cancer Prevention Study와 $\beta$-Carotene and Retinol Efficacy Trial 연구 결과에서는 폐암의 위험성이 있는 사람의 경우에 베타카로틴의 섭취가 오히려 폐암발생을 증가시켰다. 또한 HL-60과 HP 100 세포를 이용한 실험에서 retinal과 retinol 모두 DNA 손상을 유발하였으며 이것은 카로티노이드 유도체의 자동산화에 의해 생성된 O2- 이 H2O2로 전환된 결과로 보인다. 석면에 노출되어 일하는 노동자의 경우에도 석면에 함유된 철이 산화반응에 강력한 촉진제로 작용하므로 석면에 노출되어 일하는 노동자에게 베타카로틴을 공급했을 때 발암물질생성이 증가한다고 보고되었다.

베타카로틴이 친산화성 작용prooxidant과, 항산화 작용antioxidant 모두를 가지고 있는 것은 주목할 사실이다. 비교적 약한 산화적 스트레스에서 베타카로틴은 항산화활성을 가지며 거대 분자의 산화를 보호할 수 있지만, 흡연 및 석면에의 노출, polymorphounclear leucocyte이 활성화된 상태 등 심한 산화적 스트레스가 유발될 경우 베타카로틴은 prooxidant 활성을 가지는 cleavage product로 전환된다. 이러한 cleavage products의 산화성 작용은 베타카로틴의 항산화활성보다 우세하게 되며, 단백질의 -SH content, GSH, redox state의 변화와 MDA의 증가 및 산화적 스트레스에 의해 수반되는 adenine nucleotide translocator의 손상 등이 나타난다. 따라서 에너지 대사의 억제는 ROS의 증가를 가져오고 단백질과 핵산 등을 손상시켜 암발생 위험률은 증가된다. 베타카로틴의 양면성은 산소분압에 의해서도 결정된다. 일반적인 공기에서보다 낮은 산소분압에서는 항산화활성을 가지는 반면 높은 산소분압에서는 산화성물질로서 작용한다. 따라서 이러한 양면성은 베타카로틴의 항산화작용에 많은 의문을 제기한다. 그 결과 최근에는 베타카로틴의 단독 섭취보다 야채와 과일을 통한 베타카로틴의 공급을 권장하고 있다.

## 17. 키토산 및 키토올리고당 함유제품

### 1) 정의

#### (1) 키토산 분말

갑각류(게, 새우 등)의 껍질, 연체류(오징어, 갑오징어 등)의 뼈를 분쇄, 탈단백, 탈염화한 키틴을 탈아세틸화하여 식용에 적합하도록 처리한 것을 말한다.

#### (2) 키토산 함유제품

키토산 분말을 주원료로 하여 제조 가공한 것을 말한다.

#### (3) 키토올리고당 분말

키토산을 효소 처리하여 얻은 올리고당류로 식용에 적합하도록 처리한 것을 말한다.

#### (4) 키토올리고당 함유제품

키토올리고당 분말을 주원료로 하여 제조 가공한 것을 말한다.

### 2) 기능성 표시

① 콜레스테롤 개선에 도움

② 항균작용

③ 면역력 증강 기능

### 3) 기능성 성분과 작용기전

키틴은 갑각류(게, 새우 등)의 껍질, 연체류(오징어, 갑오징어)의 뼈, 곤충(개미, 메뚜기)의 외피 등의 구성성분으로 자연계에 풍부히 존재하며 아세틸글루코사민이 5,000개 이상 결합된 고분자물질로 그 구조가 셀룰로오즈와 유사한 동물성 식이섬유이다. 키틴은 물이나 약산에 불용성이어서 그 용도가 매우 제한되어 있다. 키틴(chitin)은 가재, 게, 새우, 오징어와 같은 갑각류의 껍질, 풍뎅이, 매미, 메뚜기와 같은 곤충의 외피와 버섯이나 미생물의 세포벽 등에 존재하는 천연 다당류(당분), 용해되지 않아 이용하기가 어려운 키토산을 제조한다. 키토산 올리고당은 키토산의 분자량을 작게 만들어 놓은 것으로, 키토산이 잘 흡수된다고 생각되지만 실제적으로는 흡수되는 키토산량은 적고 대부분 배설되다.

구조상 식물 속에 같이 들어 있는 섬유와 거의 흡사하다. 섬유질인 키토산은 이리저리 꼬여서 엉성한 솜뭉치처럼 되어 있어서 다른 물질들을 휘감아서 끌고 나가기에 적합한 구조를 가지고 있다. 특히 키토산은 셀룰로즈와는 달리 양이온인 아미노기를 가지고 있어서 음이온을 띤 유해물질을 강력하게 붙잡아 배출하는 독소배출작용, 숙변제거작용이 있고, 이물질에 대한 면역반응을 증진시키나 독작용이 없다.

키토산은 키틴을 탈아세틸화하여 만든 것으로 글루코사민이 5,000개 이상인 고분자물질이며, 약산에는 쉽게 용해된다. 키토산은 생리활성이 높은 천연다당류이나 고분자물질이므로 물에는 불용성이고 생체 내 흡수율도 낮다. 키토산은 섭취 시 체내에서 약 40% 정도가 흡수되며, 나머지 60%는 장내를 통과하여 배설되기까지 인체의 생체조절기능에 중요한 역할을 하는 것으로 알려지고 있다.

키토산을 효소로 가수분해하여 만든 키토산 올리고당은 글루코사민 6탄당이 2개에서 10개 정도 결합되어 있는 당을 말하며, 수용성이며 체내흡수율 및 생리 활성이 높다. 키토산 및 키토산올리고당이 항균작용, 콜레스테롤 저하작용, 비피더스균 생육촉진, 면역력증강 및 부활작용, 항암작용 등 다양한 생리활성이 있음이 연구를 통하여 밝혀지고 있다.

키토산 및 키토산올리고당은 다양한 면역관련 parameter로 측정한 실험모델을 통하여 생체의 정상적인 면역력을 증강시키고 비정상적인 면역기능을 정상화시키는 등의 면역기능 조절작용 및 면역증강작용으로 인한 종양억제작용도 알려지고 있다.

Nishimura 등의 연구에 의하면 키토산이 실험동물모델에서 복강 대식세포를 활성시키고, E.coli. 감염에 대한 비특이적 숙주방어능, 항체생성, 지연형 과민반응의 유도, helper T 세포, cytotoxic T 세포 및 자연살해세포의 활성능을 증가시켰다. 또한 키토산을 마우스에 투여한 결과, 순환말초혈액내의 백혈구수, 총복강세포수, 면역관련 장기(간, 비장, 흉선)무게, 용혈반 형성세포 수, 대식세포의 탐식능 등이 대조군에 비해 증가하고, 항체유도 염증반응인 항체매개형 과민반응과 지연형 과민방응 및 cyclophosphamide(CY, 면역억제제이며 항암제로 임산에서 사용)감소된 흉선 무게와 백혈구수가 정상수준으로 회복되었고, CY 투여로 비장세포의 용혈반 생성세포 수, 혈청 중 IgM 항체, 복강 대식세포의 NO 생성 및 임파구 증식능 전반적인 면역기능을 증강시켜 저하된 면역기능을 회복시키는 효과도 보고되었다. 또한 혈청중의 콜로니형성 자극인자(colony stimulating factor)와 interferon 활성이 현저하게 증가되고, 생체외 실험에서 복강 대식세포에 의해서 IL-1과 CSF의 생산이 증가되었다.

면역성을 증가시키는 다당체로서 알려진 효모의 글루칸, 곰팡이 및 버섯균체사체 등의 다당체에서만 생리활성이 알려진 것에 비해서, 키토산의 올리고당에서도 면역증강작용이 나타난 것이 특징이다. 생체외 실험에서 키토산올리고당에 의해서 IL-1, IL-2 및 대식세포 활성화인자(macrophage activation factor 등이 활성되었고, 종양세포에 대한 cytotoxin T 세포의 활성을 증가되었다.

### 4) 부작용 및 주의사항

장기 복용하면 영양소 흡수 장애(골다공증, 성장장애 유발 가능)가 올 수도 있고 경미하고 일시적이나 오심, 변비 및 설사현상이 나타날 수 있다. 갑각류에 알레르기가 있는 사람은 사용해서는 안된다.

키토산 가수분해효소가 많은 싱싱한 야채(양배추 등) 주스와 함께 섭취하면 키토산의 체내 흡수율을 높일 수 있다고 한다.

## 18. 프로폴리스 추출물 제품

### 1) 정의

#### (1) 프로폴리스 추출물

꿀벌이 나무의 수액, 꽃의 암 수술에서 모은 화분과 꿀벌자신의 분비물을 이용하여 만든 프로폴리스에서 왁스를 제거하여 얻은 추출물, 이의 농축물 또는 건조물을 말한다.

#### (2) 프로폴리스 추출물제품

프로폴리스 추출물을 주원료로 하여 제조 가공한 것을 말한다.

### 2) 기능성 표시

① 항균작용

② 항산화작용

### 3) 기능성 성분과 작용기전

프로폴리스 추출 성분은 항산화활성과 관련하여 플라보노이드, Caffeic Acid Phenethyl Ester(CAPE), Artepillin C, α-토코페롤 등으로 나눌 수 있다.

플라보노이드의 항산화 효과는 lipid peroxy radical을 체내에서 제거하는 활성과 관련되어 있다. 플라보노이드의 한 형태인 flavonol의 일종인 galangin은 프로폴리스에 함유된 물질이다. 자유기 제거 활성을 가지는 galangin은 화학물질에 의한 유전자 독성을 억제하고 효소활성을 조절함으로써 항산화 효과를 나타내는 것으로 알려져 있다. 이외에 수십 종류의 플라보노이드(flavonoid)는 프로스타글란딘생성을 억제하여 항염, 항알레르기 작용, 항균, 항바이러스, 혈행 촉진작용이 있다.

페놀성 수지인 Caffeic Acid Phenethyl Ester(CAPE)는 항염작용, 면역조절작용, 세포증식억제작용, 항산화활성을 갖는다. 이 물질이 지질과산화를 억제하는 것은 산화과정을 매개하는 lipooxygenase의 활성을 저해하기 때문이다. 이러한 CAPE 라디칼 제거 능력은 용량의존성을 보이며, 또 xanthine oxidase를 억제하여 항산화 작용을 나타낸다. 이외에도 adenosine을 inosine으로 분해하는 작용이 항산화활성의 주요기전으로 보는 견해도 있다.

Artepillin C 역시 항암작용, 면역조절작용, 항산화활성 등을 가지고 있는 물질이다. Artepillin C의 페놀성수산화기로부터 수소원자가 활성라디칼로 전달되는 반응을 통해 라디칼을 제거하여 항산화활성을 갖게 된다.

α-토코페롤은 CAPE와 비슷한 기전으로 항산화활성을 나타낸다. 뇌에서 특히 항산화활성을 나타낸다고 보고되어 있으나 그 활성은 CAPE보다 낮다고 한다. 장기간 계속적으로 투여하였을 경우에는 재관류에 의한 손상의 예방에 효과적이다.

# 제8장 기능성식품의 제조 및 관리

## 1. 기능성 식품 제조의 기본사항

기능성 식품에는 최종 소비자 제품을 만드는 원료 제품과 최종 소비자가 그대로 섭취할 수 있는 소비자 제품으로 구분하고 있다. 원료 제품의 경우에는 단일 기능성 성분 또는 복합 성분과 그 함량, 그리고 이의 효능 · 효과에 근거를 두고 있는데, 이 성분들은 천연물 그대로 이용되는 경우도 있으나, 일반적으로는 기능성 성분들을 최대한으로 이용하기 위하여 분리 · 농축 및 정제과정을 수반하기도 하며, 필요에 따라서는 생물학적 전환 등의 적절한 기술 등에 의하여 제조가 이루어진다. 최종 소비자가 섭취하는 기능성 식품은 상기의 원료 제품만으로 이루어 질 수도 있지만 복합성분으로 적절한 범위 내에서 일일 섭취량 또는 1회 섭취량에 만족하도록 함량이 조절되며, 이 외의 구성성분은 단순한 부형제 성분으로 보충하거나 또는 식품 원료나 식품 첨가물을 허용된 함량 이내에서 사용할 수 있다.

기능성 식품의 설계 및 제조에 있어서 기본적으로 고려하여야 할 사항으로는 첫째로 제품의 조성 및 제조에 있어서 유효성분이 최대한으로 생체활성을 나타내도록 하거나 유지하도록 하여야 하고, 둘째로 생체 내에서의 흡수와 기능이 저하되거나 방해되지 않도록 하여야 한다. 그리고 소비자가 섭취하기 용이하도록 맛과 제형도 고려되어야 한다.

우리나라 건강기능식품에 관한 법률 제 3조에서 정의하는 건강기능식품이란 “인체에 유용한 기능성을 가진 원료나 성분을 사용하여 제조(가공을 포함한다)한 식품을 말한다” 로 정의하고 있다.

일본에서는 식품과 의약품의 구분을 그 물질의 본질, 형상(제형, 용기, 포장 등) 및 표시되어 있는 사용목적, 효능 · 효과 등으로부터 종합적으로 판단할 때 일반인에게 의약품으로서의 목적을 가지고 있다고 인식되는 것은 의약품으로 구분하고 있다. 1991년부터 특정보건용 식품제도을 시행해 오고 있으며, 2001년에는 보건기능식품을 시행하였고 개별허가형인 특정보건용 식품과 규격기준형인 영양기능식품으로 유통되고 있다.

Codex에서는 화장품, 담배 또는 의약품으로만 쓰이는 물질을 제외하고, 일반식품을 사람이 먹는 가공이나 반가공, 미가공을 포함한 모든 물질로서 음료, 젤리 및 식품제조, 조제, 처리과정 중 사용되는 모든 물질이 포함된다고 정의하고 있다. 캐나다의 경우에는 식품의 용도로 사용되기 위하여 제조 및 판매되는 것을 식품으로 포함하고 있고, 질병 예방과 사람 또는 동물의 유기적 기능을 위하여 제조되는 물질을 의약품으로 정의하고 있다.

미국에서는 통상적인 일반식품과는 다소 차이를 두고 있는 dietary supplement로 구분하여 "특정성분을 추출 농축하여 분말, 과립, 정제 및 캅셀 등의 형태로 섭취하는 식품"으로 정의하고 있다.

중국에서는 보건식품으로 구분한 건강식품에 대하여 "식품의 한 종류로 구분하며, 인체기능을 조절하고 특정대상인의 복용에 적합해야 하지만, 질병 치료의 목적으로 사용할 수 없다."고 정의하고 있다.

기능성 식품은 천연물 그대로의 상태을 함유하고 있는 식품이거나 발효기술, 분리 · 농축기술 및 정제기술, 추출기술, 미세화 그리고 나노기술 등을 단일 또는 복합적으로 응용하여 제조되고 있으며, 바이오 기술의 개발과 함께 효과적인 기술들이 접목되고 있다. 마늘과 양파의 경우에는 가열처리에 의하여 항암효과에 기여하는 활성 성분이 다소 감소된다. 그러나 토마토의 경우에는 가열특성에 따라 함유된 라이코펜(lycopene)의 유효성이 증가하여 항산화 활성이 높아진다. 이는 가공방법의 차이에 따라 기능성의 유효성분과 활성에 차이가 생길 수 있는 좋은 사례이다.

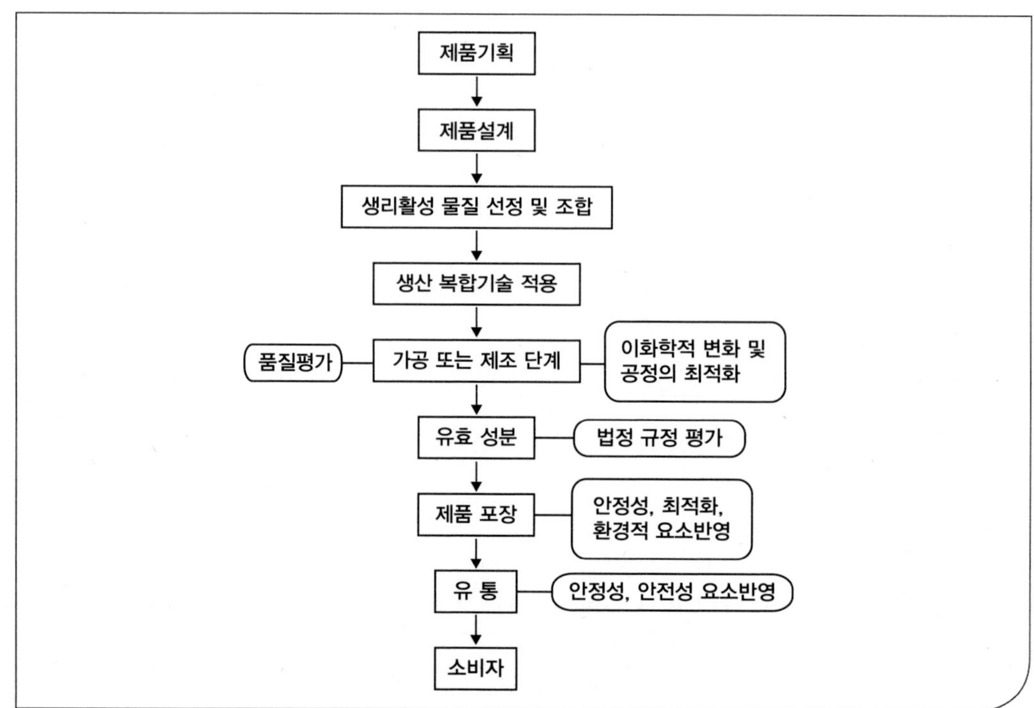


〈그림 8-1〉 기능성 식품의 제품화 및 유통개발의 종합적 접근방법

기능성 식품의 개발 및 제조에는 다음과 같은 사항들을 고려하여야 한다.

첫째, 원재료의 기능성 및 생리활성을 확인한다.

둘째, 원료의 확보는 쉽고, 경제성을 갖추고 있는지 확인한다.

셋째, 인체에 유효한 기능을 갖는 성분의 함량은 안전적인 측면을 고려하여 높일 수 있도록 한다.

넷째, 인체에 해가 되거나 부작용일 일으키는 성분, 그리고 기능성 성분이 생체 내에서 흡수 되거나 생체 반응에 영향을 줄 수 있는 성분이 제거되도록 한다.

그리고, 기능성 물질을 분말, 과립, 액상화 등의 제형에 대하여 결정한다.

기능성 식품의 출시 전에 제품의 개발 및 생산 추진에 있어서 내적인 요소, 외적인 요소, 법적인 요소 그리고 사회적인 요소 등에 대하여 종합적으로 접근한다. 제조 전 · 후 기능성 물질을 화학적으로 동정하고 유효성을 확보하고 있는지를 확인하여야 한다. 또한 기능성 식품은 원재료로부터 농축 · 정제된 형태 또는 강화된 형태의 섭취가 궁극적으로는 인체 내에서 각 조직이나 기관에서 활성물질들이 흡수 · 운반되도록 하는 부원료나 제품의 형태를 유지하거나 가공하기 용이하도록 부형제를 선정하는 것도 중요하다. 적절한 조성과 제조공정의 최적화는 기능성 식품의 유효성분이나 생리활성 성분이 효과적으로 작용하는데 필수적이다. 기능성 식품의 질적 향상과 유지와 함께 가공 또는 제조공정에서 기능성 물질의 안전성이 확보되어야 하며, 제품의 품질이 생산과정이나 유통과정 중에 영향이 없어야 한다. 이는 기능성 식품의 상품화에 있어서 기본적으로 고려되어야 할 사항들이다(그림 8-1).

## 2. 기능성 식품의 제조와 관리

우리나라 건강기능식품의 제형은 기존 분말 또는 과립, 정제, 캅셀, 환제 및 액상 등 6가지 형태의 규정을 규제완화 차원에서 삭제하여 형태의 구분없이 자유로이 제품을 생산할 수 있게 되었다. 일반적인 6가지 제형의 제조공정과 각 단위공정에서 기본적인 사항을 중심으로 설명하면 다음과 같다.

### 1) 분말 및 과립 제형 제품

#### (1) 일반적인 제조공정

분말 또는 과립 제형은 정제나 캅셀 제형 등의 건강기능식품의 앞 공정과 동일하거나 유사한 단위공정으로 이루어져 있다. 분말 완제품의 경우에는 충진 단위공정에서 분진이 발생할 수 있기 때문에 공조나 국부장치로 분진이 잘 제거되도록 하여야 한다. 과립 완제품의 경우, 완제품의 특성에 따라서 과립의 크기는 다양화 할 수 있다. 분말 또는 과립 제형의 기능성 식품의 일반적인 제조공정은 그림 8-2와 같다.

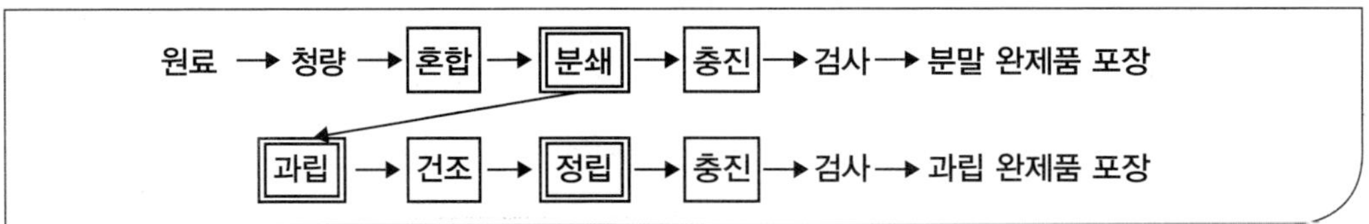


〈그림 8-2〉 분말 또는 과립 제형의 건강기능식품의 제조공정

분말 또는 과립 제형에는 일반적으로 분말(powders), 세립(fine granules) 및 과립(granules)형태로 세분할 수 있다. 분말형태의 제품은 입자의 비표면적인 크기 때문에 섭취시에 용해 및 흡수에서 다른 제형에 비하여 유리하다. 입자의 크기는 일반적으로 500㎛ 이상의 것이 95% 이상이며 500~840㎛ 것이 5% 이하의 수준이다. 세립의 경우에는 200~500㎛의 것이 85% 이상이고 500~840㎛ 것이 5% 이하의 수준이다. 그리고 과립의 경우에는 74~350㎛ 것이 15% 이하이고 1410~1680㎛ 것이 5% 이하의 수준이며 대부분 350~1410㎛ 것으로 형성되어 있다.

분말 또는 과립 제형의 기능성 식품 제조공정에서의 각 단위공정별 중요한 공정 및 관리사항은 다음과 같다.

- 원료 : 원료검수 또는 검사가 완료되어 원료보관실에 보관중인 원료를 제조에 사용한다.
- 칭량 : 원료는 분말원료와 액상원료로 구분하여 적절한 저울에서 별도의 계량용기를 사용하여 교차오염이 되지 않도록 공조가 되는 조건에서 칭량한다.
- 분쇄 : 칭량된 원료는 분말도가 일정하지 않는 경우가 일반적으로 많다. 이에 균일한 혼합과 제형을 고려하여 일정한 수준으로 분쇄를 한다.
- 혼합 : 정확히 칭량된 원료를 배합기에 넣은 후 균질화가 되도록 일정한 시간동안 교반하여 균일하게 한다. 과립 제형이 필요로 하는 경우에는 과립 형성이 원활이 되도록 정제수 또는 주정을 사용하여 과립형성에 도움이 되도록 한다. 액상 원료가 있는 경우에는 이때 혼합 사용하고, 열 처리에 민감한 원료는 건조 이후 정립공정에서 혼합하여 사용하고, 정립공정에 투입하여야 하는 원료도 혼합공정에서는 제외한다.
- 과립 : 혼합된 원료는 과립기로 과립을 형성한다.
- 건조 : 과립 형성한 반제품은 일반적으로 저온온도 수준(예로써 50~60℃)에서 일정시간 건조한다.

- 정립 : 제품에서 분산제 등의 역할로 사용되는 원료는 건조가 끝난 과립에 첨가 후 일정 시간 교반하여 균일하게 하고, 열처리에 민감한 원료도 본 공정에서 혼합하여 균일하게 한 이후, 정립기를 이용하여 다시 재과립을 형성 후 보관용기에 보관여 다음공정에 투입한다.
- 검 사 : 건강기능식품의 품질기준에 적합한지는 실험한 후 적합한 경우에 한하여 다음 공정으로 진행한다.
- 충진 : 분말 제품 또는 과립 제품은 최소포장 단위에 맞는 1차 충진 포장재에 계량 충진한다.
- 포장 : 분말제품 또는 과립제품은 일반적으로 유리병 또는 플라스틱 용기에 포장을 하는 경우가 많으며, 소비자가 간편하게 섭취하도록 또는 휴대의 편리성을 위하여 1회 섭취용량 단위로 소포장을 하는 경우가 증가하고 있다.

완제품 포장에는 제조번호와 유통기한을 확인한 후, 기준규격에 의한 시험을 거친 후 적합한 제품에 한해 출고가 되도록 한다.

본 제조공정에서 사용되는 일반적인 혼합기, 과립기, 정립기 및 포장기기 및 제품 형태는 그림 8-3과 그림 8-4와 같다.

〈그림 8-3〉 분말 또는 과립제형 공정에서 사용되는 제조설비

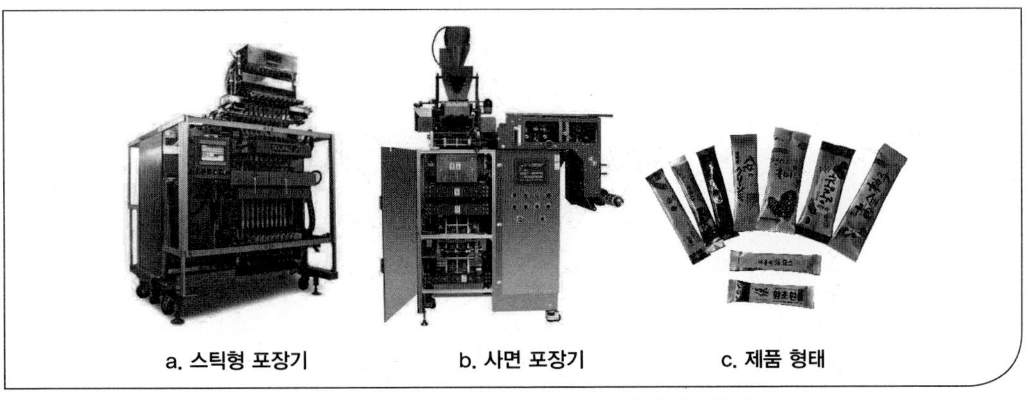


〈그림 8-4〉 분말 또는 과립제형의 포장설비 및 제품 형태

## 2) 정제 제형 제품

정제 제형은 병원이나 약국에서 의약품 제형으로 친숙해 왔던 제형과 유사하며 일반적으로 200mg의 작은 크기에서부터 비타민C 정제와 같이 2,000mg 이상의 큰 크기까지 섭취량 및 섭취방법에 따라 제형과 크기가 다양하다. 이의 제조공정은 그림 5-5와 같으며, 타정기나 정제 포장기 이외에는 분말 또는 과립제품 공정의 단위공정에서 사용하는 기기와 동일한 것을 사용한다. 특히 타정기로 타정할 때 일정한 형태와 강도가 유지되도록 제조시에 부형제를 적절하게 선정할 필요가 있다.

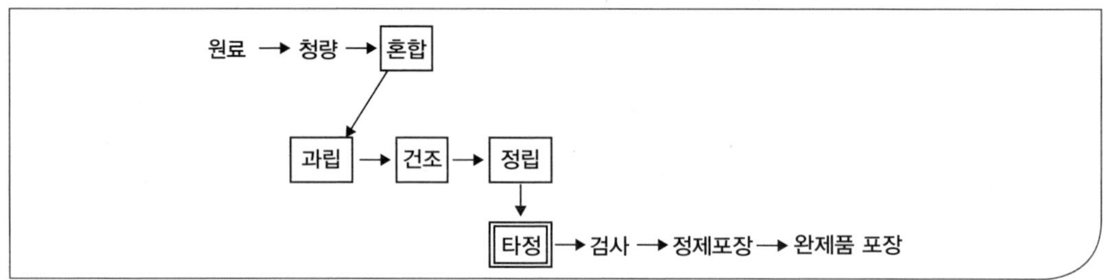


〈그림 8-5〉 정제 제형의 건강기능식품의 제조공정

정제 제형의 제조공정에서 타정에 사용되는 과립의 경우에는 압축 성형성과 유동성이 우수하고 타정 중에 균일한 충전이 되는 것이 중요하다. 과립의 유동성이 좋을수록 타정시에 유동성이 좋아져 충전성이 좋게 된다. 일반적으로 정제시의 과립의 크기는 250~500㎛ 수준이 적당하다. 분말이 많이 함유하고 있는 경우에는 유동성이 나빠지고 또 압축시에는 필요한 공기의 이동을 저해한다. 정제 제형에서는 부형제(diluents), 결합제(binders), 붕해제(disintegrators) 및 활택제(lubricants)의 역할 목적에 적합한 부원료가 사용되고 있다.

부형제는 주로 주 성분의 함량이 적을 때 희석 또는 증량의 목적으로 사용되는 부원료로 유당, 각종 전분, 백당과 알코올 당류 등이 있으며, 직타 제형의 목적으로 사용되는 부형제는 유동성, 혼합성 및 붕해성 등을 고려하여 선정하며 무수유당, 분무건조 유당, 인산이수소칼슘, 입상형 알코올 당류와 결정셀룰로오스 등이 사용되고 있다.

결합제는 정제의 분말 원료에 결합력을 주어 성형을 용이하게 하는 역할로서 액상형의 첨가제로서 물, 주정 및 호화된 전분액, 당 시럽 등이 사용된다. 직접 타정하는 경우의 결합제로서는 분무건조 유당, 무수유당, 결정셀룰로오스, 알파-셀루로오스, 인산일수소칼슘 등이 사용된다.

정제에 첨가하여 그 붕해성을 높이기 위하여 사용되는 붕해제는 주로 팽윤작용으로 알려져 있으며, 물이 정제 내부로 침입하고 모세혈관작용으로 물이 침입하는 속도를 크게 하는 것을 선정하는 것이 좋다. 전분, CMC-칼슘형, 결정셀룰로오스 등은 주로 사용되는 원료이다.

과립체의 압축조작을 원활하게 하기 위하여 활택제를 사용하다. 분립체의 유동성과 충전성을 높이기 위해서는 일반적으로 옥수수 전분을 사용하고, 분립체 상호간의 마찰, 타정시의 마찰을 감소시키고 정제의 압축 및 정제 배출이 용이하도록 하기 위하여 마그네슘이나 칼슘-스테아린산을 사용하고 있으며. 정제의 압축 성형할 때 과립체의 점착을 방지하기 위하여 옥수수 전분, 마그네슘이나 칼슘-스테아린산을 사용할 수 있다. 이들 첨가제를 잘 조합하여 사용하면 양호한 정제를 만들 수 있다.

본 제형의 제조공정에서 원료청량단계부터 건조단계까지는 분말 또는 과립 제형 제조시와 유사하며, 이외의 단위 공정과 관리 사항은 다음과 같다.

- 정립 : 본 공정에서는 정제에 사용되는 활탁제를 건조가 끝난 과립에 첨가 후 일정시간 교반하여 균일하게 혼합하고 정립기를 이용하여 다시 재과립을 형성한 후 보관용기에 보관하여 다음 공정에 투입한다.
- 타정 : 정립이 완료된 원료를 타정기를 공급하여 원하는 중량에 맞추어 필요한 모양으로 타정한다.
- 검사 : 건강기능식품공전의 품질기준에 준하여 평가하고, 중량기준에 적합한 경우에는 다음 공정을 진행한다.
- 정제포장 : 타정 후에는 모양이 훼손되거나 중량이 유효기준을 벗어나는 것을 제외하고, 최소포장 단위에 맞는 알루미늄 또는 PTP포장기를 이용하여 1차 포장하거나 병포장을 한다. 유통 중에 수분의 흡습을 막기 위하여 흡습제를 별도로 넣는다.

정제 제형 공정에서 사용되는 타정기와 일반적인 정제 형태는 그림 8-6 같다.

a. 타정기

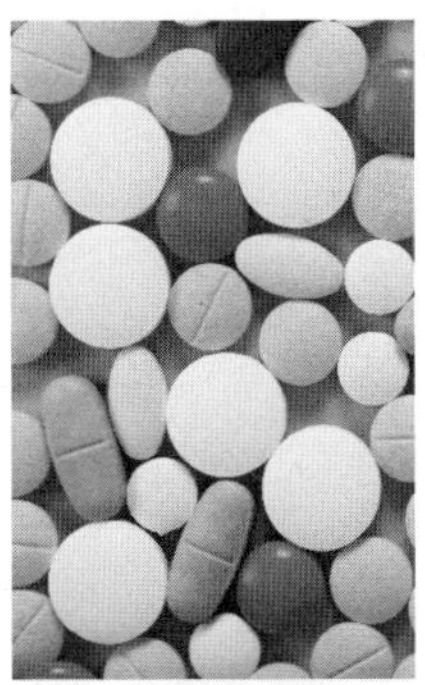

b. 제품 형태

〈그림 8-6〉 정제 제형 공정에서 사용되는 타정기 및 제품 형태

### 3) 경질캅셀 제형 제품

경질캅셀(hard gelatin capsules) 제형은 기능 성분을 함유한 내용물을 미리 성형된 작은 원통형의 몸체와 캡으로 구성된 캅셀에 충진한다. 일반적으로 30~1000mg의 내용물을 충진할 수 있는 캅셀이 생산되고 있지만 국내의 건강기능식품에는 주로 200~500mg의 내용물을 충진하는 것이 일반적으로 많이 사용되고 있다. 불쾌한 맛이나 냄새가 있는 내용물인 경우에 충진하는 경우가 대부분이다. 캅셀은 식용색소를 이용하여 적색, 미황색 등으로 착색을 할 수 있어 식별하는데 도움이 된다. 그러나 내용물을 쉽게 확인할 수 있도록 투명인 것도 유통되고 있다. 경질 캅셀에 충진하는 충진공정 외에는 분말이나 과립 제형의 제품을 만드는 공정과 유사하다. 캅셀 충진기에서 내용물이 원활하게 충진되도록 원료구성시에 첨가제를 포함시키는 경우가 일반적이다.

본 제형의 일반적인 제조공정은 그림 8-7과 같으며, 경질캅셀은 흡습성의 물리적 성상 때문에 캅셀 충진시에 습기에 주의하여야 한다.

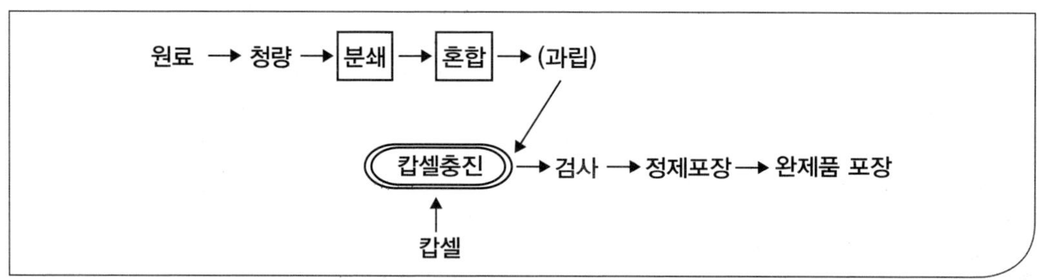


〈그림 8-7〉 경질캅셀 제형의 건강기능식품의 제조공정

충진과정 중에 캅셀외부에 내용물이 부착하거나 작업자의 지문이 묻을 수 있다. 내용물은 가능한한 미분말화하거나 필요시에는 미세과립하여 충진하며 흡습되지 않도록 작업장의 습도을 유지하여야 한다.

다른 제형공정과 구별되는 캅셀 충진 단위공정의 일반적인 제조와 관리 사항은 다음과 같다.

- 혼합 : 원료가 캅셀 공정에서 물성 흐름이 원활하도록 첨가제를 투입할 수 있으며, 이에 사용되는 부원료는 분말 또는 과립 제형의 건강기능식품 제조공정에서 설명한 사항을 참조한다. 각 칭량된 원료는 균일한 입자가 되도록 분쇄 혼합한 후 충진공정을 진행한다.
- 충진 : 전 단위공정에서 처리된 균일한 원료를 갑셀 충진기에 투입하고, 자동으로 공급되는 캅셀에 계량 충진한다. 오일류의 경우에는 페이스트상으로 하여 충진하든지, 내용물과 캅셀 충진기에 따라 주정 등으로 조금 적신 후 충진하거나 미세 과립을 한 후 충진을 한다.
- 캅셀포장 : 충진된 캅셀은 모양이 훼손되거나 중량이 유효수준을 벗어나는 것을 제외하고,

최소포장 단위에 맞는 알루미늄 또는 PTP포장기를 이용하여 1차 포장하거나 병포장을 한다. 유통과정 중에 수분의 흡습를 막기 위하여 흡습제를 별도로 넣는다.

본 경질캅셀 제형에서 사용되는 캅셀 충진기와 일반적인 제품형태는 그림 8-8 같다.

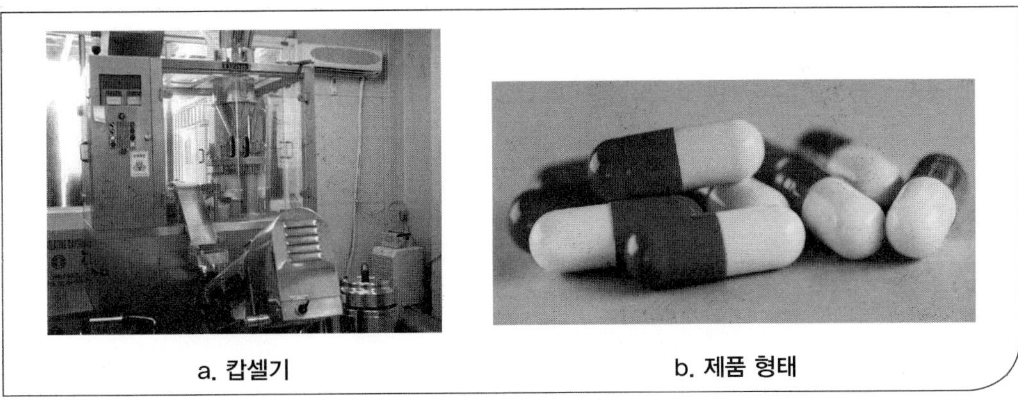

a. 캅셀기　　b. 제품 형태

〈그림 8-8〉 경질캅셀 제형 공정에서 사용되는 캅셀 충진기 및 제품 형태

## 4) 연질캅셀 제형 제품

연질캅셀은 젤라틴에 글리세린, 다가 알코올을 가소제로 사용하여 탄력성을 갖고 있으며 경질캅셀보다 두꺼운 외곽으로 이루어져 있다. 연질캅셀은 성형과 내용물의 충진이 동시에 이루어 진다. 일반적으로 계란형, 타원형, 장방형 등이 있으며, 특정모양을 갖는 제형도 가능하다. 연질캅셀은 제조시에 식용색소의 배합에 따라 다양한 색을 나타낼 수 있다. 연질캅셀 제형은 오일류와 같이 그대로 섭취하기에 불편한 성분이거나 유통기간 중에 공기와의 접촉으로 품질이 저하될 수 있는 성분인 경우의 제품으로 적합하며, 지용성 성분인 경우에도 다른 제형에 비하여 적합한 제형으로, 일반적인 제조공정은 그림 8-9와 같다.

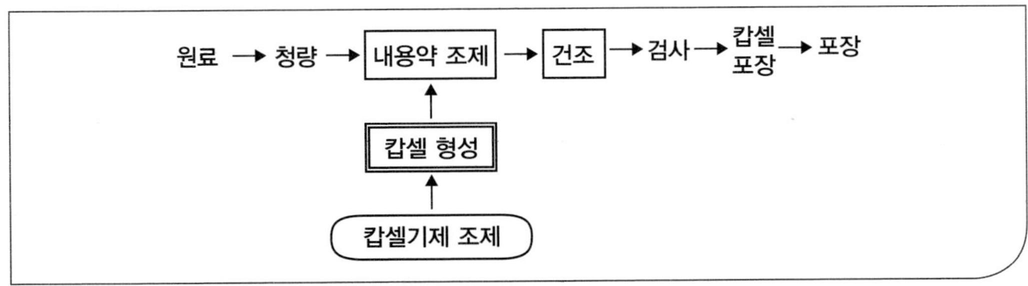


〈그림 8-9〉 연질캅셀 제형의 건강기능식품의 제조공정

본 연질캅셀 제형에서는 다른 제형의 제조공정과 구별되는 단위공정으로는 캅셀기제 조제 및 캅셀 성형 공정이며 제조 및 관리의 중요한 사항으로는 다음과 같다.

- 캅셀기제 조제 : 젤라틴, 글리세린, 식용색소 등을 용해탱크에 넣고 일정시간 교반하고, 진공조건에서 일정한 시간 교반하면서 팽윤시킨다. 이 후 온도를 높여서 일정시간 용융시킨 후, 감압하여 점도를 조정한다. 그리고 진공을 상압으로 조정하고 점도를 확인한 후 사용한다.

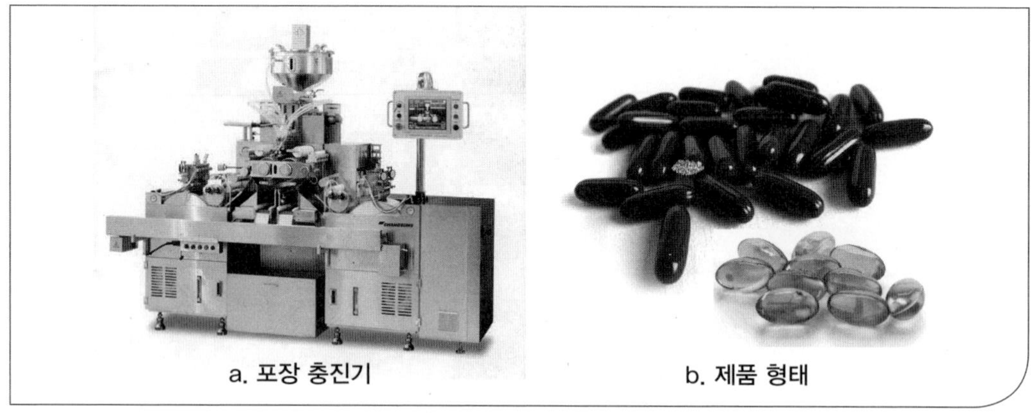


〈그림 8-10〉 연질캅셀 제형 공정에서 사용되는 캅셀기 및 제품 형태

- 내용액 조제 : 유화제 및 오일성분을 일정한 온도로 가열하여 녹인 후 약 45℃로 냉각시키고, 기타 원료들을 일정한 시간 교반하여 균질하게 하고 콜로이드밀 등과 같은 분쇄기로 분석한 후 일정한 채로 여과시킨다. 이후 진공을 유지하면서 일정한 시간동안 탈기를 시킨다. 그리고 교반기를 가동하면서 유지 보관한다.
- 충진 및 성형 : 캅셀기제를 사용하여 내용액 일정량을 형태와 크기가 되도록 충진 성형한다. 최초성형 및 일정한 시간마다 일정 캅셀량을 취하여 개별 및 평균 질량을 확인 기록한다.
- 건조 : 건조기에 성형 이송된 캅셀은 습도와 온도를 조정한 후 일정한 시간동안 건조시킨다.
- 캅셀포장 : 건조한 캅셀은 모양이 훼손되거나 중량이 유효수준을 벗어나는 것을 제외하고, 최소포장 단위에 맞는 알루미늄 또는 PTP포장기를 이용하여 1차 포장하거나 병포장을 한다. 유통과정 중에 수분의 흡습을 막기 위하여 흡습제를 별도로 넣는다.

본 연질캅셀 제형에서 사용되는 캅셀 충진기와 일반적인 제품형태는 그림 8-10과 같다.

### 5) 환 제형 제품

환 제형의 일반적인 제조공정은 그림 8-11과 같으며, 환 제형의 제조는 가소성의 환제괴(반죽)을 적당한 방법으로 1개의 환에 상당하는 크기로 분할하여 2매의 평판 또는 벨트 사이에 놓고 진동시키면서 환을 형성하는 수제 방법이 소량을 생산하는 경우에 일반적으로 사용되어 왔으나 대량생산에서는 수제 방법과 같이 기계적으로 환제괴를 분할하여 구형으로 성형하는 방법의 대형 롤러 위에서 진동을 주어 환을 형성한다.

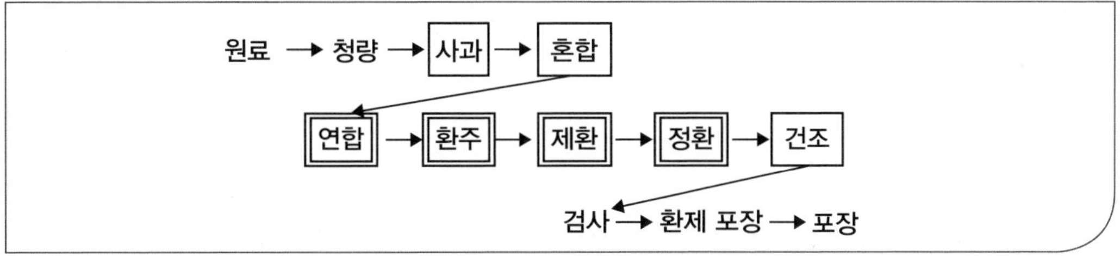


〈그림 8-11〉 연질캅셀 제형의 건강기능식품의 제조공정

환 제형의 제조공정에서의 중요한 각 단위공정과 관리 사항은 다음과 같다.

- 사과 : 원료를 일정한 크기의 체를 통과시킨 후 혼합기에 넣는다.
- 연합 : 혼합기에서 혼합 균질화된 원료를 연합기에 넣고 정제수를 가하고 일정시간 연합한다.
- 환 주 : 연합된 반가공품을 일정량씩 환주기에 넣고 적당한 크기로 절단한다.
- 제환(절환) : 절단하여 환주한 반가공품을 절환기로 옮기고 롤러(Roller)에 투입하여 제환한다. 1개의 환의 중량을 건조하여 확인한 후에 제품의 규격에 맞도록 제환기에서 제환 작업을 진행한다.
- 정환 : 제환이 끝나면 정환기에 옮겨 일정시간동안 정환한다.
- 건조 : 일반적으로 저온조건의 온도(예로써 60℃ 이하)에서 일정한 시간동안 건조한다. 건조감량은 품질기준에 적합하도록 한다.

환 제형에서 사용되는 제환기는 그림 8-12와 같다.

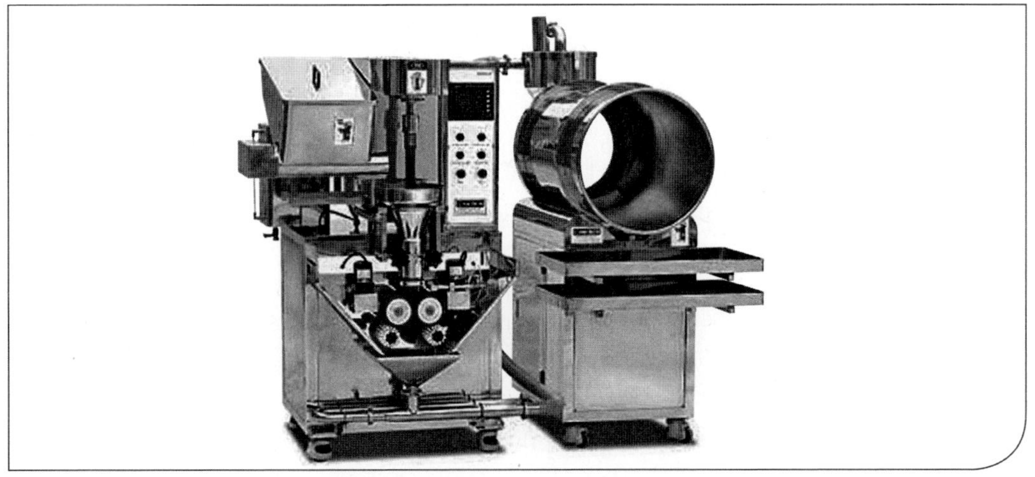

〈그림 8-12〉 환 제형 공정에서 사용되는 제환기

### 6) 액상 제형 제품

액상 제형의 일반적인 제조공정은 그림 8-13과 같으며, 다른 제형의 제조에서보다 미생물 오염에 의한 영향을 쉽게 받을 수 있어, 살균과 제균 공정에 주의를 기울일 필요가 있다. 또한 가열공정에서의 열 안정성과 물성 변화에 대하여 세심하게 주의하여야 한다.

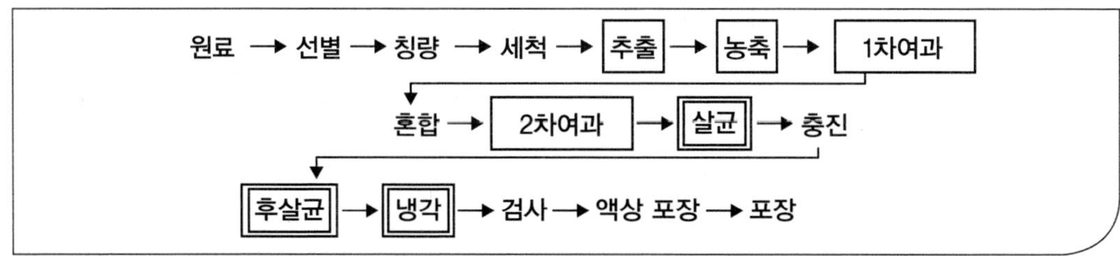


〈그림 8-13〉 액상 제형의 건강기능식품의 제조공정

액상 제형의 제조공정 및 관리의 중요한 각 단위공정의 중요한 사항으로는 다음과 같다.

- 선 별 : 농산물, 임산물 등과 같이 이물질 또는 손상된 부위가 혼입될 수 있는 원료는 칭량 전에 선별한다.
- 세 척 : 세척이 필요한 원료를 추출기에 넣고 일정량의 물을 가하고 세척하고, 세척수는 배출한다.
- 추출 및 농축 : 세척이 완료되면 물을 넣고 일정한 온도에서 일정한 시간 가열하면서 가압을 유지한다. 농축이 필요한 경우에는 수분이 증발되도록 감압하여 농축한다.
- 1차 여과 : 추출물은 일정한 크기의 여과지가 내장되어 있는 여과기에 통과시켜 입자성 물질을 제거한다.
- 혼 합 : 여과된 각각의 여과액은 제조비율에 맞추어 계량하고, 열에 의하여 변화가 수반되지 않도록 일정한 예비살균 온도를 유지하면서 일정시간 혼합하여 균질화한다.
- 2차 여과 : 혼합액을 1차 여과에서 보다 작은 여과지 크기로 여과하여 부유성 물질을 제거한다.
- 살 균 : 2차 여과한 액은 살균탱크에서 가열 살균한다.
- 충 진 : 살균된 액을 액상 자동포장기에서 적량에 맞게 포장단위별로 계량하여 충진한다.
- 후살균 : 충진된 포장제품을 후살균기에서 일정온도 조건에서 일정시간 동안 가열하여 살균이 되도록 한다.
- 충 진 : 후살균된 포장제품을 15℃ 이하에서 저온 냉각시킨다.

액상 제형 공정에서 사용되는 포장 충진기와 이의 포장 제품은 그림 8-14와 같다.

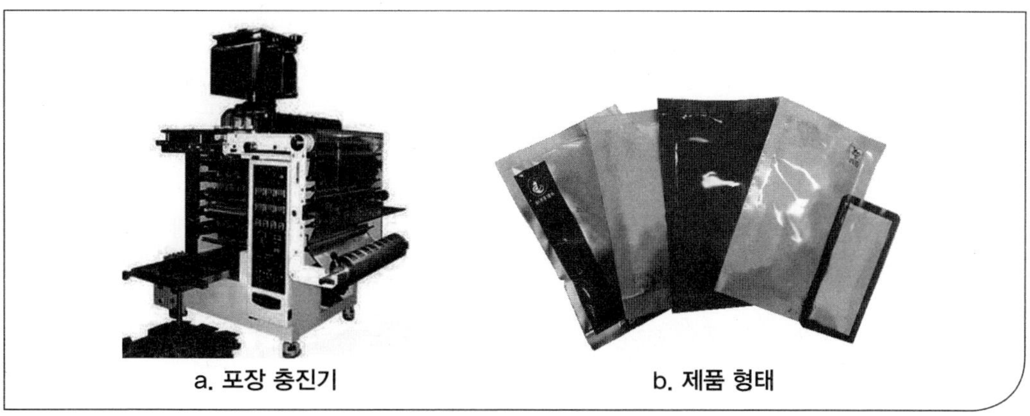
a. 포장 충진기　　b. 제품 형태

〈그림 8-14〉 액상 제형 공정에서 사용되는 포장 충진기 및 제품형태

## 3. 기능성 식품의 안전성

### 1) 안전성

식품으로 인한 위해요인을 제거하기 위하여 기능성 식품 역시 일반 식품과 마찬가지로 안전성이 요구되며, 또한 그 치료효과 및 영양학적 근거에 관한 자료의 검증 역시 필요하다. 특히 기능성 식품의 경우 생리활성 물질의 안정성, 식품내용의 질적 양적 분석 결과, 제품원료 및 제조법, 식이에서의 역할 등에 대한 정보 등을 갖추어야 한다.

① 사용한 재료의 학명, 속명, 화학적 명칭 등을 명확하게 표기하도록 한다.

② 식품의 구성 성분 중 원료 물질들의 출처 등, 분류학적 출처를 명확하게 한다.

③ 기능성 식품의 재료가 자연산인지, 재래식의 개량육종법에 의한 것인지 또는 유전자 변형 기술에 의한 것인지 정확하게 표기하고, 본래의 생물체에 대한 분류 등 세세한 내용을 명확하게 하여야 한다. 특히 유전학적으로 변형된 유전자 조작 식품재료의 경우는 알레르기 유발 가능성, 섭취 시 인체에 미치는 영향에 관한 내용 등이 역시 검토되어야 한다.

④ 제품의 생산 및 제조 방법에 대한 사항을 명시하여야 한다. 또한, 이들 방법이 식품중의 영양소, 독성물질, 병원성 물질 등에 미치는 요인, 그리고 발생가능성이 있는 부산물질의 생성 등에 관한 정보 역시 필요하다.

⑤ 기능성 식품 개발의 목적을 명확히 제시하여야 한다. 또한 섭취 시 제품이 체내에 미치는 영향, 역할, 섭취량 및 섭취 목적 등에 관한 정보 역시 제공되어야 한다.

⑥ 기능성 식품에 관한 성분원소, 다시 말하면, 탄수화물, 단백질, 지질, 회분, 수분 등 영양소

의 조성이 명시 되어야 한다.

⑦ 제품의 사용 회수 및 빈도에 관하여 상세하게 명시하여야 한다.

### 2) 독성시험

새로운 기능성 식품의 섭취 시 나타날 수 있는 잠재적인 독성에 대한 검사가 반드시 수행되어야 한다. 독성시험은 어느 특정 화합물이 생물체에 나타내는 반응으로 동물시험, 미생물시험, 인간에 대한 역학조사 등을 포함 한다. 제품의 원료에 대한 출처와 그 구성성분, 섭취방법 등에 따른 독성학적 연구를 수행하여야 하며, 독성학적 연구 내용은 다음과 같다.

① 식품에 존재하는 화학적 성분들의 흡수, 분해, 대사, 배설 등에 관한 독성 동력시험

② 미생물 세포 등을 이용한 돌연변이성 시험

③ 알레르기를 유발 시킬 수 있는 유발물질에 관한 알레르기발생 시험

④ 식품 중 병원성 또는 비병원성 미생물의 증식 가능성에 관한 시험

⑤ 실험동물을 이용한 최기형성 독성시험

⑥ 식품 중 특정 화합물이 차세대에 미치는 영향에 관한 번식독성 시험

⑦ 발암성 시험

### 3) 기능성 식품의 표기 방법

기능성 식품도 다른 일반 식품과 마찬가지로 식품공전 및 식품위생법에 따른 표기를 하여야 한다. 다음은 기능성 식품의 제품 표기 시 주의하여야 할 사항들이다.

① 명칭에 유의한다. 식품의 특성 및 내용을 잘 나타낼 수 있도록 기재하여야 한다.

② 제품의 유통기한(제조 년 월일)을 정확히 명시한다.

③ 제조업체명과 소재지를 표기한다.

④ 식품성분 중에 식품첨가물을 사용한 경우 반드시 의무적으로 기재하도록 한다.

⑤ 일일 적정 섭취량 등에 관하여 한도나 기준을 명확하게 표기하도록 한다. 또한 안전성 실험의 결과 과도한 섭취에 따른 부작용이 야기되는 경우 역시 정확하게 기재하고 부작용에 대한 상세한 설명을 기재하여야 한다.

⑥ 일반 식품의 형태가 아닌 캡슐, 정제, 분말형태의 기능성 식품에 대해서는 적절한 섭취 방법을 명기하도록 한다.

# 제9장 건강기능식품의 법과 해석

## 1. 건강기능식품법의 제정배경

산업화의 진행이 빨랐던 우리나라의 경우 노인 인구는 매우 빠르게 증가하고, 성인병과 노인성 질환을 치료하기에 국가적으로 의료비와 연금 등 사회복지 부담을 증가시켜 커다란 사회 문제화 되고 있다.

이러한 질병의 내용이 감염증에서 식생활에 기인하는 성인병으로 이행되고 있고, 인구의 고령화 비율이 가속화되는 시점에서 국가적인 대응이 요구되고 있다. 최근에는 성인병이 단지 노인에게 국한되는 것이 아니고 어린이까지 확대되고 있어, 우리의 식생활이 현실적으로 많은 문제점을 안고 있음을 시사해 주고 있다.

국민의 건강한 생활을 유지하기 위해 균형된 식생활과 예방에 효과가 있는 기능성 식품이 중요하다는 것은 잘 알려져 있지만, 외식 기회의 증가와 가공식품의 이용량이 매년 증가하고 있으며 식생활 패턴의 변화에 의한 식생활의 혼란도 성인병의 증가를 부추기고 있다.

그러므로, 국민의 건강과 안전을 최우선적으로 지켜 건강위험요인을 줄이고, 국민의 건강 욕구에 맞는 올바른 정보를 제공받을 수 있도록 하며, 선진외국과 경쟁력이 있는 건강기능식품의 제조 유통할 수 있게 산업의 건전한 육성과 발전을 위하여 국가 차원의 관리를 위한 제도적 정비가 필요하게 된 것이다. 현행 식품위생법에 의하여서는 소위 건강식품에 대한 허위 과대광고를 효과적으로 억제시키기도 어려울 뿐만 아니라 그 유용성 표시 광고가 허용되고 있는 건강보조식품, 특수영양식품, 인삼제품류 등 건강지향적 식품의 바람직한 면도 제대로 관리할 수 없게 하고 있다. 지난 2002. 8. 26 공포된 "건강기능식품에관한법률"은 이러한 사회적 요구와 시대적 요청에 의하여 "건강기능식품의 안전성 확보 및 품질향상과 건정한 유통 판매질서를 확립하면서도 국민의 건강증진과 소비자보소에 이바지 하고자" 제정된 것이다.

## 2. 입법경위

건강기능식품에관한법률은 국회의원 김명섭 의원(대표발의)외 20인에 의하여 2000년 11월 29일자로 "국민건강증진을 위한 건강기능식품에관한법률안"으로 발의되어 2000년 11월 30일 보건복지상임위원회에 회부되었다. 보건복지상임위원회는 동 법안을 제219회 국회(임시회) 제

1차 보건보지위원회(2001. 3. 6)에 상정하여 제안설명과 전문위원의 검토보고를 듣고 대체토론을 거쳐 법안심사소위원회에 회부하였으며, 법안심사소위원회에서는 동 법안에 대하여 정부 관계관을 참석시킨 가운데 수차례에 걸쳐 심사한 바 있고, 2001년 11월 27일에는 관계전문가 등을 참석시켜 동 법안과 관련한 공청회를 가졌다. 2002년 2월 19일 법안심사소위원회에는 위원회 대안을 의결하였다. 2002년 4월 18일 김명성의원 등 30인이 수정안을 보건복지상임위원회에 제출하여 의결하여 "건강기능식품에관한법률안"으로 거듭 태어났다. 이후 2002년 4월 22일 국회 법제사법위원회에 제출되고 2002년 7월 26일 법제사법위원회의 의결을 거쳐 동년 동월 31일 제232회 임시국회에서 의결을 된 후 정부로 이송되어 2002년 8월 26일 법률 제 6267호로 공포되기까지 1년 9개월의 입법화 과정을 거쳤다.

## 3. 국가별 기능성식품제도

### 1) 미국의 Dietary Supplement Health and Education Act(DSHEA)

식품을 건강과 관련시켜 식품에 표시하거나 광고하는 것은 1960년대까지만 해도 많은 나라에서 법률로 금지되어 있었다. 이것은 식품을 질병이나 건강관련증상과 관련시킬 경우 그 제품은 이미 식품이 아니라 의약품이라는 기본적인 사고에 의한 것이다,

1984년 켈로그사가 올브랜(All Bran) 곡류제품의 광고 캠페인에서 소비자들에게 적절한 체중을 유지하고 저지방, 고섬유소식품, 신선한 과일 및 야채가 포함된 균형식사를 하도록 충고하면서 「국립 암연구소는 올바른 식품을 섭취하는 것이 일부 암의 위험을 감소시킬 수 있다고 생각한다.」라는 문구를 사용하였다. 그러나 그 당시 FDA의 입장은 미국연방 식품 약품 및 화장품법(Federal Food, Drug and Cosmetic Act)의 규정에 따라 식품표지에 질병에 관한 정보를 사용하는 것은 그 식품을 섭취하는 것이 어떤 질병에 유익한 영향을 미칠 수 있음으로 암시하는 것으로 간주하였기 때문에 이와 같은 켈로그사의 광고를 의약품에 관한 주장으로 간주하였다. 그렇지만, 매년 증가하는 의료비, 만성질환에 따른 건강에 대한 소비자의 관심이 증가하면서 식품제조 관리 및 소비자에 대한 올바른 정보제공을 통하여 국민의 건강상태를 개선하고자 1994년에 하치 리차드손에 의해 제정된 「건강보조식품 건강 및 교육법(Dietary Supplement and Education Act : DSHEA 94)」은 건강한 삶을 영위하는데 있어서 건강보조식품이 차지하는 중요성 및 이에 대한 실질적이고 정확한 정보를 얻고자 하는 소비자의 욕구와 건강보조식품에 대한 FDA의 규제방식 등과 관련된 공론에 따라 국회가 제정한 것이다.

이 법은 건강보조식품의 적용범위 및 정의를 하고, 그 식품의 안전성을 입증할 책임을 제조업체에게 부여하며 인쇄물을 영업과 관련하여 어떻게 사용할 수 있는지를 규정하고 특정한 표시요건을 정하고 바람직한 제조관행을 위한 규정을 확립하는 것이다.

건강보조식품(Dietary supplement)의 DSHEA 정의는「통상적인 식품의 섭취로 부족하거나 또는 소비자가 특정성분의 보충이 필요하다고 생각되는 경우, 일상적인 식사를 보충하기 위한 용도로 사용되는 것으로 비타민, 미네랄, 아미노산, 허브 등 동 식물 또는 이들 원료성분의 대사물, 구성성분, 추출물 또는 혼합물을 캡슐, 정제, 분말, 액상, 과립, 페이스트 등의 형태로 제조 가공된 제품」을 말한다.

① 미국 국민의 건강상태를 개선하는 것은 연방정부의 국가적 목표 중 최우선 순위에 있다.

② 건강증진과 질병의 예방에 있어서 영양의 중요성과 식이보충제가 도움이 된다는 사실이 과학적 연구결과에 의해 계속 증명되고 있다.

③ ㉮ 특정영양성분 또는 건강보조식품의 섭취는 암, 심장병, 골다공증 등 만성 질환의 예방과 관련이 있고, ㉯ 임상연구결과에 따르면 여러 가지 만성질환은 식물성 위주의 식사와 단순히 건강식이(저지방, 저포화지방, 저콜레스테롤, 저나트륨의 식이)를 함으로써 예방될 수 있다.

④ 식이보충제의 섭취는 관상동맥우회수술이나 인조혈관형성과 같은 값비싼 의료절차의 필요성을 경감시킬 수 있다.

⑤ 예방의료 수단, 즉 교육, 양질의 영양 및 식이보충제로의적절한 사용 등은 만성 질환의 발생을 억제하고, 장기적으로 볼 때 의료비를 감소시킨다.

⑥ 양호한 건강상태 및 건강에 유익한 생활양식을 증진하는 것은 의료비를 감축하는 한편 삶의 질을 높이고 수명을 연장시킨다.

⑦ 영양과 장기적 건강과의 관계에 관한 정보의 보급을 강조할 필요성이 증가하고 있다.

⑧ 건강에 도움이 되는 특별한 건강보조식품에 관한 과학적 연구데이터에 기초해서 예방의료 방법을 선택할 수 있는 능력을 소비자에게 부여해야 한다.

⑨ 국민조사의 결과에 의하면 2억 6천만 미국인의 약 50%가 영양상태를 개선하기 위해 통상 비타민, 미네랄, 허브 등이 건강보조식품을 섭취하고 있는 것으로 드러났다.

⑩ 연구조사결과에 의하면, 소비자는 전통적 의료의 과다한 비용을 피하고 전체적인 건강 유지하는 관점에서 비전통적 의료 제공자들 쪽을 선택하는 경향이 증가하고 있다.

⑪ 미국에서는 1994년도에 1조 달러 이상을 의료비로 소비할 것으로 추정되는데. 이는 미국

민총생산량(GNP)의 12%에 달하며, 열심히 노력하지 않는다면 이 금액과 비율은 계속 상승할 것이다.

⑫ ㉮ 식이보충제 업계는 미국경제의 중요한 한 분야이다.

㉯ 식이보충제 업계는 지속적인 무역수지 흑자가 추정된다.

㉰ 미국에 약 600여개로 추정되는 식이보조식품 생산업체들은 약 4,000종의 제품을 생산하며, 그 판매액만 해도 연간 40억 달러에 이른다.

⑬ 미국정부는 불안전하거나 품질이 나쁜 제품에 대해서는 긴급히 조치를 취해야 하지만 안전한 재품과 정확한 정보가 소비자에게 전달되는 것을 억제하거나 지체시키는 불합리한 규제 장벽을 부과하는 그 어떤 조치도 취해서는 안된다.

⑭ 식이보충제는 그 섭취량에 있어서의 안전성 범우가 넓으며, 그에 관련된 안전문제는 비교적 적다.

⑮ ㉮ 소비자가 안전한 식이보충제를 섭취할 권리를 보고하기 위한 법안의 실시는 국민건강증진을 위해 필요하다.

㉯ 식이보충제에 관한 연방정부의 합리적인 기준의 설정이 필요하며, 현재 이 목적에 맞은 식이보충제에 관 규칙의 결정이 신속히 이루어져야 한다.

## 2) 일본의 보건기능식품제도

기능성식품이라는 용어는 일본에서 처음으로 사용되었는데 이는 식품이 갖는 다양한 기능을 종합적으로 연구하기 위하여 1984년부터 오차노미즈 여자대학의 후지마끼 학장을 중심으로 하는 연구그룹이 문부성의 특정연구비를 지원받아 「식품기능의 계통적 해석과 전개」라는 테마로 지속적인 연구를 추진하는 데서 비롯되었다. 이러한 연구가 발단이 되어 식품의 제 3차 기능에만 역점을 둔 「기능성식품」이라는 낱말이 사람의 입에 오르내리게 되었다. 무엇보다도 건강에 좋은 식품이 정말 국민의 식생활과 연관이 된다면 문제는 없지만, 혹시나 충분히 과학적인 평가를 받지 않는 채로 식품성분의 유용성이 과대평가되거나 표시 선전되어 유통 판매된다고 가정하면 소비자의 잘못된 선택을 초래하게 되고, 그 결과 건강상의 폐해를 초래하게 될지도 모른다는 우려가 있어 소위 건강식품에서의 문제가 재현될 위험성도 있어 조속히 그 대응책을 마련할 필요가 있었다.

그러나, 1990년 기능성식품 검토회의 보고서에서는 「기능성식품」에 대신하여 「특정보건용식품」이라는 용어가 사용되었다. 기능성식품에 대하여는 앞에서 정의된 바 있는데 식품이란 그

특성상 기능성식품이 갖는 제3차 기능 혹은 생체조절기능만을 갖는 것은 아니므로 당연히 영양기능과 감각기능이 합쳐져야 비로소 식품으로서의 가치를 갖게 된다. 바꾸어 말하면 생체조절기능만이 강조된 식품이 출현하는 경우 그것은 일상이 식생활과 동떨어진 것이 되어 식품으로서 불가결한 영양기능 감각기능이 무시되므로 편향된 영양의 섭취나 기능성식품에 대한 소비자의 지나친 기대 등 악영향을 끼칠 우려가 표명되었다.

그 결과 식품이 갖는 유용한 작용을 활용해 가고자 하는 관점에서 영양기능과 감각기능을 함께 가진 종합기능으로서 식품을 평가해야 한다는 점으로부터「특정보건용식품」이라는 용어가 새로이 제창되었던 것이다. 또 특정보건용식품이라는 명칭으로 됨에 따라 특정성분의 첨가 증강뿐만 아니라 알레르기의 원인물질이 되는 특정성분의 제거에 의해여도 효과가 기대되므로 이런 식품도 그 대상에 포함시켜 결과적으로 특정보건용식품은 기능성식품보다 그 대상이 확대되었다.

특정보건용식품의 정의는「식품 및 식품성분의 건강과의 관련성에 대한 식견으로 판단할 때 어떤 보건효과가 기대되는 식품이어서 식생활에서 특정의 보건목적으로 사용하는 사람에게 그 섭취에 의하여 그 보건의 목적이 기대되는 취지의 표시가 허가된 식품을 말한다.」는 것이다. 그리고, 1991년 일본 영양개선법 12조의 특수영양식품 중에「특정보건용식품」을 신설함으로써 법적인 위치부여를 하여 국민에게 보건상 유용한 식품이 적절히 선택되도록 올바른 정보의 제공을 기하고 국민의 영양개선에 이바지하는 것으로 되었다. 1996년부터 일본 정부는 미국의 통상압력 등으로 의약품인 비타민, 미네랄, 허브 등을 순차적으로 식품으로 인정하게 되어 2001년부터 보건기능식품이라는 새로운 제도를 시행하고 있다. 보건기능식품은 ① 영양성분을 보급하고 특별한 보건용도에 적합한 것으로 판매용으로 제공하는 식품, ② 통상의 식품 형태가 아닌 정제, 캡슐, 분말 등, ③ 비타민, 미네랄, 허브, 기타의 식품 성분을 포함한다.

현재, 일본의 보건기능식품제도는 안전성이나 유효성 등을 고려하여 설정한 규격기준에 맞는 식품을 보건기능식품이라고 인정하는 제도로, 식품의 목적이나 기능에 따라 특정보건용식품과 영양기능식품으로 범주로 분류되어 있다.

특정보건용식품은 신체의 생리학적 또는 생물학적 활동에 영향을 비치는 보건기능 성분을 함유하여 건강유지, 증진 및 특정 보건용도에 도움이 되는 식품이다. 이 식품은 개별적으로 생리 기능이나 특정보건 기능 표시의 유효성 및 안전성에 관한 과학적 근거자료를 제시하고 그 자료에 대해 국가의 심사를 받아 허가 받은 후에야 비로소 특정보건용식품으로 판매된다.

특정보건용식품의 종류별 현황은 장의 상태를 조절해 주는 식품, 콜레스테롤 수치가 높은 사람을 위한 식품, 혈압이 높은 사함을 위한 식품, 미네랄의 흡수를 도와주는 식품, 충치의 원인이 되지 않는 식품, 중성지방 관련 식품, 혈당치 조절식품 등이 있다.

한편, 영양기능식품은 신체의 건전한 성장, 발달, 건강유지에 필요한 영양성분(단백질, 지방산, 미네랄, 비타민 등)의 보충을 목적으로 하는 식품이다. 고령화 및 식생활의 변화 등으로 인하여 일반적인 식생활을 수행하기 곤란한 경우나 하루에 필요한 영양성분을 섭취할 수 없는 경우, 보충에 도움이 되는 식품이다. 이 식품으로 판매하려면 나라에서 정한 규격기준에 적합해야 하며, 이 규격기준에 적합하면 허가 신청이나 신고 없이 제조, 판매할 수 있다.

### 3) 중국의 보건식품제도

1996년 중국 보건부는 식품위생법 제 22조에서 '특별한 기능을 가진 식품에 대해서 제품과 설명서는 지방보건행정부에 의해 평가 및 인정이 되어야 한다. 위생기준과 이러한 제품의 제조와 판매관리는 지방보건행정부에 의해서 공인된다.'는 내용을 공포했다.

동법 제 23조는 이런 식품은 '인간의 보건에 위해하지 않아야 하고, 제품의 사용설명은 신뢰할 수 있어야 하며, 제품의 기능이나 성분, 사용설명은 반드시 서로 일치하며 허위내용이 없어야 한다.'

보건식품은 '특별한 기능을 가진 식품' 이라고 정의 할 수 있다. 다시 말해서 보건식품은 특별한 집단의 사람들이 소비하는데 적합한 것이다. 그리고 인간의 신체기능을 통제할 수 있는 기능이 있지만 치료를 위해서 사용되지 않는 것이다.

보건식품에 대한 일반적인 조건으로 다음에 제시된 일반적인 조건을 충족시켜야한다.

① 필요한 동물, 사람에 대한 임상실험을 통해서 제품이 명확하면서도 안정된 기능을 가지고 있다는 것을 증명해야 한다.

② 모든 원료와 최종제품은 식품의 건강에 관한 조건을 충족시켜야 한다.

③ 성분배합표시나 사용된 성분들이 함량을 입증할 만한 과학적인 증거가 있어야 한다. 기능상의 성분들이 현재의 상태에서 증명되지 않는다면, 건강기능과 관련된 주요 원료의 이름을 명시해야 한다.

④ 표시 및 광고, 사용설명에 나타난 정보에는 의료상의 효과가 있다는 내용을 표현할 수 없다.

1998년에 중국 보건부는 보건식품의 과학적 검사와 표준화를 위해서 24가지 기능성에 대한 시험방법을 제시하고 있다. 면역조절기능, 노화방지, 기억력 향상, 성장 및 발달 촉진, 피로방지, 비만완화, 산소결핍 방염제, 항방사선성, 항돌연변이성, 함암성, 혈중 지질 조절, 성기능향상, 혈당조절, 소화기능 향상, 수면개선, 영양성 빈혈개선, 화학적 손상에 의한 간장보호, 수유촉진, 미용개선, 시력향상, 납제거 촉진, 인후열 제거 및 습윤, 혈압조절, 골밀도 향상 등이 있다.

# 4. 건강기능식품에 관한 법률의 주요골자

## 1) 건강기능식품의 범위설정(정의)

건강기능식품에 관한 법률은 건강기능식품을 "인체에 유용한 기능성을 가진 원료나 성분을 사용하여 제조(가공을 포함한다.)한 식품"이라고 정의 하고 있다. 건강기능식품의 구체적인 범위는 현재 식품위생법에서 규정하고 있는 건강보조식품, 특수영양식품 및 일부 인삼제품을 우선 대상으로 하여 그 범위를 포괄적으로 정하여 안전성과기능에 대한 과학적, 객관적인 평가를 거쳐 이를 인정 또는 식품과 성분을 점차 건강기능식품으로 확대할 수 있도록 하고, 그 품목을 규격화하되 공전에 미수재된 품목의 경우에는 자가기준 규격제도를 도입하여 범위를 넓혀 나가고, 중 장기적으로는 과학적 객관적으로 기능성, 유용성이 충분히 인정되는 식품과 성분을 점차 건강기능식품으로 확대한다. 건강기능식품에 관한 법률은 제10장 제48조와 부칙으로 구성되어 있다.

〈현재의 건강기능식품〉

| 건강 보조식품 | 특수 영양식품 | 인삼 제품 |
|---|---|---|
| 정제어유, 감마리놀렌산, 엽록소, 로얄제리, 알로에, 화분, 매실추출물, 스쿠알렌, 효소, 키토산, 유산균, 프로폴리스, 조류 등 | 조제유류, 영양보충용식품, 식사대용식품 등 | 당침인삼, 홍삼분말류, 인삼분말류, 홍삼캅셀류 등 |

## 2) 영업의 종류 및 영업허가 · 신고

건강기능식품에 관한 법률에서는 식품위생법상 식품제조 가공업이 신고제도로 되어 영업소 소재지 관할 특별자치시장 특별자치도지사 시장 군수 또는 구청장에게 신고하도록 하고 있는 것과는 달리 식품의약품안전처장의 허가를 받도록 하였다.

| 영업의 종류 | 허가 또는 신고기관 | 비고 |
|---|---|---|
| 건강기능식품 제조업 | 식품의약품안전처장허가 | 시행령에서 세부업종 분류 |
| 건강기능식품 판매업 | 특별자치시장 · 특별자치도지사 · 시장 · 군수 · 구청장신고 | |

영업의 종류를 '건강기능식품 제조업', '건강기능식품 판매업'으로 나누고, 제조업은 식품의약품안전처장의 허가, 판매업은 특별자치시장 특별자치도지사 시장 또는 군수, 구청장에게 신고하도록 하였다. 제조업소에서 생산하는 품목도 현재는 품목제조 후 7일 이내에 보고하도록 한 것을 건강기능식품은 매 품목마다 식품의약품안전처장에게 신고하도록 하는 등 영업인허가 관리를 강화하였다.

### 3) 기준 · 규격관리

기준 규격관리는 건강기능식품의 유형별로 원료 성분에 대한 별도의 기준 규격을 정하여 식품의약품안전처장이 고시하도록 하고, 공전규격 미고시 품목에 대해서는 제조자 또는 수입자가 기준을 정하여 식품의약품안전처장의 검토를 받아 당해 제품의 기준으로 하는 자가기준 규격제도를 운영하도록 하였다.

원료와 특정성분에 대해서도 건강기능식품으로서 사용범위를 구체적으로 정하여 고시하고, 그 외 신규원료나 성분에 대해서는 안전성 기능성 등을 과학적이고 객관적으로 검토하여 추가로 인정하여 주는 제도를 운영하도록 하였다.

### 4) 기능성 표시 및 광고의 심의

기능성 표시 및 광고의 심의를 하는 목적은 소비자에게 제품에 대한 정확한 구매정보를 제공하는데 있으므로 사실에 입각하여 올바르고 정보가 제공되도록 하여야 할 것이다. 또한 소비자가 제품에 대하여 오인 혼동할 우려가 없어야 함은 물론이다.

건강기능식품은 자칫 의약품으로 오인 혼동할 소지가 크며, 허위 과대광고의 소지가 높기 때문에 더욱 표시 광고에 대한 엄격한 관리가 요구된다. 한편 일반식품과 구별되게 이에 대한 과학적 정보는 사실적이면서 정확하게 전달되어야 할 것이다. 이에 건강기능식품의 기능성에 대한 표시 · 광고를 하려는 자는 식품의약품안전처장이 정한 건강기능식품 표시 · 광고 심의의 기준, 방법 및 절차에 따라 심의를 받아야 한다.

식품의약품안전처장은 따른 건강기능식품의 기능성에 대한 표시 · 광고 심의에 관한 업무를 「소비자기본법」제29조에 따라 등록한 소비자단체 또는 제28조에 따라 설립된 단체에 위탁할 수 있다.

기능성에 대한 표시 및 광고 심의 업무를 위탁받은 심의기관은 건강기능식품의 기능성 표시 및 광고 심의위원회를 설치 운영하여야 하며, 광고 심의위원회의 위원은 ① 건강기능식품 및 광고에 관한 학식과 경험이 풍부한 사람, ② 건강기능식품 관련 단체의 장이 추천한 사람, ③ 시

민단체(「비영리민간단체지원법」제2조에 따른 비영리민간단체를 말한다)의 장이 추천한 사람, ④ 건강기능식품 관련 학회 또는 대학의 장이 추천한 사람 중에서 식품의약품안전처장의 승인을 받아 심의기관의 장이 위촉하며, 이 경우 산업계에 소속된 사람은 3분의 1 미만으로 하여야 한다.

### 5) 자가품질검사의 의무

건강기능식품은 무엇보다 안전성 기능성 등 품질관리가 가장 중요하다. 건강기능식품제조업의 허가를 받은 자는 총리령으로 정하는 바에 따라 그가 제조하는 건강기능식품이 제14조에 따른 기준 및 규격에 맞는지를 검사하고 그 기록을 보존하여야 한다.

식품의약품안전처장은 제1항에 따라 검사를 하여야 하는 자가 직접 검사를 하는 것이 적합하지 아니할 때에는「식품 · 의약품분야 시험 · 검사 등에 관한 법률」제6조제3항제2호에 따른 자가품질위탁 시험 · 검사기관에 위탁하여 검사하게 할 수 있다.

검사를 직접 행하는 영업자는 검사 결과 해당 건강기능식품이 제23조 또는 제24조제1항에 위반되어 국민건강에 위해가 발생하거나 발생할 우려가 있는 경우에는 지체 없이 식품의약품안전처장에게 보고하여야 하며 검사항목 및 검사절차 등에 관하여 필요한 사항은 총리령으로 정한다.

또한, 우수한 건강기능식품의 제조 및 품질관리를 위하여 식품의약품안전처장이 정하는 우수건강기능식품제조기준 을 정하여 고시할 수 있다.

이에 따라 이를 준수하는 업소를 우수건강기능식품제조기준적용업소로 지정하여 우수건강기능식품제조기준적용업소가 제조한 건강기능식품에 대해서는 단체가 자율적이고 품질을 인증할 수 있도록 자율성을 부여하고, 지정된 업소는 일정기간 출입 검사를 완하여 주거나 면제하여 주는 인센티브제도를 운영할 것이다.

### 6) 건강기능식품심의위원회 및 단체설립

건강기능식품에 대한 자문 및 조사 연구를 위해 학계, 전문가, 소비자단체 등 전문가가 참여하는 건강기능식품심의위원회를 설치하고, 영업의 건전한 발전을 도모하기 위하여 영업의 종류별 또는 건강기능식품종류별로 동업자 단체를 설립하도록 근거마련(대통령령으로 정하는 바에 따라 식품의약품안전처장의 설립인가를 받아야 하는 사항)한다.

### 7) 시정명령 · 허가취소 등 행정제재

식품의약품안전처장 또는 특별자치시장 특별자치도지사 시장 군수 구청장은 건강기능식품에 관한 법률을 지키지 아니하는 자에 대하여 필요하다고 인정할 때에는 시정을 명할 수 있다.

허가취소는 유통기한이 지난 제품을 판매하거나 판매할 목적으로 진열 보관하거나 부패 변질되거나 폐기된 제품 또는 유통기한이 지난 제품을 판매, 사례품이나 경품을 제공하는 등 사행심을 조장하여 제품을 판매하는 행위, 유독유해물질을 함유하고 있거나, 병원성미생물에 오염된 건강기능식품 제조 판매 하는 경우에 해당한다.

영업정지는 무허가제품 또는 무신고 수입식품을 원료로 사용, 허용되지 아니한 식품첨가물 사용 또는 수입신고위반, 허위 과대광고행위 등으로 규정한다.

품목류 및 품목제조정지는 기준 규격 및 표시기준 위반, 자가품질검사의무 및 영업자준수사항 위반 등으로 규정한다.

형사벌(5년 이하의 징역 또는 5천만원 이하의 벌금)은 무허가 영업행위, 품목제조신고를 하지 아니하고 제품을 제조 판매한 자, 허위 과대 비방의 표시 광고를 한 자 등으로 규정한다.

# ◆ 건강기능식품에 관한 법률 ◆

제정 2002. 8. 26 법률 제6727호

일부개정 2019. 12. 3 법률 제16715호 시행일 2020. 6. 4

## 제1장 총칙

**제1조【목적】** 이 법은 건강기능식품의 안전성 확보 및 품질 향상과 건전한 유통 · 판매를 도모함으로써 국민의 건강 증진과 소비자 보호에 이바지함을 목적으로 한다.

[전문개정 2014.5.21]

**제2조【책무】** ① 국가와 지방자치단체는 모든 국민이 질 좋은 건강기능식품과 이에 관한 올바른 정보를 제공받을 수 있도록 합리적인 정책을 마련하고, 건강기능식품을 제조 · 가공 · 수입 · 판매하는 자(이하 "영업자"라 한다)를 지도 · 관리하여야 한다.

② 영업자는 관계 법령에서 정하는 바에 따라 질 좋은 건강기능식품을 안전하고 건전하게 공급하여야 한다.

[전문개정 2014.5.21]

**제3조【정의】** 이 법에서 사용하는 용어의 뜻은 다음과 같다. 〈개정 2015. 2. 3.〉

1. "건강기능식품"이란 인체에 유용한 기능성을 가진 원료나 성분을 사용하여 제조(가공을 포함한다. 이하 같다)한 식품을 말한다.
2. "기능성"이란 인체의 구조 및 기능에 대하여 영양소를 조절하거나 생리학적 작용 등과 같은 보건 용도에 유용한 효과를 얻는 것을 말한다.
3. 삭제 〈2018. 3. 13.〉
4. 삭제 〈2018. 3. 13.〉
5. "영업"이란 건강기능식품을 판매의 목적으로 제조 또는 수입하거나 판매(불특정 다수에게 무상으로 제공하는 것을 포함한다. 이하 같다)하는 업(業)을 말한다.
6. "건강기능식품이력추적관리"란 건강기능식품을 제조하는 단계부터 판매하는 단계까지 각 단계별로 정보를 기록 · 관리하여 해당 건강기능식품의 안전성 등에 문제가 발생할 경우 해당 건강기능식품을 추적하여 원인을 규명하고 필요한 조치를

할 수 있도록 관리하는 것을 말한다.

[전문개정 2014.5.21]

## 제2장 영업

**제4조【영업의 종류 및 시설기준】** ① 다음 각 호의 어느 하나에 해당하는 영업을 하려는 자는 총리령으로 정하는 기준에 맞는 시설을 갖추어야 한다.

1. 건강기능식품제조업
2. 삭제 〈2015. 2. 3.〉
3. 건강기능식품판매업

② 제1항에 따른 영업의 세부 종류와 그 범위는 대통령령으로 정한다.

[전문개정 2014.5.21]

**제5조【영업의 허가 등】** 제4조제1항제1호에 따른 건강기능식품제조업을 하려는 자는 총리령으로 정하는 바에 따라 영업소별로 식품의약품안전처장의 허가를 받아야 한다. 대통령령으로 정하는 사항을 변경하려는 경우에도 또한 같다. 〈개정 2015. 5. 18.〉

② 제1항에 따라 허가를 받은 자가 그 영업을 폐업하거나 허가받은 사항 중 총리령으로 정하는 사항을 변경하려는 경우에는 식품의약품안전처장에게 신고하여야 한다.

③ 식품의약품안전처장은 다음 각 호의 어느 하나에 해당하는 경우를 제외하고는 제1항에 따른 허가를 하여야 한다. 〈신설 2015. 5. 18., 2016. 2. 3.〉

1. 제4조에 따른 시설기준을 갖추지 못한 경우
2. 제9조제1항 각 호의 어느 하나에 해당하는 경우
3. 제12조제1항에 따른 품질관리인을 선임하지 아니한 경우(제12조제1항 단서에 해당하는 경우는 제외한다)
4. 제13조제2항에 따른 건강기능식품의 안전성 확보 및 품질관리에 관한 교육을 받지 아니한 경우(제13조제2항 단서에 해당하는 경우는 제외한다)

4의2. 제22조에 따른 우수건강기능식품제조기준에 맞지 아니하는 경우

5. 그 밖에 이 법 또는 다른 법령에 따른 제한에 위반되는 경우

④ 식품의약품안전처장은 제1항에 따른 허가 신청을 받은 날부터 20일 이내에, 제2

항에 따른 변경신고를 받은 날부터 7일 이내에 허가 또는 신고수리 여부를 신청인 또는 신고인에게 통지하여야 한다. 〈신설 2019. 1. 15.〉

⑤ 식품의약품안전처장이 제4항에서 정한 기간 내에 허가 또는 신고수리 여부나 민원 처리 관련 법령에 따른 처리기간의 연장을 신청인 또는 신고인에게 통지하지 아니하면 그 기간(민원 처리 관련 법령에 따라 처리기간이 연장 또는 재연장된 경우에는 해당 처리기간을 말한다)이 끝난 날의 다음 날에 허가 또는 신고를 수리한 것으로 본다. 〈신설 2019. 1. 15.〉

⑥ 제1항과 제2항에 따른 영업의 허가, 변경허가 및 변경신고의 절차 등에 관하여 필요한 사항은 총리령으로 정한다. 〈개정 2019. 1. 15.〉

[전문개정 2014.5.21.]

**제6조【영업의 신고 등】** ① 삭제 〈2015. 2. 3.〉

② 제4조제1항제3호에 따른 건강기능식품판매업을 하려는 자는 총리령으로 정하는 바에 따라 영업소별로 제4조에 따른 시설을 갖추고 영업소의 소재지를 관할하는 특별자치시장 · 특별자치도지사 · 시장 · 군수 · 구청장에게 신고하여야 한다. 다만, 「약사법」 제20조에 따라 개설등록한 약국에서 건강기능식품을 판매하는 경우에는 그러하지 아니하다.

③ 제2항에 따라 신고를 한 자가 그 영업을 폐업하거나 총리령으로 정하는 사항을 변경하려는 경우에는 특별자치시장 · 특별자치도지사 · 시장 · 군수 · 구청장에게 신고하여야 한다. 〈개정 2015. 2. 3.〉

④ 특별자치시장 · 특별자치도지사 · 시장 · 군수 · 구청장은 제2항에 따른 신고 또는 제3항에 따른 변경신고를 받은 날부터 3일 이내에 신고수리 여부를 신고인에게 통지하여야 한다. 〈신설 2019. 1. 15.〉

⑤ 특별자치시장 · 특별자치도지사 · 시장 · 군수 · 구청장이 제4항에서 정한 기간 내에 신고수리 여부나 민원 처리 관련 법령에 따른 처리기간의 연장을 신고인에게 통지하지 아니하면 그 기간(민원 처리 관련 법령에 따라 처리기간이 연장 또는 재연장된 경우에는 해당 처리기간을 말한다)이 끝난 날의 다음 날에 신고를 수리한 것으로 본다. 〈신설 2019. 1. 15.〉

⑥ 특별자치시장 · 특별자치도지사 · 시장 · 군수 · 구청장은 제2항에 따라 신고를 한 영업자가 「부가가치세법」 제8조에 따라 관할 세무서장에게 폐업신고를 하거나 관

할 세무서장이 사업자등록을 말소한 경우에는 신고사항을 직권으로 말소할 수 있다. 〈개정 2015. 5. 18., 2019. 1. 15.〉

⑦ 특별자치시장 · 특별자치도지사 · 시장 · 군수 · 구청장은 제6항의 직권말소를 위하여 필요한 경우 관할 세무서장에게 제2항에 따라 신고를 한 영업자의 폐업여부에 대한 정보 제공을 요청할 수 있다. 이 경우 요청을 받은 관할 세무서장은 「전자정부법」 제36조제1항에 따라 영업자의 폐업여부에 대한 정보를 제공하여야 한다. 〈신설 2018. 6. 12., 2019. 1. 15.〉

⑧ 제2항 및 제3항의 규정에 따른 영업의 신고 및 변경신고의 절차 등에 관하여 필요한 사항은 총리령으로 정한다. 〈개정 2015. 2. 3., 2015. 5. 18., 2018. 6. 12., 2019. 1. 15.〉

〔전문개정 2014.5.21.〕

**제7조【품목제조신고 등】** ① 제5조제1항에 따라 건강기능식품제조업의 허가를 받은 자가 건강기능식품을 제조하려는 경우에는 그 품목의 제조방법 설명서 등 총리령으로 정하는 사항을 식품의약품안전처장에게 신고하여야 한다. 신고한 사항 중 총리령으로 정하는 사항을 변경하려는 경우에도 또한 같다.

② 식품의약품안전처장은 제1항에 따른 신고 · 변경신고를 받은 날부터 10일 이내에 신고수리 여부를 신고인에게 통지하여야 한다. 〈신설 2019. 1. 15.〉

③ 식품의약품안전처장이 제2항에서 정한 기간 내에 신고수리 여부나 민원 처리 관련 법령에 따른 처리기간의 연장을 신고인에게 통지하지 아니하면 그 기간(민원 처리 관련 법령에 따라 처리기간이 연장 또는 재연장된 경우에는 해당 처리기간을 말한다)이 끝난 날의 다음 날에 신고를 수리한 것으로 본다. 〈신설 2019. 1. 15.〉

④ 제1항에 따른 품목제조신고 및 변경신고의 절차 등에 관하여 필요한 사항은 총리령으로 정한다. 〈개정 2019. 1. 15.〉

[전문개정 2014.5.21]

**제8조** 삭제 〈2015.2.3.〉

**제9조【영업허가 등의 제한】** ① 다음 각 호의 어느 하나에 해당하는 경우에는 제5조제1항에 따른 영업허가를 할 수 없다. 〈개정 2016. 2. 3., 2018. 3. 13.〉

1. 제32조제1항 각 호(제9호의2, 제10호 및 제11호는 제외한다. 이하 이 조에서 같

다) 또는 「식품 등의 표시 · 광고에 관한 법률」 제16조제1항 · 제2항에 따라 영업허가가 취소된 후 6개월이 지나기 전에 그 영업소에서 같은 종류의 영업을 하려는 경우. 다만, 영업시설의 전부를 철거하여 영업허가가 취소된 경우에는 그러하지 아니하다.

2. 제32조제1항 각 호 또는 「식품 등의 표시 · 광고에 관한 법률」 제16조제1항 · 제2항에 따라 영업허가가 취소된 후 1년이 지나지 아니한 자(법인의 경우에는 그 대표자를 포함한다)가 취소된 영업과 같은 종류의 영업을 하려는 경우
3. 영업허가를 받으려는 자(법인의 경우에는 그 대표자를 포함한다)가 피성년후견인이거나 파산선고를 받고 복권되지 아니한 자인 경우
4. 제32조제1항 각 호 또는 「식품 등의 표시 · 광고에 관한 법률」 제16조제1항에 따라 영업정지 처분을 받은 후 제5조제2항에 따른 폐업신고를 하고 그 영업정지 기간이 지나기 전에 그 영업소에서 같은 종류의 영업을 하려는 경우
5. 제32조제1항 각 호 또는 「식품 등의 표시 · 광고에 관한 법률」 제16조제1항에 따라 영업정지 처분을 받은 후 제5조제2항에 따른 폐업신고를 하고 그 영업정지 기간이 지나지 아니한 자(법인인 경우에는 그 대표자를 포함한다)가 같은 종류의 영업을 하려는 경우

② 다음 각 호의 어느 하나에 해당하는 경우에는 제6조제2항에 따른 영업신고를 할 수 없다. 〈개정 2015. 2. 3., 2016. 2. 3., 2018. 3. 13.〉

1. 제32조제1항 각 호 또는 「식품 등의 표시 · 광고에 관한 법률」 제16조제3항 · 제4항에 따른 영업소 폐쇄명령을 받은 후 6개월이 지나기 전에 그 영업소에서 같은 종류의 영업을 하려는 경우. 다만, 영업시설의 전부를 철거하여 영업소 폐쇄명령을 받은 경우에는 그러하지 아니하다.
2. 제32조제1항 각 호 또는 「식품 등의 표시 · 광고에 관한 법률」 제16조제3항 · 제4항에 따른 영업소 폐쇄명령을 받은 후 1년이 지나지 아니한 자(법인의 경우에는 그 대표자를 포함한다)가 폐쇄명령을 받은 영업과 같은 종류의 영업을 하려는 경우
3. 영업신고를 하려는 자(법인의 경우에는 그 대표자를 포함한다)가 피성년후견인이거나 파산선고를 받고 복권되지 아니한 자인 경우
4. 제32조제1항 각 호 또는 「식품 등의 표시 · 광고에 관한 법률」 제16조제3항에 따

라 영업정지 처분을 받은 후 제6조제3항에 따른 폐업신고를 하고 그 영업정지 기간이 지나기 전에 그 영업소에서 같은 종류의 영업을 하려는 경우

5. 제32조제1항 각 호 또는 「식품 등의 표시 · 광고에 관한 법률」 제16조제3항에 따라 영업정지 처분을 받은 후 제6조제3항에 따른 폐업신고를 하고 그 영업정지 기간이 지나지 아니한 자(법인인 경우에는 그 대표자를 포함한다)가 같은 종류의 영업을 하려는 경우

[전문개정 2014.5.21]

**제10조【영업자의 준수사항】** ① 영업자는 건강기능식품의 안전성 확보 및 품질관리와 유통질서 유지 및 국민 보건의 증진을 위하여 다음 각 호의 사항을 준수하여야 한다.

1. 제조시설과 제품(원재료를 포함한다)을 보건위생상 위해(危害)가 없고 안전성이 확보되도록 관리할 것
2. 유통기한이 지난 제품을 판매하거나 판매할 목적으로 진열 · 보관하거나 건강기능식품 제조에 사용하지 말 것
3. 부패 · 변질되거나 폐기된 제품 또는 유통기한이 지난 제품을 정당한 사유가 없으면 교환하여 줄 것
4. 판매 사례품이나 경품을 제공하는 등 사행심을 조장하여 제품을 판매하는 행위를 하지 말 것
5. 그 밖에 제1호부터 제4호까지에 준하는 사항으로서 건강기능식품의 안전성 확보 및 품질관리와 국민 보건위생의 증진을 위하여 필요하다고 인정하여 총리령으로 정하는 사항

② 건강기능식품 제조업자는 총리령으로 정하는 바에 따라 식품의약품안전처장에게 생산 실적 등을 보고하여야 한다.

[전문개정 2014.5.21]

**제10조의2【이상사례의 보고 등】** ① 영업자(「약사법」 제20조에 따라 등록한 약국개설자 및 「수입식품안전관리 특별법」 제15조에 따라 등록한 수입식품등 수입 · 판매업자를 포함한다. 이하 이 조에서 같다)는 건강기능식품으로 인하여 발생하였다고 의심되는 바람직하지 아니하고 의도되지 아니한 징후, 증상 또는 질병(이하 "이상사례"라 한다)을 알게 된 경우에는 총리령으로 정하는 바에 따라 식품의약품안전처장에게 보고하여야 한다.

② 식품의약품안전처장은 제1항에 따라 이상사례에 관한 보고를 받은 때에는 해당

건강기능식품의 안전성 및 이상사례와의 인과관계 등에 관한 조사 · 분석을 실시하여야 한다. 이 경우 식품의약품안전처장은 필요하다고 인정하는 때에는 영업자 또는 관련 이해관계인에게 진술하게 하거나 조사에 필요한 자료 및 물건 등의 제출을 요구할 수 있다.

③ 식품의약품안전처장은 제2항에 따른 조사 · 분석 결과를 대통령령으로 정하는 바에 따라 공표할 수 있다.

④ 식품의약품안전처장은 제1항에 따른 이상사례 보고의 접수 및 제2항에 따른 조사 · 분석에 관한 업무를 대통령령으로 정하는 관계 전문기관에 위탁할 수 있다. 이 경우 식품의약품안전처장은 위탁받은 기관에 예산의 범위에서 필요한 경비의 전부 또는 일부를 지원할 수 있다.

[본조신설 2019. 12. 3.]

**제11조【영업의 승계】** ① 다음 각 호의 어느 하나에 해당하는 자는 종전 영업자의 지위를 승계한다.

1. 영업자가 영업을 양도한 경우 그 양수인
2. 영업자가 사망한 경우 그 상속인
3. 법인인 영업자가 다른 법인과 합병한 경우 합병 후 존속하는 법인이나 합병으로 설립되는 법인

② 다음 각 호의 어느 하나에 해당하는 절차에 따라 영업 시설 · 설비의 전부를 인수한 자는 이 법에 따른 종전 영업자의 지위를 승계한다. 〈개정 2016. 12. 27.〉

1. 「민사집행법」에 따른 경매
2. 「채무자 회생 및 파산에 관한 법률」에 따른 양도
3. 「국세징수법」, 「관세법」 또는 「지방세징수법」에 따른 압류재산의 매각
4. 그 밖에 제1호부터 제3호까지의 규정 중 어느 하나에 준하는 절차

③ 제1항이나 제2항에 따라 종전 영업자의 지위를 승계한 자는 1개월 이내에 총리령으로 정하는 바에 따라 식품의약품안전처장 또는 특별자치시장 · 특별자치도지사 · 시장 · 군수 · 구청장에게 신고하여야 한다.

④ 제1항 및 제2항에 따른 영업자의 지위승계에 관하여는 제9조제1항 및 제2항을 준용한다. 다만, 상속인이 제9조제1항제3호 또는 같은 조 제2항제3호에 해당하는 경우에는 상속을 받은 날부터 3개월 동안은 그러하지 아니하다.

[전문개정 2014.5.21]

**제12조【품질관리인】** ① 제5조제1항에 따라 건강기능식품제조업의 허가를 받아 영업을 하려는 자는 총리령으로 정하는 바에 따라 품질관리인(이하 "품질관리인"이라 한다)을 두어야 한다. 다만, 영업자가 품질관리인의 자격을 갖추고 품질관리 업무에 종사하고 있는 경우에는 그러하지 아니하다.

② 품질관리인은 건강기능식품의 제조에 종사하는 사람이 이 법 또는 이 법에 따른 명령이나 처분을 위반하지 아니하도록 지도하여야 하며, 다음 각 호의 직무를 수행하여야 한다. 〈개정 2016. 2. 3.〉

1. 건강기능식품의 안전성 확보
2. 제21조에 따른 자가품질검사 등을 통한 제품 및 원료에 대한 품질관리
3. 제조시설 및 제품에 대한 위생관리
4. 건강기능식품의 안전성 확보 및 품질 · 위생 관리 등과 관련이 있는 종업원에 대한 지도 · 감독 및 교육 · 훈련

③ 건강기능식품제조업을 하는 자는 품질관리인의 업무를 방해하여서는 아니 되며, 그로부터 업무 수행에 필요한 요청을 받았을 때에는 정당한 사유가 없으면 요청에 따라야 한다. 〈개정 2016. 2. 3.〉

④ 건강기능식품제조업을 하는 자는 품질관리인을 선임하거나 해임할 때에는 총리령으로 정하는 바에 따라 식품의약품안전처장에게 신고하여야 한다.

⑤ 식품의약품안전처장은 제4항에 따른 신고를 받은 날부터 3일 이내에 신고수리 여부를 신고인에게 통지하여야 한다. 〈신설 2019. 1. 15.〉

⑥ 식품의약품안전처장이 제5항에서 정한 기간 내에 신고수리 여부나 민원 처리 관련 법령에 따른 처리기간의 연장을 신고인에게 통지하지 아니하면 그 기간(민원 처리 관련 법령에 따라 처리기간이 연장 또는 재연장된 경우에는 해당 처리기간을 말한다)이 끝난 날의 다음 날에 신고를 수리한 것으로 본다. 〈신설 2019. 1. 15.〉

⑦ 품질관리인은 제2항에 따른 직무 수행내역 등을 총리령으로 정하는 바에 따라 기록 · 보관하여야 한다. 〈신설 2016. 2. 3., 2019. 1. 15.〉

⑧ 품질관리인의 자격기준 및 준수사항 등에 관하여 필요한 사항은 대통령령으로 정한다. 〈개정 2016. 2. 3., 2019. 1. 15.〉

[전문개정 2014.5.21]

**제12조의2【품질관리인의 변경명령】** 식품의약품안전처장은 품질관리인이 제12조제2항에 따른 직무를 현저히 게을리한 경우 해당 건강기능식품제조업자에게 그 품질관리인을 변경하도록 명할 수 있다. 다만, 영업자가 품질관리인의 자격을 갖추고 품질관리 업무에 종사하고 있는 경우에는 다른 품질관리인을 두도록 명하여야 한다.

[본조신설 2016.2.3.]

**제13조【교육】** ① 식품의약품안전처장은 국민건강상 위해를 방지하기 위하여 필요하다고 인정하는 경우에는 영업자와 그 종업원에게 건강기능식품의 안전성 확보 및 품질관리와 「식품 등의 표시 · 광고에 관한 법률」에 따른 건강기능식품의 표시 · 광고 등에 관한 교육(이하 "안전위생교육"이라 한다)을 받을 것을 명할 수 있다. 다만, 제4조제1항제3호에 따른 건강기능식품판매업의 영업자는 영업소별로 안전위생교육을 매년 받아야 한다. 〈개정 2016. 2. 3., 2018. 3. 13.〉

② 제4조에 따른 영업을 하려는 자는 미리 안전위생교육을 받아야 한다. 다만, 총리령으로 정하는 사유로 미리 교육을 받을 수 없는 경우에는 영업을 시작한 후 식품의약품안전처장이 정하는 바에 따라 교육을 받을 수 있다. 〈개정 2016. 2. 3.〉

③ 제12조에 따라 품질관리인으로 선임된 사람은 건강기능식품의 안전위생교육을 정기적으로 받아야 한다. 〈개정 2016. 2. 3.〉

④ 제1항과 제2항에 따라 안전위생교육을 받아야 하는 영업자 중 다음 각 호의 어느 하나에 해당하는 경우에는 그 종업원 중에서 안전위생에 관한 책임자를 지정하여 영업자 대신 교육을 받게 할 수 있다. 〈개정 2016. 2. 3.〉

1. 영업자가 영업에 직접 종사하지 아니한 경우
2. 2곳 이상의 장소에서 같은 영업자가 영업을 하려는 경우
3. 총리령으로 정하는 사유로 교육을 받을 수 없는 경우

⑤ 식품의약품안전처장은 안전위생교육을 총리령으로 정하는 교육전문기관이나 제28조에 따라 설립된 단체에 위탁할 수 있다. 〈신설 2016. 2. 3.〉

⑥ 제1항부터 제3항까지의 규정에 따른 안전위생교육의 내용, 실시시기, 교육비의 징수 등에 필요한 사항은 총리령으로 정한다. 〈개정 2016. 2. 3.〉

[전문개정 2014. 5. 21.]

## 제3장 기준 및 규격과 표시 · 광고 등

**제14조【기준 및 규격】** ① 식품의약품안전처장은 판매를 목적으로 하는 건강기능식품의 제조 · 사용 및 보존 등에 관한 기준과 규격을 정하여 고시한다. 이 경우 어린이(「어린이 식생활안전관리 특별법」 제2조제1호에 따른 어린이를 말한다)가 섭취할 용도로 제조하는 건강기능식품에 대하여는 식품첨가물 사용 등에 관한 기준 및 규격을 달리 정하여야 한다. 〈개정 2018. 12. 11.〉

② 식품의약품안전처장은 제1항에 따라 기준과 규격이 고시되지 아니한 건강기능식품의 기준과 규격에 대해서는 제5조제1항에 따른 영업자, 「수입식품안전관리 특별법」 제15조제1항에 따라 등록한 수입식품등 수입 · 판매업자 또는 총리령으로 정하는 자로부터 다음 각 호의 자료를 제출받아 검토한 후 건강기능식품의 기준과 규격으로 인정할 수 있다. 이 경우 필요하면 제2호의 시험 · 검사기관에 검사를 의뢰하여 실시할 수 있다. 〈개정 2015. 2. 3., 2015. 5. 18.〉

1. 해당 건강기능식품의 기준 · 규격, 안전성 및 기능성 등에 관한 자료
2. 「식품 · 의약품분야 시험 · 검사 등에 관한 법률」 제6조제3항제1호에 따른 식품전문 시험 · 검사기관 또는 같은 법 제8조에 따른 국외시험 · 검사기관에서 검사를 받은 시험성적서 또는 검사성적서

③ 식품의약품안전처장은 제5조제1항에 따른 영업자, 「수입식품안전관리 특별법」 제15조제1항에 따라 등록한 수입식품등 수입 · 판매업자 또는 총리령으로 정하는 자가 제2항에 따른 기준 및 규격의 인정을 거짓이나 그 밖의 부정한 방법으로 받은 경우 이를 취소하여야 한다. 〈신설 2015. 5. 18.〉

④ 수출을 목적으로 하는 건강기능식품의 기준 및 규격은 제1항과 제2항에도 불구하고 수입자가 요구하는 기준 및 규격을 따를 수 있다. 〈개정 2015. 5. 18.〉

⑤ 제2항에 따른 인정 기준 · 방법 및 절차 등에 관하여 필요한 사항은 식품의약품안전처장이 정한다. 〈개정 2015. 5. 18.〉

[전문개정 2014. 5. 21.]

**제15조【원료 등의 인정】** ① 식품의약품안전처장은 판매를 목적으로 하는 건강기능식품의 원료 또는 성분을 정하여 고시한다.

② 식품의약품안전처장은 제1항에 따라 고시되지 아니한 건강기능식품의 원료 또는

성분에 대해서는 제5조제1항에 따른 영업자, 「수입식품안전관리 특별법」 제15조제1항에 따라 등록한 수입식품등 수입 · 판매업자 또는 총리령으로 정하는 자로부터 그 원료 또는 성분의 안전성 및 기능성 등에 관한 자료를 제출받아 검토한 후 건강기능식품에 사용할 수 있는 원료 또는 성분으로 인정할 수 있다. 다만, 질병의 치료 · 예방 효과 또는 그 밖에 총리령으로 정하는 기능이 있는 원료 또는 성분은 인정하여서는 아니 된다. 〈개정 2015. 2. 3., 2015. 5. 18.〉

③ 식품의약품안전처장은 제5조제1항에 따른 영업자, 「수입식품안전관리 특별법」 제15조제1항에 따라 등록한 수입식품등 수입 · 판매업자 또는 총리령으로 정하는 자가 제2항에 따른 원료 또는 성분의 인정을 거짓이나 그 밖의 부정한 방법으로 받은 경우 이를 취소하여야 한다. 〈신설 2015. 5. 18.〉

④ 제2항에 따른 인정 기준 · 방법 및 절차 등에 관하여 필요한 사항은 식품의약품안전처장이 정한다. 〈개정 2015. 5. 18.〉

[전문개정 2014. 5. 21.]

**제15조의2【재평가】** ① 식품의약품안전처장은 제14조제1항 및 제2항 또는 제15조제1항 및 제2항에 따라 고시하거나 인정한 사항을 다시 검토하여 재평가할 수 있고, 그 결과에 따라 고시하거나 인정한 사항을 변경 또는 취소할 수 있다.

② 제1항에 따른 재평가의 기준 · 방법 및 절차 등에 필요한 사항은 총리령으로 정한다.

[본조신설 2015. 5. 18.]

**제16조【기능성 표시 · 광고의 심의】** 삭제 〈2018. 3. 13.〉

**제16조의2【광고심의 이의신청】** 삭제 〈2018. 3. 13.〉

**제17조【표시기준】** 삭제 〈2018. 3. 13.〉

**제17조의2【유전자변형건강기능식품의 표시 등】** ① 영업자(「수입식품안전관리 특별법」 제15조에 따라 등록한 수입식품등 수입 · 판매업자를 포함한다. 이하 이 조에서 같다)는 다음 각 호의 어느 하나에 해당하는 생명공학기술을 활용하여 재배 · 육성된 농산물 · 축산물 · 수산물 등을 원재료로 하여 제조 · 가공한 건강기능식품(이하 "유전자변형건강기능식품"이라 한다)에 유전자변형건강기능식품임을 표시하여야 한다. 다만, 제조 · 가공 후에 유전자변형 디엔에이(DNA, Deoxyribonucleic acid) 또는 유전자변형단백질이 남아 있는 유전자변형건강기능식품에 한정한다. 〈개정 2019. 1. 15.〉

1. 인위적으로 유전자를 재조합하거나 유전자를 구성하는 핵산을 세포 또는 세포 내 소기관으로 직접 주입하는 기술
2. 분류학에 따른 과(科)의 범위를 넘는 세포융합기술

② 영업자는 제1항에 따라 표시하여야 하는 유전자변형건강기능식품에 표시를 하지 아니하고 판매하거나 판매할 목적으로 수입 · 진열 · 운반하거나 영업에 사용하여서는 아니 된다. 〈개정 2019. 1. 15.〉

③ 제1항에 따른 표시대상 및 표시방법 등에 필요한 사항은 식품의약품안전처장이 정한다. 〈개정 2019. 1. 15.〉

[본조신설 2016. 2. 3.]

**제18조【허위 · 과대의 표시 · 광고 금지】** 삭제 〈2018. 3. 13.〉

[2018. 3. 13. 법률 제15480호에 의하여 2018. 6. 28. 헌법재판소에서 위헌 결정된 이 조를 삭제함.]

**제19조【건강기능식품의 공전】** 식품의약품안전처장은 제14조에 따라 정하여진 건강기능식품의 기준 · 규격과 제15조에 따라 정하여진 원료 · 성분과 제17조의2에 따라 정하여진 표시기준을 수록한 건강기능식품의 공전(公典)을 작성 · 보급하여야 한다. 〈개정 2016. 2. 3., 2018. 3. 13.〉

[전문개정 2014. 5. 21.]

## 제4장 검사 등

**제20조【출입 · 검사 · 수거 등】** ① 식품의약품안전처장(대통령령으로 정하는 그 소속 기관의 장을 포함한다) 또는 특별자치시장 · 특별자치도지사 · 시장 · 군수 · 구청장은 위생관리와 영업질서 유지를 위하여 필요하다고 인정할 때에는 영업자 또는 그 밖의 관계인에 대하여 필요한 보고를 하게 하거나 관계 공무원으로 하여금 영업장소 · 사무소 · 창고 · 제조소 · 저장소 · 판매소 또는 그 밖에 이와 유사한 장소에 출입하여 다음 각 호의 조치를 하게 할 수 있다.

1. 판매를 목적으로 하거나 영업에 사용하는 원재료 · 제품 · 용기 · 포장 또는 제조 · 영업시설 등에 대한 검사
2. 제1호에 따른 검사에 필요한 최소량의 원재료 · 제품 · 용기 · 포장 등의 무상 수거
3. 영업에 관계되는 장부 또는 서류의 열람

② 제1항에 따라 출입 · 검사 · 수거 또는 열람을 하려는 관계 공무원은 그 권한을 나타내는 증표를 지니고 이를 관계인에게 보여 주어야 한다.

[전문개정 2014. 5. 21.]

**제20조의2【소비자등의 위생검사등 요청】** ① 식품의약품안전처장(대통령령으로 정하는 그 소속 기관의 장을 포함한다. 이하 이 조에서 같다), 특별자치시장 · 특별자치도지사 · 시장 · 군수 · 구청장은 대통령령으로 정하는 일정 수 이상의 소비자, 「소비자기본법」 제29조에 따라 등록한 소비자단체 또는 「식품 · 의약품분야 시험 · 검사 등에 관한 법률」 제6조에 따른 시험 · 검사기관 중 총리령으로 정하는 시험 · 검사기관(이하 이 조에서 "소비자등"이라 한다)이 건강기능식품 또는 영업시설 등에 대하여 제20조에 따른 출입 · 검사 · 수거 등(이하 이 조에서 "위생검사등"이라 한다)을 요청하는 경우에는 이에 따라야 한다. 다만, 다음 각 호의 어느 하나에 해당하는 경우에는 그러하지 아니하다.

1. 같은 소비자등이 특정 영업자의 영업을 방해할 목적으로 같은 내용의 위생검사등을 반복적으로 요청하는 경우
2. 식품의약품안전처장, 특별자치시장 · 특별자치도지사 · 시장 · 군수 · 구청장이 기술 또는 시설, 재원(財源) 등의 사유로 위생검사등을 할 수 없다고 인정하는 경우

② 식품의약품안전처장, 특별자치시장 · 특별자치도지사 · 시장 · 군수 · 구청장은 제1항에 따라 위생검사등의 요청에 따르는 경우 14일 이내에 위생검사등을 하고 그 결과를 대통령령으로 정하는 바에 따라 위생검사등의 요청을 한 소비자등에 알리고 인터넷 홈페이지에 게시하여야 한다.

③ 위생검사등의 요청 요건 및 절차, 그 밖에 필요한 사항은 대통령령으로 정한다.

[본조신설 2016. 2. 3.]

**제21조【자가품질검사의 의무】** ① 제5조제1항에 따라 건강기능식품제조업의 허가를 받은 자는 총리령으로 정하는 바에 따라 그가 제조하는 건강기능식품이 제14조에 따른 기준 및 규격에 맞는지를 검사하고 그 기록을 보존하여야 한다.

② 식품의약품안전처장은 제1항에 따라 검사를 하여야 하는 자가 직접 검사를 하는 것이 적합하지 아니할 때에는 「식품 · 의약품분야 시험 · 검사 등에 관한 법률」 제6조제3항제2호에 따른 자가품질위탁 시험 · 검사기관에 위탁하여 검사하게 할 수 있다. 〈개정 2016. 2. 3.〉

③ 제1항에 따라 검사를 직접 행하는 영업자는 제1항에 따른 검사 결과 해당 건강기

능식품이 제23조 또는 제24조제1항에 위반되어 국민건강에 위해가 발생하거나 발생할 우려가 있는 경우에는 지체 없이 식품의약품안전처장에게 보고하여야 한다. 〈신설 2016. 2. 3.〉

④ 제1항 및 제2항에 따른 검사항목 및 검사절차 등에 관하여 필요한 사항은 총리령으로 정한다. 〈개정 2016. 2. 3.〉

[전문개정 2014. 5. 21.]

**제21조의2【원재료의 검사 확인 의무 등】** ① 제5조제1항에 따라 건강기능식품제조업의 허가를 받은 자는 제15조제1항에 따라 고시되었거나 같은 조 제2항에 따라 인정받은 원료 또는 성분에 사용되는 원재료 중 다음 각 호의 어느 하나에 해당하는 원재료를 검사하여 확인하고 그 기록을 보존하여야 한다.

1. 육안(肉眼)으로 다른 원재료와 구별하기가 곤란하여 식품의약품안전처장이 고시하는 원재료
2. 그 밖에 건강기능식품의 안전을 위하여 식품의약품안전처장이 필요하다고 인정하는 원재료

② 제1항에 따른 검사의 대상 · 절차 및 방법, 그 밖에 필요한 사항은 총리령으로 정한다.

[본조신설 2016. 2. 3.]

**제21조의3【검사명령 등】** ① 식품의약품안전처장은 다음 각 호의 어느 하나에 해당하는 건강기능식품을 제조하는 영업자에 대하여 「식품 · 의약품분야 시험 · 검사 등에 관한 법률」 제6조제3항제1호에 따른 식품전문 시험 · 검사기관에서 검사를 받을 것을 명(이하 "검사명령"이라 한다)할 수 있다. 다만, 검사로써 위해성분을 확인할 수 없다고 식품의약품안전처장이 인정하는 경우에는 관련 자료 등으로 검사를 갈음할 수 있다.

1. 국내외에서 유해물질이 검출된 건강기능식품
2. 그 밖에 국내외에서 위해발생의 우려가 제기된 건강기능식품

② 검사명령을 받은 영업자는 총리령으로 정하는 검사 기한 내에 검사를 받거나 관련 자료 등을 제출하여야 한다.

③ 제1항 및 제2항에 따른 검사명령 대상 건강기능식품의 범위, 제출 자료 등 세부사항은 식품의약품안전처장이 정하여 고시한다.

[본조신설 2016. 2. 3.]

# 제5장 우수건강기능식품제조기준 등

**제22조【우수건강기능식품제조기준 등】** ① 건강기능식품을 제조하는 영업자는 우수한 건강기능식품의 제조 및 품질관리를 위하여 식품의약품안전처장이 고시하는 우수건강기능식품 제조 및 품질관리 기준(이하 "우수건강기능식품제조기준"이라 한다)을 준수하여야 한다. 〈개정 2016. 2. 3.〉

② 식품의약품안전처장은 우수건강기능식품제조기준의 준수여부 등을 1년마다 조사 · 평가하여야 한다. 〈개정 2016. 2. 3.〉

③ 우수건강기능식품제조기준의 조사 · 평가 방법 및 절차 등에 관하여 필요한 사항은 총리령으로 정한다. 〈개정 2016. 2. 3.〉

④ 삭제 〈2016. 2. 3.〉

⑤ 삭제 〈2016. 2. 3.〉

⑥ 삭제 〈2016. 2. 3.〉

⑦ 삭제 〈2016. 2. 3.〉

[전문개정 2014. 5. 21.]

[시행일] 제22조 개정규정은 다음 각 호의 구분에 따른 날부터 시행

1. 2017년 매출액이 20억 이상인 제조업자: 2018년 12월 1일
2. 2017년 매출액이 10억 이상 20억 미만인 제조업자: 2019년 12월 1일
3. 2017년 매출액이 10억 미만인 제조업자: 2020년 12월 1일

**제22조의2【건강기능식품이력추적관리 등록기준 등】** ① 건강기능식품을 제조 또는 판매하는 자 중 건강기능식품이력추적관리를 하려는 자는 총리령으로 정하는 등록기준을 갖추어 해당 건강기능식품을 식품의약품안전처장에게 등록할 수 있다. 다만, 그 매출액 등이 총리령으로 정하는 매출액 또는 매장면적에 해당하는 자는 식품의약품안전처장에게 등록하여야 한다. 〈개정 2015. 2. 3.〉

② 제1항에 따라 등록한 건강기능식품을 제조 또는 판매하는 자는 건강기능식품이력추적관리에 필요한 기록의 작성 · 보관 및 관리 등에 관하여 식품의약품안전처장이 정하여 고시하는 기준(이하 "건강기능식품이력추적관리기준"이라 한다)을 준수하여야 한다. 〈개정 2015. 2. 3.〉

③ 제1항에 따라 등록을 한 자는 등록사항이 변경된 경우 변경 사유가 발생한 날부터 1개월 이내에 식품의약품안전처장에게 신고하여야 한다.

④ 제1항에 따라 등록한 건강기능식품에는 식품의약품안전처장이 정하여 고시하는 바에 따라 건강기능식품이력추적관리의 표시를 할 수 있다.

⑤ 식품의약품안전처장은 제1항에 따라 등록한 건강기능식품을 제조 또는 판매하는 자에 대하여 건강기능식품이력추적관리기준의 준수 여부 등을 3년마다 조사 · 평가하여야 한다. 다만, 제1항 단서에 따라 등록한 건강기능식품을 제조 또는 판매하는 자에 대해서는 2년마다 조사 · 평가하여야 한다. 〈개정 2015. 2. 3.〉

⑥ 식품의약품안전처장은 제1항에 따라 등록을 한 자에게 예산의 범위에서 건강기능식품이력추적관리에 필요한 자금을 지원할 수 있다.

⑦ 식품의약품안전처장은 제1항에 따라 등록을 한 자가 건강기능식품이력추적관리기준을 준수하지 아니하면 그 등록을 취소하거나 시정을 명할 수 있다.

⑧ 건강기능식품이력추적관리의 등록 절차, 등록 사항, 등록취소 등의 기준 및 조사 · 평가, 그 밖에 등록에 필요한 사항은 총리령으로 정한다.

[전문개정 2014. 5. 21.]

## 제6장 판매 등의 금지

**제23조【위해 건강기능식품 등의 판매 등의 금지】** 누구든지 다음 각 호의 어느 하나에 해당하는 건강기능식품을 판매하거나 판매할 목적으로 제조 · 수입 · 사용 · 저장 또는 운반하거나 진열하여서는 아니 된다. 〈개정 2015. 2. 3.〉

1. 썩었거나 상한 것으로서 인체의 건강을 해칠 우려가 있는 것
2. 유독 · 유해물질이 들어 있거나 묻어 있는 것 또는 그럴 가능성이 있는 것. 다만, 인체의 건강을 해칠 우려가 없다고 식품의약품안전처장이 인정하는 것은 예외로 한다.
3. 병(病)을 일으키는 미생물에 오염되었거나 그럴 가능성이 있어 인체의 건강을 해칠 우려가 있는 것
4. 불결하거나 다른 물질이 섞이거나 첨가된 것 또는 그 밖의 사유로 인체의 건강을 해칠 우려가 있는 것

5. 제5조제1항에 따른 영업허가를 받지 아니한 자가 제조한 것
6. 수입이 금지된 것 또는 「수입식품안전관리 특별법」 제20조제1항에 따른 수입신고를 하지 아니하고 수입한 것

[전문개정 2014. 5. 21.]

**제24조【기준 · 규격 위반 건강기능식품의 판매 등의 금지】** ① 영업자(「수입식품안전관리 특별법」 제15조에 따라 등록한 수입식품등 수입 · 판매업자를 포함한다. 이하 이 조에서 같다)는 제14조제1항 및 제2항에 따라 기준과 규격이 정하여진 건강기능식품을 그 기준에 따라 제조 · 사용 · 보존하여야 하며, 그 기준과 규격에 맞지 아니하는 건강기능식품을 판매하거나 판매할 목적으로 제조 · 수입 · 사용 · 저장 · 운반 · 보존 또는 진열하여서는 아니 된다. 〈개정 2015. 2. 3.〉

② 영업자는 다음 각 호의 어느 하나에 해당하는 행위를 하여서는 아니 된다. 〈개정 2016. 2. 3.〉

1. 의약품의 용도로만 사용되는 원료를 사용하여 건강기능식품을 제조하는 행위
2. 배합 · 혼합비율 · 함량이 의약품과 같거나 유사한 건강기능식품을 제조하는 행위

2의2. 독성이 있거나 인체에 부작용을 일으키는 원료를 사용하여 건강기능식품을 제조하는 행위

3. 제1호, 제2호 또는 제2호의2에 따라 제조된 건강기능식품을 수입 · 판매 또는 진열하는 행위

③ 제2항에 따른 의약품의 용도로만 사용되는 원료, 배합 · 혼합비율 · 함량이 의약품과 같거나 유사한 건강기능식품 및 독성이 있거나 인체에 부작용을 일으키는 원료 등에 관한 구체적인 기준과 범위는 식품의약품안전처장이 정한다. 〈개정 2016. 2. 3.〉

[전문개정 2014. 5. 21.]

**제25조** 삭제 〈2018. 3. 13.〉

**제26조** 삭제 〈2018. 3. 13.〉

## 제7장 건강기능식품심의위원회 및 단체설립

**제27조【건강기능식품심의위원회】** ① 식품의약품안전처장의 자문에 응하여 다음 사항을 조

사 · 심의하기 위하여 식품의약품안전처에 건강기능식품심의위원회(이하 "위원회"라 한다)를 둔다. 〈개정 2019. 1. 15.〉

1. 건강기능식품의 정책에 관한 사항
2. 건강기능식품의 기준 · 규격에 관한 사항
3. 건강기능식품의 표시 · 광고에 관한 사항
4. 그 밖에 건강기능식품에 관한 중요 사항

② 위원회는 위원장 1명과 부위원장 2명을 포함한 30명 이상 80명 이하의 위원으로 구성한다. 이 경우 공무원이 아닌 위원이 전체 위원의 과반수가 되도록 하여야 한다. 〈신설 2019. 1. 15.〉

③ 위원장은 위원 중에서 호선하고, 부위원장은 위원장이 지명하는 사람이 된다. 〈신설 2019. 1. 15.〉

④ 위원은 다음 각 호의 어느 하나에 해당하는 사람 중에서 식품의약품안전처장이 위촉하거나 임명한다. 〈신설 2019. 1. 15.〉

1. 식품 · 의약품 · 영양 및 보건의료에 관한 학식과 경험이 풍부한 사람
2. 건강기능식품 관련 단체의 장, 「비영리민간단체 지원법」 제2조에 따른 비영리민간단체의 장, 건강기능식품 관련 학회의 장이나 「고등교육법」 제2조제1호 및 제2호에 따른 대학 또는 산업대학의 장이 각각 추천하는 사람
3. 건강기능식품 관련 업무를 담당하는 5급 이상의 공무원 또는 고위공무원단에 속하는 일반직 공무원

⑤ 위원의 임기는 2년으로 한다. 다만, 공무원인 위원의 임기는 해당 직(職)에 재직하는 기간으로 한다. 〈신설 2019. 1. 15.〉

⑥ 건강기능식품의 기준 · 규격 및 표시 · 광고 등에 관한 조사 · 연구를 하기 위하여 위원회에 연구위원을 둘 수 있다. 〈개정 2019. 1. 15.〉

⑦ 그 밖에 위원회의 구성 및 운영 등에 필요한 사항은 대통령령으로 정한다. 〈개정 2019. 1. 15.〉

[전문개정 2014. 5. 21.]

**제28조【단체설립】** ① 영업자는 영업의 건전한 발전을 도모함으로써 건강기능식품의 안전성 확보 및 품질 향상과 국민 보건 증진에 이바지하기 위하여 대통령령으로 정하는 영업의 종류별로 단체를 설립할 수 있다.

② 단체는 법인으로 한다.

③ 단체를 설립하려는 경우에는 대통령령으로 정하는 바에 따라 회원 자격이 있는 자의 10분의 1(20인을 초과하는 경우에는 20인으로 한다) 이상의 발기인이 정관을 작성하여 식품의약품안전처장의 설립인가를 받아야 한다.

[전문개정 2014. 5. 21.]

## 제8장 시정명령 · 허가취소 등 행정제재

**제29조【시정명령】** 식품의약품안전처장 또는 특별자치시장 · 특별자치도지사 · 시장 · 군수 · 구청장은 이 법을 지키지 아니하는 자에 대하여 필요하다고 인정할 때에는 시정을 명할 수 있다.

[전문개정 2014. 5. 21.]

**제30조【폐기처분 등】** ① 식품의약품안전처장 또는 특별자치시장 · 특별자치도지사 · 시장 · 군수 · 구청장은 영업자(「수입식품안전관리 특별법」 제15조에 따라 등록한 수입식품등 수입 · 판매업자를 포함한다. 이하 이 조에서 같다)가 제17조의2제2항, 제23조 또는 제24조 중 어느 하나를 위반하였을 때에는 관계 공무원으로 하여금 그 건강기능식품을 압류 또는 폐기하게 하거나, 영업자에게 식품위생상의 위해를 제거하기 위한 조치를 할 것을 명할 수 있다. 〈개정 2015. 2. 3., 2016. 2. 3., 2018. 3. 13.〉

② 식품의약품안전처장 또는 특별자치시장 · 특별자치도지사 · 시장 · 군수 · 구청장은 제5조제1항에 따른 영업허가를 받지 아니하고 제조한 건강기능식품이나 이에 사용한 기구 또는 용기 · 포장 등을 관계 공무원으로 하여금 압류하거나 폐기하게 할 수 있다.

③ 식품의약품안전처장 또는 특별자치시장 · 특별자치도지사 · 시장 · 군수 · 구청장은 위생상의 위해가 발생하였거나 발생할 우려가 있다고 인정될 때에는 영업자에게 유통 중인 해당 건강기능식품을 회수 · 폐기하게 하거나 그 건강기능식품의 원료, 제조방법, 성분이나 그 배합비율의 변경 또는 섭취 시 주의사항에 관한 표시내용의 변경(신설을 포함한다)을 할 것을 명할 수 있다. 〈개정 2018. 6. 12.〉

④ 제1항 및 제2항에 따른 압류 또는 폐기를 하는 관계 공무원은 그 권한을 표시하는 증표를 지니고 이를 관계인에게 보여 주어야 한다.

⑤ 제1항 및 제2항에 따른 압류 또는 폐기에 필요한 사항과 제3항에 따른 회수 대상

건강기능식품의 기준 등에 관하여 필요한 사항은 총리령으로 정한다.

[전문개정 2014. 5. 21.]

**제31조【시설의 개수명령 등】** ① 식품의약품안전처장 또는 특별자치시장 · 특별자치도지사 · 시장 · 군수 · 구청장은 영업시설이 제4조제1항에 따른 시설기준에 맞지 아니할 때에는 기간을 정하여 그 영업자에게 시설의 개수(改修)를 명할 수 있다.

② 건축물의 소유자와 영업자 등이 다른 경우 건축물의 소유자는 제1항의 명령에 따른 시실의 개수에 최대한 협조하여야 한다.

[전문개정 2014. 5. 21.]

**제32조【영업허가취소 등】** ① 식품의약품안전처장 또는 특별자치시장 · 특별자치도지사 · 시장 · 군수 · 구청장은 영업자가 다음 각 호의 어느 하나에 해당하는 경우에는 대통령령으로 정하는 바에 따라 영업허가를 취소하거나, 6개월 이내의 기간을 정하여 그 영업의 전부 또는 일부의 정지를 명하거나, 영업소의 폐쇄(제6조에 따라 신고한 영업만 해당한다. 이하 이 조에서 같다)를 명할 수 있다. 다만, 제9호의2의 경우에는 그 영업허가를 취소하여야 한다. 〈개정 2015. 2. 3., 2016. 2. 3., 2018. 3. 13., 2019. 1. 15.〉

1. 제4조제1항, 제5조제1항 후단, 같은 조 제2항, 제6조제3항, 제7조제1항 전단, 제10조제1항 각 호(제1호와 제5호는 제외한다), 제11조제3항 또는 제17조의2제2항을 위반한 경우
2. 제12조제1항을 위반한 경우
3. 삭제 〈2018. 3. 13.〉

3의2. 제20조제1항에 따른 보고를 하지 아니하거나 거짓으로 보고한 경우 또는 같은 항에 따른 출입 · 검사 · 수거 · 열람을 정당한 사유 없이 거부 · 방해 · 기피한 경우

4. 제21조제1항 및 제3항을 위반한 경우

4의2. 제21조의2제1항을 위반한 경우

5. 제22조를 위반한 경우
6. 제22조의2제1항 단서를 위반한 경우
7. 제23조 또는 제24조제1항 · 제2항에 따른 판매 등의 금지를 위반한 경우
8. 제29조, 제30조제1항 · 제3항, 제31조제1항 또는 제33조제1항에 따른 명령을 위반한 경우

8의2. 제30조제2항에 따른 압류 · 폐기를 정당한 사유 없이 거부 · 방해 · 기피한 경우

9. 영업정지 명령을 위반하여 계속 영업을 하는 경우

9의2. 피성년후견인이 되거나 파산선고를 받은 경우

10. 영업자가 정당한 사유 없이 계속하여 6개월 이상 휴업하는 경우

11. 제5조제1항에 따라 허가를 받은 자가 「부가가치세법」 제8조에 따라 관할 세무서장에게 폐업신고를 하거나 관할 세무서장이 사업자등록을 말소한 경우

② 식품의약품안전처장은 제1항제11호에 따른 영업허가 취소를 위하여 필요한 경우 관할 세무서장에게 제5조제1항에 따라 허가를 받은 영업자의 폐업여부에 대한 정보 제공을 요청할 수 있다. 이 경우 요청을 받은 관할 세무서장은 「전자정부법」 제36조제1항에 따라 영업자의 폐업여부에 대한 정보를 제공하여야 한다. 〈신설 2018. 6. 12.〉

③ 제1항에 따른 행정처분의 세부적인 기준은 위반행위의 종류와 위반 정도 등을 고려하여 총리령으로 정한다. 〈개정 2018. 6. 12.〉

[전문개정 2014. 5. 21.]

[시행일] 제32조제1항제5호 개정규정은 다음 각 호의 구분에 따른 날부터 시행

1. 2017년 매출액이 20억 이상인 제조업자: 2018년 12월 1일

2. 2017년 매출액이 10억 이상 20억 미만인 제조업자: 2019년 12월 1일

3. 2017년 매출액이 10억 미만인 제조업자: 2020년 12월 1일

**第33条【품목의 제조정지 등】** ① 식품의약품안전처장은 영업자가 제17조의2제2항, 제21조제1항, 제21조의2제1항, 제22조, 제23조 또는 제24조제1항 · 제2항을 위반하였을 때에는 대통령령으로 정하는 바에 따라 6개월 이내의 기간을 정하여 해당 품목 또는 품목류(제14조에 따라 정하여진 건강기능식품의 기준 및 규격 중 동일한 기준 및 규격을 적용받아 제조되는 모든 품목을 말한다. 이하 같다)의 제조정지를 명할 수 있다. 〈개정 2016. 2. 3., 2018. 3. 13.〉

② 제1항에 따른 행정처분의 세부적인 기준은 위반행위의 종류와 위반 정도 등을 고려하여 총리령으로 정한다.

[전문개정 2014. 5. 21.]

[시행일] 제33조제1항 중 제22조 위반 관련 부분은 다음 각 호의 구분에 따른 날부터 시행

1. 2017년 매출액이 20억 이상인 제조업자: 2018년 12월 1일

2. 2017년 매출액이 10억 이상 20억 미만인 제조업자: 2019년 12월 1일

3. 2017년 매출액이 10억 미만인 제조업자: 2020년 12월 1일

**제34조【행정제재처분 효과의 승계】** 영업자가 그 영업을 양도하거나 법인이 합병하는 경우에는 제32조제1항 각 호(제10호는 제외한다) 또는 제33조제1항을 위반한 사유로 종전의 영업자에게 한 행정제재처분의 효과는 그 처분기간이 끝난 날부터 1년간 양수인이나 합병 후 존속하는 법인에 승계되며, 행정제재처분의 절차가 진행 중일 때에는 양수인이나 합병 후 존속하는 법인에 대하여 행정제재처분의 절차를 계속 진행할 수 있다.

[전문개정 2014. 5. 21.]

**제35조【폐쇄조치 등】** ① 식품의약품안전처장 또는 특별자치시장 · 특별자치도지사 · 시장 · 군수 · 구청장은 제5조제1항 전단 또는 제6조제2항을 위반하여 허가를 받지 아니하거나 신고를 하지 아니하고 영업을 하는 자 또는 제32조제1항 각 호(제10호는 제외한다)에 따라 허가가 취소되거나 영업소의 폐쇄명령을 받은 후에 계속하여 영업을 하는 자가 있으면 해당 영업소를 폐쇄하기 위하여 관계 공무원으로 하여금 다음 각 호의 조치를 하게 할 수 있다. 〈개정 2015. 2. 3.〉

1. 해당 영업소의 간판이나 그 밖의 영업표지의 제거 · 삭제
2. 해당 영업소가 적법한 영업소가 아니라는 것을 알리는 게시문 등의 부착
3. 해당 영업소의 시설물이나 그 밖에 영업에 사용하는 기구 등을 사용할 수 없게 하는 봉인(封印)

② 식품의약품안전처장 또는 특별자치시장 · 특별자치도지사 · 시장 · 군수 · 구청장은 제1항제2호 및 제3호에 따른 조치를 한 후에 다음 각 호의 어느 하나에 해당하는 경우에는 부착한 게시문 등을 제거하거나 봉인을 해제할 수 있다.

1. 게시문 등의 부착이나 봉인을 계속할 필요가 없다고 인정되는 경우
2. 해당 영업자 또는 그 대리인이 그 영업소를 폐쇄할 것을 약속하거나 그 밖의 정당한 사유를 들어 게시문 등의 제거나 봉인의 해제를 요청하는 경우

③ 식품의약품안전처장 또는 특별자치시장 · 특별자치도지사 · 시장 · 군수 · 구청장은 제1항에 따른 조치를 하려면 미리 그 사실을 해당 영업자 또는 그 대리인에게 서면으로 알려 주어야 한다. 다만, 총리령으로 정하는 사유가 있는 경우에는 그러하지 아니하다.

④ 제1항에 따른 조치는 그 영업을 할 수 없게 하기 위하여 필요한 최소한의 범위에

그쳐야 한다.

⑤ 제1항의 경우에 관계 공무원은 그 권한을 표시하는 증표를 지니고 이를 관계인에게 보여 주어야 한다.

[전문개정 2014. 5. 21.]

**제36조【청문】** 식품의약품안전처장 또는 특별자치시장 · 특별자치도지사 · 시장 · 군수 · 구청장은 제32조제1항에 따른 영업허가의 취소나 영업소의 폐쇄에 해당하는 처분을 하려면 청문을 하여야 한다.

[전문개정 2014. 5. 21.]

**제37조【영업정지 등의 처분을 갈음하여 부과하는 과징금 처분】** ① 식품의약품안전처장 또는 특별자치시장 · 특별자치도지사 · 시장 · 군수 · 구청장은 영업자가 제32조제1항 각 호(제9호, 제9호의2, 제10호 및 제11호는 제외한다) 또는 제33조제1항에 해당하면 대통령령으로 정하는 바에 따라 영업정지, 품목 제조정지 또는 품목류 제조정지 처분을 갈음하여 10억원 이하의 과징금을 부과할 수 있다. 다만, 제5조제1항 후단, 제10조제1항, 제23조 또는 제24조제1항 · 제2항을 위반하여 제32조제1항 또는 제33조제1항에 해당하는 경우 중 총리령으로 정하는 경우는 제외한다. 〈개정 2016. 2. 3., 2018. 3. 13., 2018. 6. 12.〉

② 제1항에 따른 과징금을 부과하는 위반행위의 종류와 위반 정도 등에 따른 과징금의 금액 등에 관하여 필요한 사항은 대통령령으로 정한다.

③ 식품의약품안전처장 또는 특별자치시장 · 특별자치도지사 · 시장 · 군수 · 구청장은 제1항에 따른 과징금을 부과하기 위하여 필요한 경우에는 다음 각 호의 사항을 적은 문서로 관할 세무관서의 장에게 과세 정보 제공을 요청할 수 있다. 〈신설 2016. 2. 3.〉

1. 납세자의 인적 사항
2. 과세 정보의 사용 목적
3. 과징금 부과기준이 되는 매출금액

④ 식품의약품안전처장 또는 특별자치시장 · 특별자치도지사 · 시장 · 군수 · 구청장은 제1항에 따른 과징금을 내야 할 자가 납부기한까지 내지 아니하면 대통령령으로 정하는 바에 따라 제1항에 따른 과징금처분을 취소하고 제32조 또는 제33조에 따른 영업정지 등의 행정처분을 하거나 국세 체납처분의 예 또는 「지방행정제재 · 부과금의 징수 등에 관한 법률」에 따라 징수한다. 다만, 제5조제2항 또는 제

6조제3항에 따른 폐업 등으로 제32조 또는 제33조에 따른 영업정지 등의 행정처분을 할 수 없는 경우에는 국세 체납처분의 예 또는 「지방행정제재 · 부과금의 징수 등에 관한 법률」에 따라 징수한다. 〈개정 2016. 2. 3., 2020. 3. 24.〉

⑤ 식품의약품안전처장 또는 특별자치시장 · 특별자치도지사 · 시장 · 군수 · 구청장은 제4항에 따라 체납된 과징금의 징수를 위하여 필요한 경우에는 다음 각 호의 어느 하나에 해당하는 자료 또는 정보의 제공을 해당 각 호의 자에게 각각 요청할 수 있다. 이 경우 요청을 받은 자는 정당한 사유가 없으면 요청에 따라야 한다. 〈신설 2016. 2. 3.〉

1. 「건축법」 제38조에 따른 건축물대장 등본: 국토교통부장관
2. 「공간정보의 구축 및 관리 등에 관한 법률」 제71조에 따른 토지대장 등본: 국토교통부장관
3. 「자동차관리법」 제7조에 따른 자동차등록원부 등본: 특별시장 · 광역시장 · 특별자치시장 · 도지사 또는 특별자치도지사

⑥ 제1항 및 제4항에 따라 징수한 과징금 중 식품의약품안전처장이 부과 · 징수한 과징금은 국가에 귀속되고, 특별자치시장 · 특별자치도지사 · 시장 · 군수 · 구청장이 부과 · 징수한 과징금은 특별시 · 광역시 · 특별자치시 · 도 · 특별자치도 및 시 · 군 · 구(자치구를 말한다)의 식품진흥기금(「식품위생법」 제89조에 따른 식품진흥기금을 말한다)에 귀속된다. 〈개정 2016. 2. 3.〉

[전문개정 2014. 5. 21.]

**제37조의2【위해 건강식품기능 식품 등의 판매 등에 따른 과징금 부과 등】** ① 식품의약품안전처장 또는 특별자치시장 · 특별자치도지사 · 시장 · 군수 · 구청장은 다음 각 호의 어느 하나에 해당하는 자에 대하여 그가 판매한 해당 건강기능식품 등의 판매가격에 상당하는 금액을 과징금으로 부과한다. 〈개정 2018. 6. 12.〉

1. 삭제 〈2018. 3. 13.〉
2. 제23조제2호 · 제3호 · 제5호 · 제6호를 위반하여 제32조에 따라 영업정지 2개월 이상의 처분, 영업허가의 취소 또는 영업소의 폐쇄명령을 받은 자
3. 제24조제2항을 위반하여 제32조에 따라 영업정지 2개월 이상의 처분, 영업허가의 취소 또는 영업소의 폐쇄명령을 받은 자

② 제1항에 따른 과징금의 산출금액은 대통령령으로 정하는 바에 따라 결정하여 부

과한다.

③ 제2항에 따라 부과된 과징금을 기한 내에 납부하지 아니하는 경우 또는 제5조제2항, 제6조제3항에 따라 폐업한 경우에는 국세 체납처분의 예 또는 「지방행정제재 · 부과금의 징수 등에 관한 법률」에 따라 징수한다. 〈개정 2020. 3. 24.〉

④ 제1항에 따른 과징금의 부과 · 징수를 위한 정보 · 자료의 제공 요청, 부과 · 징수한 과징금의 귀속 및 귀속 비율 등에 관하여는 제37조제3항, 제5항 및 제6항을 준용한다. 〈개정 2016. 2. 3.〉

[본조신설 2014. 5. 21.]

**제37조의3【위반사실 공표】** 식품의약품안전처장, 특별자치시장 · 특별자치도지사 · 시장 · 군수 · 구청장은 제30조, 제32조, 제33조, 제35조, 제37조 또는 제37조의2에 따라 행정처분이 확정된 영업자에 대한 처분 내용, 해당 영업소와 건강기능식품의 명칭 등 처분과 관련한 영업정보를 대통령령으로 정하는 바에 따라 공표하여야 한다.

[본조신설 2015. 5. 18.]

## 제9장 보칙

**제38조【다른 법률과의 관계】** 이 법에 규정되지 아니한 사항에 대해서는 다음 각 호의 구분에 따른 규정을 준용한다. 〈개정 2015. 2. 3., 2016. 2. 3.〉

1. 건강기능식품에 사용하는 식품첨가물: 「식품위생법」 제7조에 따른 식품첨가물의 기준 및 규격 규정
2. 건강기능식품의 재검사에 관한 사항: 「식품위생법」 제23조에 따른 식품등의 재검사 규정
3. 건강기능식품검사기관의 지정에 관한 사항: 「식품 · 의약품분야 시험 · 검사 등에 관한 법률」 제6조에 따른 식품 등 시험 · 검사기관 지정 규정

3의2. 긴급대응에 관한 사항: 「식품위생법」 제17조에 따른 긴급대응 규정

4. 건강기능식품위생감시원에 관한 사항: 「식품위생법」 제32조에 따른 식품위생감시원의 규정
5. 소비자건강기능식품위생감시원에 관한 사항: 「식품위생법」 제33조에 따른 소비자식품위생감시원의 규정

6. 건강진단에 관한 사항: 「식품위생법」 제40조에 따른 건강진단의 규정
7. 건강기능식품의 자진 회수에 관한 사항: 「식품위생법」 제45조에 따른 위해식품등의 회수 규정(이 경우 영업자에는 「수입식품안전관리 특별법」 제15조에 따라 등록한 수입식품등 수입 · 판매업자를 포함하고, 건강기능식품에는 같은 법에 따라 수입한 건강기능식품을 포함한다)
8. 위해요소중점관리기준에 관한 사항: 「식품위생법」 제48조에 따른 위해요소중점관리기준의 규정
9. 공표에 관한 사항: 「식품위생법」 제73조에 따른 공표의 규정
10. 식중독에 관한 조사 보고에 관한 사항: 「식품위생법」 제86조에 따른 식중독에 관한 조사 보고의 규정

② 제1항에 따라 준용되는 「식품위생법」의 규정을 위반한 경우에는 같은 법 제71조에 따른 시정명령, 같은 법 제72조에 따른 폐기처분 등, 같은 법 제75조에 따른 허가의 취소 등 및 같은 법 제76조에 따른 품목의 제조정지 등의 처분을 할 수 있으며, 같은 법 제95조, 제97조, 제98조, 제100조부터 제102조까지의 규정에 따라 처벌할 수 있다. 〈개정 2016. 2. 3.〉

[전문개정 2014. 5. 21.]

**제39조【국고 보조】** 식품의약품안전처장은 예산의 범위에서 다음 경비의 전부 또는 일부를 보조할 수 있다. 〈개정 2018. 3. 13.〉

1. 제20조제1항제2호에 따른 건강기능식품 등의 수거에 드는 비용
2. 삭제 〈2016. 2. 3.〉
3. 건강기능식품의 품질 향상, 연구 · 개발의 진흥 등에 드는 경비
4. 건강기능식품의 안전성을 높이기 위한 민간단체의 활동에 드는 경비의 지원

[전문개정 2014. 5. 21.]

[시행일] 제39조제2호 개정규정은 다음 각 호의 구분에 따른 날부터 시행

1. 2017년 매출액이 20억 이상인 제조업자: 2018년 12월 1일
2. 2017년 매출액이 10억 이상 20억 미만인 제조업자: 2019년 12월 1일
3. 2017년 매출액이 10억 미만인 제조업자: 2020년 12월 1일

**제40조【포상금 지급】** ① 식품의약품안전처장 또는 특별자치시장 · 특별자치도지사 · 시장 · 군수 · 구청장은 제5조제1항, 제6조제2항, 제23조 또는 제24조 등 중 어느 하나를 위반한 자

를 관계 행정관청이나 수사기관에 신고하거나 고발한 자에게 1천만원의 범위에서 포상금을 지급할 수 있다. 〈개정 2015. 2. 3., 2018. 3. 13.〉

② 제1항에 따른 포상금 지급의 기준 · 방법 및 절차 등에 관하여 필요한 사항은 대통령령으로 정한다.

[전문개정 2014. 5. 21.]

**제41조【권한의 위임 · 위탁】** ① 식품의약품안전처장은 이 법에 따른 권한의 일부를 대통령령으로 정하는 바에 따라 식품의약품안전평가원장, 지방식품의약품안전청장, 특별시장 · 광역시장 · 특별자치시장 · 도지사 · 특별자치도지사 또는 시장 · 군수 · 구청장에게 위임할 수 있다. 〈개정 2014. 5. 21., 2019. 1. 15.〉

② 삭제 〈2008. 3. 21.〉

③ 식품의약품안전처장은 이 법에 따른 권한의 일부를 대통령령으로 정하는 바에 따라 제28조에 따른 단체에 위탁할 수 있다. 〈개정 2014. 5. 21.〉

**제42조【수수료 등】** 다음 각 호의 어느 하나에 해당하는 허가나 등록 등의 신청, 신고 등을 하거나 검사 등을 받으려는 자는 총리령으로 정하는 바에 따라 수수료를 내야 한다. 〈개정 2015. 2. 3., 2016. 2. 3.〉

1. 제5조제1항에 따른 영업허가 · 변경허가 또는 같은 조 제2항에 따른 변경신고
2. 제6조제2항 및 제3항의 규정에 따른 영업신고 또는 변경신고
3. 제7조에 따른 품목제조신고 또는 변경신고
4. 삭제 〈2015. 2. 3.〉

4의2. 제11조제3항에 따른 영업자의 지위승계신고

5. 제14조제2항 또는 제15조제2항에 따른 기준 · 규격 및 원료 등의 인정을 위한 검사
6. 삭제 〈2018. 3. 13.〉
7. 제21조제2항에 따른 자가품질검사의 위탁 검사
8. 삭제 〈2016. 2. 3.〉
9. 제22조의2제1항에 따른 건강기능식품이력추적관리를 위한 등록

[전문개정 2014. 5. 21.]

[시행일] 제42조제8호 개정규정은 다음 각 호의 구분에 따른 날부터 시행

1. 2017년 매출액이 20억 이상인 제조업자: 2018년 12월 1일

2. 2017년 매출액이 10억 이상 20억 미만인 제조업자: 2019년 12월 1일

3. 2017년 매출액이 10억 미만인 제조업자: 2020년 12월 1일

**제42조의2** 삭제 〈2018. 3. 13.〉

## 제10장 벌칙

**제43조【벌칙】** ① 다음 각 호의 어느 하나에 해당하는 자는 10년 이하의 징역 또는 1억원 이하의 벌금에 처한다. 이 경우 징역과 벌금을 병과(倂科)할 수 있다. 〈개정 2016. 2. 3.〉

1. 제5조제1항을 위반한 자
2. 삭제 〈2018. 3. 13.〉
3. 제23조를 위반한 자
4. 제24조제2항을 위반한 자

② 제1항의 죄로 금고 이상의 형을 선고받고 그 형이 확정된 후 5년 이내에 다시 제1항의 죄를 범한 자는 1년 이상 10년 이하의 징역에 처한다.

③ 제2항의 경우 그 해당 건강기능식품을 판매한 때에는 그 판매가격의 4배 이상 10배 이하에 해당하는 벌금을 병과한다. 〈개정 2018. 6. 12.〉

[전문개정 2014. 5. 21.]

**제44조【벌칙】** 다음 각 호의 어느 하나에 해당하는 자는 5년 이하의 징역 또는 5천만원 이하의 벌금에 처한다. 이 경우 징역과 벌금을 병과할 수 있다. 〈개정 2015. 2. 3., 2015. 5. 18., 2016. 2. 3., 2018. 3. 13.〉

1. 제6조제2항에 따른 영업신고를 하지 아니하고 영업을 한 자
2. 제7조제1항 전단에 따른 품목제조신고를 하지 아니하고 제품을 제조 · 판매한 자
3. 제10조제1항제4호를 위반하여 판매를 한 자

3의2. 거짓이나 그 밖의 부정한 방법으로 제14조제2항 및 제15조제2항에 따른 인정을 받은 자

4. 삭제 〈2018. 3. 13.〉
5. 제21조제1항에 따른 자가품질검사를 하지 아니한 자
6. 삭제 〈2016. 2. 3.〉
7. 제24조제1항을 위반하여 판매 등을 한 자
8. 제29조 또는 제30조제1항 및 제3항에 따른 명령을 이행하지 아니한 자

9. 제32조제1항에 따른 영업정지 명령을 위반한 자

[전문개정 2014. 5. 21.

[시행일] 제44조제6호 개정규정은 다음 각 호의 구분에 따른 날부터 시행

1. 2017년 매출액이 20억 이상인 제조업자: 2018년 12월 1일
2. 2017년 매출액이 10억 이상 20억 미만인 제조업자: 2019년 12월 1일
3. 2017년 매출액이 10억 미만인 제조업자: 2020년 12월 1일

**제45조【벌칙】** 다음 각 호의 어느 하나에 해당하는 자는 3년 이하의 징역 또는 3천만원 이하의 벌금에 처한다. 〈개정 2016. 2. 3.〉

1. 제4조에 따른 시설기준을 위반한 영업자
2. 제10조제1항제2호 및 제3호에 따른 영업자가 지켜야 할 사항을 지키지 아니한 자
3. 제11조제3항에 따른 영업승계의 신고를 하지 아니한 자
4. 제12조제1항에 따른 품질관리인을 고용하지 아니한 자

4의2. 제17조의2제2항을 위반하여 판매 등을 한 자

5. 제20조제1항에 따른 출입 · 검사 · 수거를 거부 · 방해 · 기피한 자

5의2. 제21조제1항 및 제3항을 위반한 자

5의3. 제22조제1항을 위반하여 우수건강기능식품제조기준을 준수하지 아니한 자

6. 제22조의2제1항 단서에 따른 건강기능식품이력추적관리 등록을 하지 아니한 자
7. 제30조제2항에 따른 압류 · 폐기를 거부 · 방해 · 기피한 자
8. 제33조제1항에 따른 품목 제조정지 등의 명령을 위반한 자
9. 제35조에 따라 관계 공무원이 부착한 봉인 · 게시문 등을 함부로 제거하거나 손상한 자

[전문개정 2014. 5. 21.]

[시행일] 제45조제5호의3 개정규정은 다음 각 호의 구분에 따른 날부터 시행

1. 2017년 매출액이 20억 이상인 제조업자: 2018년 12월 1일
2. 2017년 매출액이 10억 이상 20억 미만인 제조업자: 2019년 12월 1일
3. 2017년 매출액이 10억 미만인 제조업자: 2020년 12월 1일

**제46조【양벌규정】** 법인의 대표자나 법인 또는 개인의 대리인, 사용인, 그 밖의 종업원이 그 법인 또는 개인의 업무에 관하여 제43조부터 제45조까지의 어느 하나에 해당하는 위반행위를 하면 그 행위자를 벌하는 외에 그 법인 또는 개인에게도 해당 조문의 벌금형을 과(科)한다. 다

만, 법인 또는 개인이 그 위반행위를 방지하기 위하여 해당 업무에 관하여 상당한 주의와 감독을 게을리하지 아니한 경우에는 그러하지 아니하다.

[전문개정 2010. 3. 17.]

**제47조【과태료】** ① 다음 각 호의 어느 하나에 해당하는 자에게는 300만원 이하의 과태료를 부과한다. 〈개정 2016. 2. 3., 2019. 1. 15.〉

1. 제5조제2항에 따른 허가사항 변경신고를 하지 아니한 자
2. 제6조제3항에 따른 신고사항 변경신고를 하지 아니한 자
3. 제7조제1항 후단에 따른 품목제조신고사항 변경신고를 하지 아니한 자
4. 제10조제1항제1호 및 제5호에 따른 영업자가 지켜야 할 사항을 지키지 아니한 자 또는 같은 조 제2항을 위반한 자
5. 제12조제3항을 위반하여 품질관리인의 업무를 방해하거나 같은 조 제4항에 따른 품질관리인 선임 · 해임 신고를 하지 아니한 자

5의2. 제12조제7항을 위반하여 직무 수행내역 등을 기록 · 보관하지 아니하거나 거짓으로 기록 · 보관한 자

6. 제13조제1항부터 제3항까지의 규정에 따른 교육을 받지 아니한 자
7. 제21조제1항에 따른 자가품질검사를 하고 그 기록을 보존하지 아니하거나 거짓으로 기록한 자
8. 제22조의2제3항을 위반하여 1개월 이내에 신고하지 아니한 자
9. 삭제 〈2019. 1. 15.〉

② 제10조의2제1항을 위반하여 이상사례 보고를 하지 아니한 자에게는 100만원 이하의 과태료를 부과한다. 〈신설 2019. 12. 3.〉

③ 제1항 및 제2항에 따른 과태료는 대통령령으로 정하는 바에 따라 식품의약품안전처장 또는 특별자치시장 · 특별자치도지사 · 시장 · 군수 · 구청장이 부과 · 징수한다. 〈개정 2019. 12. 3.〉

[전문개정 2014. 5. 21.]

**제48조【과태료에 관한 규정 적용의 특례】** 제47조의 과태료에 관한 규정을 적용할 때 제37조에 따라 과징금을 부과한 행위에 대해서는 과태료를 부과할 수 없다.

[전문개정 2014. 5. 21.]

## 부칙 <법률 제14018호, 2016.2.3.>

**제1조(시행일)** ① 이 법은 공포 후 1년이 경과한 날부터 시행한다. 다만, 제9조제1항제1호 · 제4호 · 제5호, 같은 조 제2항제4호 · 제5호, 제13조제4항, 제21조제2항 · 제3항, 제32조제1항 각 호 외의 부분 단서 및 같은 항 제1호 중 제4조제1항 · 제5조제2항 · 제6조제3항 위반 관련 부분, 같은 항 제4호 · 제9호의2 · 제11호, 제37조제1항 본문 중 제32조제1항제9호의2 · 제11호 관련 부분, 제38조, 제42조제4호의2, 제42조의2, 제45조제5호의2의 개정규정은 공포한 날부터 시행한다.

② 제1항에도 불구하고, 제22조, 제32조제1항제5호, 제39조제2호, 제42조제8호, 제44조제6호 및 제45조제5호의3의 개정규정과 제33조제1항 중 제22조 위반 관련 부분은 다음 각 호의 구분에 따른 날부터 시행한다.

1. 2017년 매출액이 20억 이상인 제조업자: 2018년 12월 1일
2. 2017년 매출액이 10억 이상 20억 미만인 제조업자: 2019년 12월 1일
3. 2017년 매출액이 10억 미만인 제조업자: 2020년 12월 1일

**제2조(영업허가 등의 제한에 관한 적용례)** 제9조제1항제4호 · 제5호 및 같은 조 제2항제4호 · 제5호의 개정규정은 같은 개정규정 시행 이후 제5조제2항 또는 제6조제3항에 따른 폐업신고를 하는 경우부터 적용한다.

**제3(영업허가취소 등에 관한 적용례)** 제32조제1항의 개정규정은 이 법 시행 이후 영업자가 제32조제1항제1호 · 제4호 · 제4호의2 · 제5호 · 제9호의2 또는 제11호의 개정규정에 해당하게 되는 경우부터 적용한다.

**제4조(과징금 부과처분에 관한 경과조치)** 이 법 시행 전에 제37조제1항에 따라 과징금 부과처분을 한 경우에는 제37조제4항의 개정규정에도 불구하고 종전의 규정에 따른다.

## 부칙 <법률 제17091호, 2020. 3. 24.>

**제1조(시행일)** 이 법은 공포한 날부터 시행한다. 〈단서 생략〉

**제2조 및 제3조 생략**

**제4조(다른 법률의 개정)** ①부터 ④까지 생략

⑤ 건강기능식품에 관한 법률 일부를 다음과 같이 개정한다.

제37조제4항 본문 · 단서 및 제37조의2제3항 중 "「지방세외수입금의 징수 등에 관한 법률」"을 각각 "「지방행정제재 · 부과금의 징수 등에 관한 법률」"로 한다.

⑥ 부터 〈102〉까지 생략

**제5조 생략**

# ◆ 참고문헌 ◆


1. 조영수, 차재영. 기능성 식품학 동아대학교 출판부 2003.
2. 홍윤호. 기능성 식품학 전남대학교 출판부 2003.
3. 신동화. 전통식품의 기능성 재발견한국조리과학회 춘계학술대회 자료집 2005.
4. 전향숙. 식품의 조리.가공 중 기능성 변화 한국조리과학회 추계학술대회 자료집 2005.
5. 식품소재의 생리기능 평가방법 한국 식품과학회 워크샵 자료집. 2001.
6. 데이코 산업 연구소. 기능성식품 시장의 현황 및 전망. 2002.
7. 황금희, 김현구. 기능성소재로서 생물활성 천연물의 국내 연구동향 28(3) 1996.
8. 식품소재의 생리기능 평가방법. 한국 식품과학회 워크샵. 2001.
9. 하태열. 쌀의 기능성 한국조리과학회 춘계학술대회 자료집. 2005.
10. 송영선. 콩의 기능성 한국조리과학회 춘계학술대회 자료집. 2005.
11. 이은영. 채소류의 기능성 한국조리과학회 춘계학술대회 자료집. 2005.
12. 박건영. 김치의 기능성 한국조리과학회 춘계학술대회 자료집. 2005.
13. 이종미, 손은심, 오상석, 한대석. 식물성 총플라보노이드 함량과 생리활성 탐색. 한국식문화학회지 16(5):504, 2001.
14. 유경미, 박재복, 김대용, 황인경. 유자의 항산화성 및 항암효과 동양전통 과실차의 건강기능성과 음료문화 심포지움 2005.
15. 황자영. 매실의 건강기능성 동양전통 과실차의 건강기능성과 음료문화 심포지움. 2005.
16. 하태열, 박태선 기능성식품의 유효성 평가
17. 장경원, 박상희, 하상도 기능성 식품시장 동향. 식품과 과학 36(1):17. 2003.
18. 2002년 식품의약품 통계연보 제 4호 식품의약품 안전청
19. 세계기능성 식품 시장동향. 한국농촌경제연구원(2002.)
20. 하석현, 김연전 건강기능식품법의 주요내용과 이해. 식품과 산업 36:1:33
21. 식품소재의 생리기능 평가방법 한국 식품과학회 워크샵(2001.)
22. 기능성식품-건강을 조절할 수 있는 식품영양소, 지성규, 도서출판 광일문화사
23. 기능성식품과 건강, 후지마키 마사오, 최동성, 고하영 역 아카데미서적
24. 건강보조식품과 기능성식품, 노완섭, 허석현 도서출판 효일

25. 기능성 건강식품의 제조/실험, 이진만 외 8인 도서출판 동국
26. 건강기능식품강의, 곽재욱, 도서출판 신일상사
27. 건강기능식품, 안용근,박진우, 손규목, 신두호,정영철,김재근, 광문각
28. 기능성식품의 천연물과학, 박종철, 도서출판 효일
29. 식품의 생리활성, 정동효, 선진문화사
30. 김세권. 키토산 올리고당이 당신을 살린다. pp.44-121. 태일출판사, 2001.
31. 노봉수, 김상용. 당알코올의 특성과 응용. 아세아문화사, 2000.
32. 박재완, 이정수, 신용규. Cu2+와 H2O2에 의한 Collagen 변성에 있어서 Rutin과 Quercetin의 보호작용. 한국생화학회지. 27: 182-188, 1994.
33. 손동화. 생체기능조절 천연소재 및 기능성 식품 ; 건강기능성 식품 펩타이드 및 그 응용. 산학수산. 30: 22-29, 1997.
34. 야자와 가즈나가. DHA두뇌 건강법. pp. 34-88. 이두, 1995.
35. 오주경, 임지영. 아미노산의 첨가가 anthocyanins색소의 안정성과 항산화능력에 미치는 영향. Korea J. Food Sci. Technol. 37: 562-566, 2005.
36. 오혜숙, 박영훈, 김준호. 시판되는 밥밀콩류의 이소플라본 함량, 항산화활성 및 혈전용해활성. Korean J. Food Sci. Technol. 34: 498-504, 2002.
37. 월터 피에르파올리, 윌리엄 리젤슨. 기적의 멜라토닌 요법. pp.23-123. 세종서적, 1996.
38. 윤경은, 장매희. 허브식물과 아로마테라피. 식물, 인간, 환경. 5: 1-6. 2002.
39. 이시영. K-3균을 이용한 GABA의 대량생산 및 GABA의 고혈압 조절효과. 식품세계. 7: 68-71. 2002.
40. 줄리어스 패스트. 오메가 3의 놀라운 발견. pp.43-71. 홍익기획, 1992.
41. 한성순, 임교환, 어성국, 김영소, 이종길. 천연 Rutin의 항균효과와 급성독성에 미치는 영향. 생약학회지. 27: 309-315, 1996.
42. 건강기능식품에 관한 법률. 한국건강기능식품협회, 2004.
43. 기능성 식품의 합리적 관리체계 구축을 위한 연구. 식품의약품안전청, 2002.
44. 제제학. 한림원, 2000.
45. 건강기능식품공전. 한국건강기능식품협회, 2004.
46. 기능성 식품학. 홍윤호 전남대학교 출판부, 2003.

47. 최명숙. 콜레스테롤조절 관련 기능성 평가체계 구축, 식품의약품안전청, 2003.
48. 한국약학대학협의회 위생약학분과회. 건강기능식품, 대한약사회, 2004.
49. 식품의약품안전청. 건강기능식품의 기능성 시험가이드, 식품의약품안전청, 2004.
50. 일본국립건강영양연구소. 건강식품의 안전성과 유효성정보, 일본국립건강영양연구소, 2004.
51. 한국건강기능식품협회. 건강기능식품공전, 한국건강기능식품협회, 2004.
52. R E.C. Wildman Handbook of Nutraceuticals and functional foods, CRC Press. 1998.
53. I. Johnston and G. Williamson Phytochemical functional foods, Woodhead publishing, UK 2003.G Mazza Functional Foods. Biochemical and processing aspects. Vol I. CRC Press 1998.
54. R E.C. Wildman Handbook of Nutraceuticals and functional foods, CRC press. 2003.
55. G Mazza Functional Foods. Biochemical and processing aspects. Vol I. Pacific Agri-food research center. 1998.
56. G. Mazza and B.D. Oomah Herbs,botaniclas and teas, CRC Press 2000.
57. A. S Fragakis. The Health professional's guide to popular dietary supplements. American dietetic association. 2003.
58. M. Rotblatt and I. Ziment. Evidence-based herbal medicine. Hanley & Belfus. Inc. 2002.
59. Masayoshi Sawamura. Aroma of Oriental citrus oils and its functionality. International symposium on the Health functionality and socio-cultural aspects of fruit teas of the far east. 2005.
60. Nutrition Business Journal. 2000.
61. Functional Foods, R.Chadwick et al., Springer
62. Functional Foods-Biochemical Processing Aspects, John Shi, G. Mazza, MarcLe Maguer, CRC press
63. Braham. R. B. Dauwon, C. Goodman. The effect of glucosamine supplementation on people experiencing regular knee pain,. Br. J. Spots Med.

37: 45-49, 2003.

64. Judy, W.V., J.H. Hall, P.D. Toth and K. Folkers. Double blind-double crossover study of coenzyme Q10 in heart failure, in: Biomedical and Clinical Aspects of Coenzyme Q (Vol. 5). pp.315-323. K. Folkers and Y. Yamamura, eds, Elsevier, Amsterdam 1986.
65. Langsjoen, P.H., S. Vadhanavikit and K. Folkers. Response of patients in classes III and IV of cardiomyopathy to therapy in a blind and crossover trial with coenzyme Q10. Proc Natl Acad. Sci. USA. 82: 4240-4244, 1985.
66. Park, S.Y. Effect of rutin and tannic acid supplements on cholesterol metabolism in rats. Nutrition research. 22: 283-295, 2002.
67. Rhim, J.W. Kinetics of thermal degradation of anthocyanin pigment solutions driven from red flower cabbage. Food Sci. Biotechnol. 11: 361-364, 2002.
68. Ulla Held. L-Carnitine and fatty acid oxidation. Schweiz Zschr. Ganzheits Medizin 16: 42-423, 2004.
69. Gene A. Spiller [Handbook of Lipids in Human Nutrition] CRC press, 1996
70. Melanie J. Cupp [Toxicology and Clinical Pharmacology of Herbal Products], Humana Press, 2000.
71. http://agsearch.snu.ac.kr/thinkfood/global/markettrend/식이섬유.htm
72. http://home.kmu.ac.kr/~food/resources/vitC.htm
73. http://mynetian.com/~cjw100/a3-49.html
74. http://oryza.co.jp
75. http://www.acu-cell.com/acn.html
76. http://www.dietnet.or.kr/nutrients/nutrients6.asp
77. http://www.kordic.re.kr/%7Etrend/content422/agriculture.12.html/
78. http://www.krei.re.kr

# ◆ 찾아보기 ◆

## β



## α



## ω